第二卷

冯契文集

增订版

逻辑思维的辩证法

冯 契 ○ 著

华东师范大学出版社

·上海·

漫步丽娃河畔（1986 年）

黄宗羲学术研讨会
左起成中英、冯契、张岱年、沈善洪（1986 年）

参加研究生论文答辩，左一为曾乐山，左二为陈旭麓（1988 年）

冯契与夫人赵芳瑛在华东师大丽娃河畔（1991 年）

1　《逻辑思维的辩证法》第一次打印本
2　冯契手稿

提　要

　　从时间顺序来讲,这是作者晚年系统阐述其哲学思想的首部著作,根据作者于20世纪80年代初为研究生讲课的记录整理而成,并经过作者仔细阅校。十年之后,作者决定把此书列为当时正在撰写的《智慧说三篇》的第二篇(理论化为方法),此时他感到有必要对此书不仅在内容上而且在结构上作些调整修改。作者的溘然去世使他未能实现这个愿望,但也使后人能较真实、全面地了解20世纪80年代初中国马克思主义哲学研究已经达到了怎样的水准。

　　全书共有九章,大致可分为两个部分:逻辑思维过程的辩证法和逻辑思维形式的辩证法。在作者看来,逻辑思维(包括普通逻辑思维)是包含辩证法的,而对它的认识和运用有一个从自发到自觉的发展过程。作者的任务是对这个过程进行反思,并对达到自觉状态的辩证思维的基本形式(范畴、规律)和方法进行系统探讨。作者对逻辑思维过程的考察的主要内容是对他后来所说的"广义认识论"的四个问题的讨论:感觉能否给予客观实在? 普遍、必然的科学知识何以可能? 逻辑思维能否把握具体真理? 如何培养理想人格？作者把认识过程的基本关系"能"（认识主体）"所"（认识客体）关系同"知"（认识）"行"（实践）关系结合起来考察，把中西哲学传统（如中国古代哲学中的"体""用"范畴、"仁""智"统一学说，中国近代哲学家金岳霖的概念的摹写和规范双重作用的观点，古希腊哲学中对于意见和知识的区分，德国古典哲学中对于知性思维和理性思维、抽象真理和具体真理的区分，当代西方科学哲学中对于科学革命的讨论、发生认识论对于行为操作同逻辑思维的关系的研究，等等）和马克思主义的实践唯物论观点结合起来，对人类认识从不知到知、从抽象真理到具体真理、从知识到智慧的辩证发展过程进行了富有独创性的讨论。在此基础上，作者又进一步说明了认识的辩证法如何经过逻辑思维的范畴，转化为方法论的一般原理。通过对马克思主义的辩证逻辑思想和中国古代的辩证逻辑传统的互相诠释，作者勾画了一个以"类"（包括一系列在"知其然"的认识阶段所运用的范畴）、"故"（包括一系列在"求其所以然"阶段所运用的范畴）、"理"（包括一系列在"明其必然与当然"阶段所运用的范畴）的次序作安排的辩证思维范畴体系。在把客观辩证法和主观（认识）辩证法统一起来考虑的基础上，作者阐述了辩证方法的两条基本要求：贯穿于逻辑范畴体系中的对立统一原理转化为分析与综合相结合，认识过程的辩证法的运用表现为理论和实践的统一。

Summary

Chronologically, this book ranks first among the books in which the author systematically presented his philosophical ideas in his later years. Its manuscript was based on the recordings of the author's lectures to his graduate students in early 1980s, and was carefully reviewed by himself. Ten years later, when the author decided to list it as the second volume of his *Three Discourses on Wisdom* , with translating theory into method as its main concern, he felt it necessary to make some adjustments and revisions to it not only in its content but also in its structure. His abrupt departure, however, makes it impossible for him to carry this wish into effect. Now we can only console ourselves with the thought that people of coming generations would, otherwise, have got no opportunity to get an authentic impression how high the academic level the Chinese Marxist philosophy had attained by early 1980s.

This book, nine chapters altogether, is divided into two parts, dealing with respectively dialectics of the process of logical thinking and that of the form of logical thinking. According to the author, dialectics is inherent in our logical thinking (including what he called "ordinary logical thinking") , and undergoes a process from a relatively spontaneous stage to a relatively self-conscious or self-reflexive one. The task he set for himself is to make reflections on the process and to inquire systematically into the forms of logical thinking which has reached the self-conscious stage (its categories and laws) and its methods. The author's study of the process of logical thinking mainly concerns four questions of what he later called the "epistemology in the broad sense": Can the objective reality be given to us in sensations? How is the scientific knowledge of universality and necessity possible? Is logical thinking capable of arriving at concrete truth? How should an ideal personality be cultivated? In discussing these questions, the author contributes many original ideas concerning the dialectical process in which human beings advance from ignorance to knowledge, from abstract truth to concrete truth and from knowledge to wisdom. Considering the relation between the subject and the object in connection with the relation between knowledge and practice (both are essential to the cognitive process), the author manages to blend the practice theory of materialism of Marxism with the philosophical traditions both in China and in the West, such as the Chinese categories of "*ti*" (substance) and "*yong*" (function), the Chinese doctrine of unity of "*ren*" (humanity) and "*zhi*" (wisdom), the idea of Jin Yuelin, one of the most outstanding Chinese philosophers in the 20th century, that concepts are by their nature both descriptive and prescriptive, the differentiation between opinion and knowledge in Greek philosophy, the differentiation between understanding and reason and that between abstract truth and concrete truth in the classical German philosophy, the discussion of scientific revolution among philosophers of science in the contemporary West, the study on the connection between behavioral operations and logical thinking in genetic epistemology, and so on. On the basis of these studies, the author makes further efforts to expound how the dialectics of cognition is turned into general principles of methodology via logical categories. As a result of his mutual interpretation between the ideas of the Marxist dialectical logic and the tradition of dialectical logic in ancient China, the author sketches a system of categories of dialectical thinking in which the categories are arranged in accordance with the order from "*lei*" (or categories under "class", i. e. , categories employed in the stage of "knowing the hows") through "*gu*" (or categories under "cause/reason", i. e. , those employed in the stage of "seeking the whys") to "*li*" (or categories under "reason/principle", i. e. , those employed in the stage of "understanding necessary laws and prescriptive norms"). Considering the objective dialectics and the subjective (cognitive) dialectics in their mutual connections, the author expounds the two fundamental principles of dialectical methodology: the unity of analysis and synthesis, which is derived from the principle of the unity of opposites running through the system of logical categories, and the unity of theory and practice, which is derived from the dialectics inherent in cognitive processes.

目　录

第六章
形式逻辑与辩证逻辑 ⋯⋯⋯⋯⋯⋯⋯⋯⋯⋯⋯⋯⋯⋯⋯ 168

第七章
对立统一规律是辩证思维的根本规律 ⋯⋯⋯⋯⋯ 217

第九章
方法论基本原理 ⋯⋯⋯⋯⋯⋯⋯⋯⋯⋯⋯⋯⋯⋯⋯⋯⋯ 320

DIALECTICS OF LOGICAL THINKING

Contents

本篇①的题目是："逻辑思维的辩证法"，也就是作为逻辑学的辩证法。不打算讲辩证逻辑的全部问题，只打算阐述列宁的一个思想：逻辑是"对世界的认识的历史的总计、总和、结论"②。

准备讲九章：第一章，绪论；第二章，逻辑思维与实践经验；第三章，意见与真理；第四章，哲学、科学和逻辑的历史联系；第五章，由自发到自觉；第六章，形式逻辑与辩证逻辑；第七章，对立统一规律是辩证思维的根本规律；第八章，逻辑范畴；第九章，方法论基本原理。

其中，第一章讲辩证逻辑一般概念及研究方法；第二、三、四、五章是讲逻辑思维过程的辩证法，是从认识运动来考察辩证逻辑；第六、七、八、九章是讲逻辑思维形式的辩证法，把辩证逻辑作为认识的成果和客观事物的反映来考察。唯物辩证法是关于自然、人类社会和思维的最一般发展规律的科学，是客观辩证法、认识论和逻辑学的统一。我们着重研究作为逻辑学的辩证法，主要是从逻辑学和认识论的统一的角度来考察。

---

① 本书是《智慧说三篇》的第二篇。
② 列宁：《哲学笔记》，《列宁全集》第 55 卷，人民出版社 1990 年版，第 77 页。

第一章
绪论——逻辑是"对世界的认识的历史的总计、总和、结论"

第一节　研究辩证逻辑的重要意义

唯物辩证法是辩证法、认识论和逻辑学的统一。客观辩证法、认识论和逻辑学是同一门科学,但可以也应当分别地加以研究。现在研究辩证逻辑具有特别重要的意义。马克思、恩格斯和列宁都没有来得及写逻辑学的专门著作,虽然在他们的著作里提供了辩证逻辑的基本原理,并出色地运用于科学研究和革命工作;毛泽东同志的著作《论持久战》、《新民主主义论》等等无疑都是应用辩证逻辑的典范,对辩证逻辑作了创造性的贡献,但马、恩、列宁和毛泽东都没有写辩证逻辑的专著。总的说来,一百多年来,马克思主义者对辩证逻辑研究得不多,是个薄弱环节,这个弱点已经造成了不良的影响,甚至是严重的后果。对逻辑学重视不够,遇到问题不能辩证地思维,不是实事求是地思考,就使得独断论、形而上学滋长起来。这是造成个人迷信的重要条件之一。当然,造神论有它客观的社会历史原因:我国经历了几千年的封建社会，封建专制主义的流毒特别深；我们的国家原是广大的小生产国家，小农经济的影响很大；农民有其革命的一面，也有其保守的一面，正是小农的保守一面，在政治上表现为行政权力支配社会；在长期的武装斗争中又需要强调集中，等等。这些历史原因是客观存在的，再加上林彪、"四人帮"大搞造神运动，这些反革命也是客观的存在。但是，从主观上说，长期以来我们不强调逻辑，不讲客观地、全面地去看问题，无疑是产生主观的独断论的重要条件。所以，为了破除迷信，反对独断论，发展社会主义民主和发展科学文化，我们要强调：一方面，要坚持实事求是，注重调查研究；另一方面，一定要用辩证法来思维，讨论问题时要对问题进行具体分析，提出论断一定要进行逻辑论证。因此，在当前提倡辩证逻辑有着特别重要的意义。

其次，从唯物辩证法这门科学来说，研究辩证逻辑的重要性就在于它是辩证法的生长点，至少是辩证法的生长点之一。长期以来，强调哲学是意识形态，是阶级斗争工具，而对哲学是科学这一点注意得不够。哲学作为科学、作为自然科学和社会科学的概括和总结，它的特点在于以理论思维的方式掌握世界。就这一点来说，它不同于道德、宗教、艺术等等。哲学要求概括科学成就，进行严密的逻辑论证，通过对立的哲学体系的斗争来发展自己，并转过来再推动科学的发展。一百多年来，科学有了很大的发展，而且发展是加速度的。相形之下，哲学是落后了。哲学和科学的一个重要交接点就是逻辑学和方法论。哲学概括科学成就和指导科学时，必须通过逻辑和方法论这个环节，许多科学家都懂得这一点。逻辑学包括形式逻辑和辩证逻辑。当前，同黑格尔、马克思的时代有一点不同。一百多年前,形式逻辑处于死气沉沉、长期停滞的状态,但从本世纪以来,形式逻辑(主要是数理逻辑)却取得了非常迅速的发展,并对科学的发展起着极大的促进作用,而辩证逻辑却似乎停滞不前了,至少是研究得很少。其实每个科学领域有重大的突破,总是在方法论上也有所贡献。现代科学可以说已为逻辑和方法论提供了非常丰富的资料,包括数理逻辑所提出的许多问题,有待我们去探索、去概括。国际上研究科学的哲学、逻辑学和方法论很热门,正好说明这一种趋势。我们国家要实现四个现代化,要提高全民族的科学文化水平,哲学应当作出贡献,其中很重要的一方面,就是要研究逻辑学和方法论,特别是研究辩证逻辑。

第三,辩证逻辑所以是唯物辩证法的生长点、马克思主义哲学的生长点,还在于马克思主义要和中国的革命实践相结合,包括与中国的传统相结合,这就特别需要研究辩证逻辑。曾经有一种说法,说中国历史上的哲学家不讲究逻辑,只讲究伦理;认为中国哲学在理论的逻辑阐明和论证上不如西方,甚至不如印度,而且这是同中国文化的弱点分不开的。据说中国人在文学、艺术、伦理道德方面贡献突出,但不注意研究自然科学,因此影响到哲学,表现为重人生、轻自然,重伦理、忽视逻辑。这种说法至今还有影响。这种说法对吗? 我认为,说中国哲学重视伦理是对的,说不重视逻辑则不对。研究中国科学技术史的英国李约瑟教授认为中国的科学在明代以前,即 15 世纪以前,一直居于世界的领先地位。是否能说中国古代哲学不注重自然科学和忽视逻辑呢? 不能这样说。但是,中国人确实不大注意形式逻辑,在《墨经》之后，没有大的发展。中国在形式逻辑上的成就不如欧洲，甚至不如印度。李约瑟提出一个论点："当希腊人和印度人很早就仔细地考虑形式逻辑的时候，中国人则一直倾向于发展辩证逻辑。"[①]这个论点我认为是正确的。我们通过研究马克思主义的辩证逻辑，从高级阶段回顾过去，这将有助于我们对古代逻辑学史的研究；反过来，研究中国古代的辩证逻辑，也将会帮助我们发展马克思主义的辩证逻辑。我们要实现中国哲学和西方哲学的合流、马克思主义哲学和中国传统相结合，就必须研究中国古代朴素的辩证逻辑，这也是马克思主义哲学唯物辩证法的生长点之一。

第二节　辩证逻辑是认识史的总结和客观现实的辩证运动的反映

我们这门课程的主题即这一章的标题（列宁的话）。分三点来讲：一、客观辩证法、认识论和逻辑的统一；二、辩证逻辑是认识史的总结；三、辩证逻辑是客观现实的辩证运动的反映。

一、客观辩证法、认识论和逻辑的统一

我们的基本观点是：辩证法、认识论和逻辑学是统一的，应当从三者的统一来考察逻辑。这三者的统一是以唯物地而又辩证地解决思维与存在的关系问题作为前提的。哲学首先要问：世界的本原是什么？是精神还是自然界？哲学家依照他们对这个问

---

① 李约瑟著，《中国科学技术史》翻译小组译：《中国科学技术史》第 3 卷，科学出版社 1978 年版，第 337 页。

题的回答分成两大阵营。但是,思维与存在的关系正如黑格尔和
列宁所指出的,包括三项:一、自然界,二、人的认识＝头脑,三、自
然界在人脑中的反映形式——概念、范畴、规律等等。① 中国古代
哲学发展到后来讨论理、气、心,有理一元论、气一元论、心一元
论,正说明思维和存在关系问题客观上包括这三项。所以,唯物
而辩证地解决思维和存在的关系应是在唯物主义前提下的客观
辩证法、认识论和逻辑的统一。传统的本体论(天道观),首先争
论世界的统一原理问题或本原问题,即物质和精神何者为第一性
的问题,并按照对这一问题的不同回答划分为两大阵营。这个争
论表现在认识论、逻辑学上,就是讨论知识的来源问题和逻辑的
客观基础问题。知识是先天就有的,还是后天才有的? 逻辑规律
是主观的先天的形式,还是有它的客观基础的? 这都涉及物质和
精神何者为第一性的问题。天道观的第二方面,则是有关世界发
展原理的问题,即世界是变化的、发展的,还是不变的? 世界的发
展是自身的矛盾运动引起的,还是由外力推动的? 这样,就有辩
证法和形而上学两种对立的发展观。这个对立在认识论上是关
于认识过程问题上的对立,也就是对思维与存在的同一性问题的
不同回答。辩证法把思维和存在的同一了解为认识发展过程,是
由不知到知、由知之不多到知之较多的发展过程。如果把思维与
存在割裂开来,就导致不可知论;如果把思维和存在的同一看成
是一次完成的、直接同一的,就是形而上学。这种对立在逻辑学
上则表现为把逻辑范畴看成是流动的、发展的,还是固定不变的?

---

① 参见列宁:《哲学笔记》,《列宁全集》第 55 卷,第 153 页。

辩证法把逻辑范畴看成是流动的，以为"整个逻辑只是在前进着的各种对立之上展开"[①]；形而上学则把逻辑范畴看成是不动的、固定不变的，其结果必然引出怀疑论的责难：逻辑范畴无法把握客观世界的发展法则。辩证唯物主义是在肯定世界本质是物质、世界统一于物质的根本前提下讲世界的发展原理，讲辩证法、认识论和逻辑学的统一。这是基本观点。

二、辩证逻辑是认识史的总结

从上述基本观点看逻辑学，逻辑学就是认识史的总结（总计、总和、结论）。而认识是人对客观世界的反映，但人不能直接地、完全地把握自然界的整体，因为人不是"上帝"。人只能通过一个一个的概念、范畴，一条一条的规律，有条件地、近似地描绘物质运动，描绘世界的图景。我们要用概念来把握客观世界，而概念要用语言表达。语言是交流思想的工具，为了交流思想和如实反映对象，语言的词必须有确定的含义，概念和对象要有确定的对应关系。例如"马"这个词、"马"的概念的含义，同马这类动物本身要有对应关系。"马"这个词表示"马"的概念，"马"这个概念代表客观存在着的马类。不属马类的对象即"非马"，如牛就不是马。荀子说："同则同之，异则异之"（《荀子·正名》），这是形式逻辑的基本原则。客观对象相同，则其概念相同；客观对象相异，则其概念相异。因此，概念都有相对静止的状态，都有相对固定的形式，都有它确定的含义。形式逻辑有同一律，在一定论域里不能

[①] 参见恩格斯：《自然辩证法》，《马克思恩格斯选集》第 4 卷，人民出版社 1995 年版，第 302 页。

偷换概念；违背同一律，概念的含义就要混乱，就无法交流思想、反映现实。

　　但是，客观世界是永恒活动的，静止的概念能不能把握运动呢？这是个矛盾。同时，概念是抽象的，它总是把客观世界的具体事物分割开来加以把握。概念、范畴都只是揭露对象的不同侧面，所以它是片面的、不完全的。同时，人的认识总是受着各种条件的限制，真伪界限往往不够明确，在正确中可能掺杂着错误。所以，概念不仅是不完全的，而且是不纯粹的，甚至有可能是虚幻的。从认识发展来看，概念、范畴只是认识具体的现实事物的一些小阶段、环节，而客观具体事物在有限时间内都是不可穷尽的。大至天体，小至人体，更微小到原子、基本粒子，在有限的时间内都不可能认识无遗。每门科学的概念都只表明认识的发展达到某一阶段。例如，对物质结构的认识，已从原子深入到基本粒子和核内场的研究，但认识还要前进，现在物理学家已在研究基本粒子的结构，研究夸克。列宁说："一般概念、规律等等的无限总和才提供完全的具体事物。"[1]恩格斯在《反杜林论》中说，人的思维是至上的，同样又是有限的。[2]　人们用概念、范畴来把握现实世界时，包含着这样的矛盾：思维形式是静止的，但我们要求用这种形式来把握事物的运动、变化和发展；这些思维形式是抽象的、把事物割裂开来把握的，是不完全的，但我们要求用这些形式来把握具体事物的整体；这些思维形式是有限的，但我们要求用有限的概念来把握无限的绝对的认识（而这正是一切科学的要求）。

---

① 列宁：《哲学笔记》，《列宁全集》第 55 卷，第 239 页。
② 参见恩格斯：《反杜林论》，《马克思恩格斯选集》第 3 卷，人民出版社 1995 年版，第 427 页。

这些矛盾正如恩格斯所说的，只有在无限的前进运动中才能得到解决。[1] 这种运动和静止、抽象和具体、有限和无限的矛盾只有在无限的前进运动中才能得到解决，就是说，这个思维的矛盾运动表现为无止境的发展过程。

人们通过实践获得认识，形成概念，又通过实践检验概念和发展概念。同时，不同的人们对现实事物的不同方面作了考察，展开不同意见的争论，包括不同哲学体系之间的斗争，在争论中都要进行逻辑论证，不断用实践检验。这样，便能逐步划清真理与错误的界限，并用不同方面的认识互相补充，克服片面性。所以，随着实践的发展，人们的概念越来越丰富、精确，越来越符合客观现实的具体事物及其变化发展法则。因此，人们能够达到一定条件下的辩证的认识，或者说达到一定条件下的辩证思维，虽然人们不能在有限的时间内完全穷尽某个事物、某个领域，更不可能在有限的时间内完全认识一切领域的全部真理。这在科学史上例子很多，如物理学史上的光的微粒说和波动说，它们都有实验上的根据，但都不能完全解释光的现象。从光的直线传播引出了微粒说，但它不能解释光的干涉、衍射，所以引出波动说；但波动说又不能解释光电效应。通过不同学派的争论，现代量子力学提出波粒二象性学说，才在微粒性与波动性的辩证统一中，比较全面、正确地揭示了光现象的本质；而且不仅揭示了光有波粒二象性，所有的微观粒子都有波粒二象性。再拿中国哲学的发展来说，先秦时期的"天人"、"名实"之辩，到荀子可以说达到了比较

---

① 参见恩格斯：《反杜林论》，《马克思恩格斯选集》第 3 卷，第 427 页。

正确、比较全面的结论,作出了批判的总结,达到了朴素的唯物论和朴素的辩证法阶段。秦汉以来关于有无、理气、道器、心物等问题的争论,到了王夫之作了比较正确、比较全面的总结,把朴素的唯物论和辩证法提高到一个新的高度。中国哲学史和外国哲学史都表现了螺旋形上升的发展过程。总之,只有达到一定的阶段,哲学和科学才能获得对特定对象、特定问题的比较正确、比较全面的认识,这时可以说是达到辩证思维的阶段。在这时,使用的概念、判断和推理,就具有了辩证逻辑的形式。人们在研究逻辑学之前就已经用逻辑进行思维。人的思维由于是在实践基础上产生、发展的,所以也是一个自然历史的过程。人的思维形式及其规律也是自在之物。在有逻辑学之前,逻辑已经是自在之物。当人们展开不同意见的争论时,都要遵循同一律、遵循形式逻辑,否则无法讨论问题,所以形式逻辑是贯穿一切讨论、争论过程中的自在之物。而经过不同意见的争论、不同学派的论战,经实践的反复检验,达到比较全面、比较正确的结论,思维就可能取得辩证逻辑的形态,而它也是自在之物。所以,人们在研究逻辑学之前,就已经是自发地遵循着逻辑来思维的。

逻辑学是对人的思维中固有的逻辑的自觉掌握,当然这种自觉掌握也有一个发展过程。我们把古代朴素的辩证法叫做自发的辩证法。这里所说的"自发",是相对于唯物辩证法的自觉来说的,实际上,它已经有一定程度的自觉。如中国先秦哲学达到总结阶段时,在《荀子》《易传》中已经揭示出辩证逻辑的一些基本原理,可以说具备了辩证逻辑的雏形,那便是有一定程度的自觉了。所以,不能把自发和自觉看作是一刀两断的。我们说唯物辩证法是自觉的辩证法，这也不能用形而上学的态度对待。马克思主义的辩证逻辑也要不断发展，还要使它具有更高程度的自觉性。从一百多年的发展看，这种自觉性还须大大发展，它是不会到顶的。

逻辑学作为认识史的总结，即逻辑学作为认识的成果，它和认识过程中的概念、范畴的发展既相一致，也有区别。恩格斯在《自然辩证法》中说过："在思维的历史中，一个概念或概念关系（肯定和否定，原因和结果，实体和偶体）的发展同它们在个别辩证论者头脑中的发展的关系，正像一个有机体在古生物学中的发展同它在胚胎学中的发展的关系一样（或者不如说在历史中和在个别胚胎中）。这种情形是黑格尔在论述概念时首先揭示出来的。"[1]在生物学中，人的胚胎的个体发育，重复了人类远祖的种系进化；黑格尔认为个别辩证论者的头脑中的概念关系，在一定意义上也是重复了人类认识史上概念的发展。例如，老子提出"反者道之动"（《老子·四十章》）这个命题，是他在中国哲学史上第一次提出否定的原理，并以"正言若反"（《老子·七十八章》）来作为辩证思维的论断形式，这在辩证法发展史中是一个重要环节。但他把否定原理绝对化了，认为"无"是世界的第一原理，由此导致了唯心论。这就包含了深刻的理论教训：如果停留在否定原理，辩证法就要半途而废。至于老子所讲的"以无事取天下"，"国之利器不可以示人"（同上，五十七、三十六章），以为君主要不露声色地搞阴谋、搞权术，那更不对了。这同辩证法的否定原理并无必然联系。恩格斯说："在历史的发展中，偶然性发挥着作用，而在辩证的思维

---

[1] 恩格斯：《自然辩证法》，《马克思恩格斯选集》第 4 卷，第 331 页。

中就像在胚胎的发展中一样,这种偶然性融合在必然性中。"①老子讲权术,这种偶然性在历史上曾起过很坏的影响,后来讲辩证法的人却多半不讲了。但在后来的辩证思维的头脑中,都要求在对事物的肯定的理解中包含否定的理解,并同时对以否定(虚无)为第一原理的思想加以批判,反对把否定原理绝对化,进而指出否定的东西与肯定的东西的统一。这是辩证逻辑的概念的必然发展:先是提出一个肯定的论点,接着否定它;同时批判把否定绝对化,进而提出否定与肯定的统一。老子哲学被批判以后,否定原理是作为发展的环节,被包含在辩证思维者的头脑里,但是在历史上曾起作用的偶然性是被抛弃了。所以,辩证思维和概念的历史发展、逻辑学和认识论既相一致又有区别。

三、辩证逻辑是客观现实的辩证运动的反映

逻辑作为认识发展的成果,同时也是客观事物的反映。人的概念的每一差异、转化、矛盾运动,都是客观矛盾的反映,所以是事物的辩证法创造概念的辩证法。恩格斯说:概念的辩证法是"现实世界的辩证运动的自觉的反映"②。概念辩证法作为客观辩证法的反映,它也有客观的意义,是不以人们的意志为转移的。

不过,逻辑作为概念的辩证法,与事物本身的辩证法也是既相一致又有区别的。相对于客观辩证法来说,逻辑是主观辩证法;相对于概念的客观内容来说,逻辑是讲的思维形式的辩证法。主观与客观、形式与内容是既有联系又有区别。

---

① 恩格斯:《自然辩证法》,《马克思恩格斯选集》第 4 卷,第 331 页。
② 同上书,第 243 页。

首先，逻辑讲的是正确思维形式及其规律，逻辑要求排除错误。正确与错误的对立是在主观与客观的矛盾基础上产生的。错误就是主观不符合客观现实，只有正确的才与客观现实相符合。但是，离开主观，客观世界本身就无所谓错误，如母牛生了怪胎，不等于错误。一切怪异的现象都可以从事物本身的规律性得到说明。实践是一个客观的过程，归根到底是物质变换的过程，在这个基础上展开的认识也是自然历史的过程，从这个意义上说，认识过程的辩证法也是客观辩证法。人在认识运动中会犯错误（主观不符合客观），但认识中出现的错误，也可以用客观规律来加以说明。错误的产生都有客观原因，如唯心论是错误的，它有阶级的根源和认识论的根源。所以从认识论来说，认识的发展是自然历史的过程，错误的产生也是一种自然的现象。

但逻辑要排除错误。从逻辑来说，错误总是不合逻辑的，它或者违反形式逻辑的规则，或者违背辩证逻辑的要求，或者是二者兼而有之。错误的思维是不符合逻辑要求而应该加以排除的，但这不是说辩证思维的头脑里就会一点没有错误，就那么干干净净了，而只是说，善于辩证思维的人就会善于发现错误和纠正错误，能少犯错误。说错误思维不符合逻辑要求，并非说逻辑可以成为检验真理的标准。逻辑不是检验真理的标准，但辩证逻辑本身包含着用实践检验真理的要求，它要求每一步都要用事实、用实践来加以检验。

其次，逻辑学有形式逻辑和辩证逻辑之分。形式逻辑是把思维形式抽象出来，不管思维的内容，着重去研究思维的形式结构。而辩证逻辑是把形式看成是内容固有的形式，既讲思维形式，也讲思维内容,形式不可离开内容,两者是对立的统一。从对象来说,事物本身的辩证法,比概念的辩证法要丰富得多。客观事物的辩证法是本来如此的,而作为逻辑对象的思维辩证法是在人的认识过程中逐步展开的。从辩证法这门科学来说,客观辩证法和主观辩证法、内容和形式在本质上是一致的、统一的。逻辑范畴作为认识的一些环节、阶段,它是逻辑思维的基本概念,也是客观事物存在的一般形式的反映,但它们之间也有差别,其发展是不平衡的。黑格尔肯定思维与存在、形式与内容的统一,但他着重考察的是概念的辩证法,从形式上研究了思维和存在的统一。虽然他的主观逻辑处处显示出客观逻辑,总的体系却是唯心主义的。马克思和恩格斯从黑格尔那里把自觉的辩证法拯救出来,转为对自然和历史的唯物主义的观点。多少年来,马克思主义者着重研究客观辩证法,而对主观辩证法的研究在一定程度上却被忽视了。

第三,客观世界的规律反映到人的头脑里取得了概念的形式,人就可以转过来用以指导革命实践,即以客观现实之道,还治客观现实之身,理论就转化为方法。离开了主观,单纯的自然界无所谓方法。自然界是有规律的,人们掌握了规律就可以用来指导实践。比如植物的生长、动物的繁殖都是有规律的,我们掌握了这些规律,用来种植植物,饲养繁殖动物,这就有方法的意义。一切科学的概念、范畴、规律用来还治现实时,都具有方法论的意义。一切概念、范畴、规律都蕴涵着逻辑形式与规律,而逻辑是具有普遍意义的方法论,所以一切具体的科学方法中都蕴涵着逻辑方法。

以上所说,就是对列宁的逻辑是"对世界的认识的历史的总计、总和、结论"这句话的解释，也就是我们这门课程的主题。

第三节　研究辩证逻辑的途径和方法

一切具体科学都要应用逻辑，都可以说是以逻辑作为方法论的基础的，但逻辑学却不能在它自身之外去找方法，不能用具体科学的方法来作为研究逻辑学的方法。逻辑的对象是思维形式及其规律，对思维形式进行研究、考察，也就是对思维进行思维，即黑格尔所说的"反思"。对思维形式进行反思时，如果只注意思维的相对静止状态，撇开内容把思维形式抽象出来加以考察，就是形式逻辑；如果密切结合客观辩证法和认识的辩证法来对概念的辩证运动进行考察，就是辩证逻辑。黑格尔说："从思维本身的内在活动去阐述它，或说从它的必然发展去阐述它。"①黑格尔正确地指出：要把握思维由于内在的矛盾本性而引起的必然运动，但黑格尔由此陷入幻觉。他把客观事物看成是自我运动的思维的产物，认为概念的外在化就是事物的本质，这是头足倒置的唯心主义世界观。

马克思主义认为，当我们的头脑用理论思维方式去掌握世界时，必须始终坚持客观现实在我们头脑之外的独立性，必须让客观事物经常作为前提浮现在眼前。所以就方法论来说，一定要从实际出发，把思维看作是对直观的感性材料进行加工的过程。也就是说，不能离开客观现实和对它的认识过程来孤立地研究概念

---

① 黑格尔著，杨一之译：《逻辑学》上卷，商务印书馆 1982 年版，第 7 页。

的矛盾运动,一定要把概念的运动作为客观辩证法的反映和认识史的总结来进行考察。没有思想资料,头脑就无法加工,因此研究逻辑一定要有由认识史提供的、来源于现实的丰富的思想资料。

当然,首先需要认真学习马列著作。在马列著作中,有直接论述辩证逻辑的著作,如《自然辩证法》、《哲学笔记》等;有运用辩证逻辑来研究具体科学的,如《资本论》、《论持久战》等。这些著作中包含马克思主义辩证逻辑的体系,要完整地、准确地理解它。但是,也要解放思想,坚持实践是检验真理的唯一标准,研究并发展辩证逻辑。

其次,要把逻辑作为认识史的总结、总计、结论来研究,就必须掌握人类认识史的资料。这主要包括两个方面:一是作为总体的人类逻辑思维发展史,体现在哲学史、科学史、逻辑史之中;二是作为个体的人的逻辑思维发展史,首先是儿童智力发展史(从婴儿到成人的智力发展过程)。要把这两方面联系起来加以研究。我们现在的有利条件是,可以把西方哲学史与中国哲学史、西方逻辑学史与中国逻辑学史加以比较研究,也可以把西方科学史与中国科学史加以比较研究。今天我们的视野要比前人广阔得多,中国哲学与西方哲学正趋于合流,将会给哲学(包括逻辑学在内)以崭新的面貌。这些年来,马克思主义者对人作为个体的智力发展的研究是不够的。在心理学、语言学、教育学等领域中,倒是西方学者提供了较丰富的可以利用的材料,我们不应忽视。总之,我们一定要既考察个体智力发展史,又考察人类总体的思想发展史,并把它们联系起来进行研究。

　　第三，要把逻辑作为客观辩证法的反映来考察，那就要掌握现代科学的资料。如果说马、恩时代自然科学的发展已经达到辩证思维阶段，那么一百多年来无疑又大大地前进了。国外的数理逻辑发展很快，逻辑研究与现代科学相结合，成为明显的趋势。用现代的逻辑手段和方法研究科学发展中提出的一些问题，已形成了"科学逻辑"的新领域。许多科学家和哲学家都重视逻辑学和方法论的研究，使逻辑学和科学密切结合，这就大大加快了逻辑学的发展。客观世界的规律、范畴反映在各门科学里，为科学家所掌握，并在研究新的事实、现象时作为方法而加以运用。科学家们运用的范畴和方法，就是他们用来掌握客观世界的逻辑思维的形式。这些范畴和方法实际上代表了一个时代的逻辑思维的水平。用辩证逻辑来概括自然科学的逻辑思维，还需要大家共同努力。现在摆在我们面前有丰富的资料，问题是如何加工，如何用马克思主义辩证逻辑的方法来总结认识发展史，来概括现代科学的逻辑成就。

　　辩证逻辑的方法最基本是两条，即荀子说的"辨合"与"符验"——每一步都是分析与综合，每一步都用事实来检验。详细点说，就是列宁在《哲学笔记》中讲了的《资本论》的逻辑。从实际存在的最基本的原始的关系出发，例如《资本论》从商品开始，把它当作社会关系进行分析。"两重分析：演绎和归纳的，——逻辑的和历史的（价值形式）。在这里，在每一步分析中，都用事实即用实践来检验。"①就是说，分析与综合相结合、具体分析具体情况

① 列宁：《哲学笔记》，《列宁全集》第55卷，第291页。

是方法论的核心；而归纳与演绎的统一、逻辑方法与历史方法的统一，则是其组成部分；而唯物主义则要求每一步分析都用事实来检验。这是辩证逻辑的方法论的基本原理，也是我们对认识史和现代科学为逻辑提供的思想资料进行加工时的根本方法。

辩证逻辑作为方法论，决不是拿辩证逻辑作为现成的模式到处去套。辩证的方法要求按照事物的本来面貌理解事物，不附加任何外来的主观成分，这是唯物主义的基本观点。所以，辩证逻辑作为方法，固然是范畴、概念的自己运动，但思想的自己运动无非要求思想只是客观地考察对象的自己运动，即像黑格尔所说的要"让它无阻碍地运动"①。思想的矛盾运动即分析和综合，正反映了事物由于本质矛盾而引起的必然的自己运动。现在我们要用马克思主义的辩证逻辑来研究认识史的和现代科学的思想资料，进行概括、加工，这并不是用马克思主义的辩证逻辑的原理作为套子去套，而是要把握这些思想资料固有的自己的运动，不掺杂主观的成分。现在我们要考察的对象是逻辑思维本身，重要的是，首先要把握逻辑思维本身的矛盾，并重视它的运动发展过程。而作为反思所得的逻辑概念按其内在本性而发展的过程和作为客观过程的逻辑思维的矛盾运动应是一致的，就是说，逻辑学和认识论应是一致的。那么，什么是逻辑思维的最本质的矛盾呢？逻辑思维发展的根据——最原始、最基本的本质的关系，也就是思维和存在的关系，着重就逻辑学这个侧面说，即逻辑思维和客观世界变化发展法则的关系。辩证逻辑所要解答的一个最重要

---

① 参见列宁：《哲学笔记》，《列宁全集》第 55 卷，第 205 页。这里保留了冯契引用的 1959 年版《列宁全集》第 38 卷第 257 页的译文。新版将其改译为"听其自然"。——增订版编者

的问题是，逻辑思维能否把握和如何把握客观世界统一原理和发展原理以及具体事物的发展法则？过去的哲学家对逻辑思维的责难主要是围绕这个问题提出的，例如庄子、休谟。辩证逻辑在唯物主义前提下作了肯定的回答：逻辑思维能够通过概念的矛盾运动来把握世界统一原理、发展原理和客观具体事物的发展法则。这是辩证逻辑的基本原理，是客观辩证法和认识论为逻辑学提供的基本前提，是我们的出发点。

　　辩证逻辑的基本原理亦即基本的方法，要求如实地把握概念的矛盾运动。也就是说，通过"辩合"（概念的矛盾运动）与"符验"（唯物主义要求每一步用事实检验），来把握所考察对象的矛盾运动、变化法则。当我们用辩证逻辑的基本原理来全面地考察认识史和现代科学所提供的思想材料时，这种分析就是演绎的分析，因为这是从一般到个别，是从辩证逻辑的一般原理来具体考察这些思想资料。但为了要把握本质的矛盾，就必须深入地进行典型的分析，如考察中国哲学史，以它为典型来进行分析；或以某门科学作为典型来进行分析，从中概括出逻辑的原理。这样的分析是从个别到一般，这就是归纳的分析。辩证逻辑的研究方法要求分析必须是归纳和演绎相结合、个别与一般相结合。只有这样，才能深入地把握逻辑思维的内在矛盾，把握逻辑内在矛盾的展开和发展。这也就是通常讲的观点和材料相结合，用辩证的观点来分析这些思想资料，又对这些思想资料进行典型研究以把握一般原理。运用这样的方法，要注意的是：不能把观点、理论看作是外加于思想材料的成分，同时也不能停留在事例的列举、材料的堆积上，而要真正做到两者相结合，这样才能把握所考察对象的辩证法。荀子早就说过:"以一知万"(《荀子·非相》),"以一行万"(《王制》)。这包括两方面意思:一方面是用道的观点来看物。荀子说:"壹于道而以赞稽物"(《解蔽》)。就是用统一的道的观点来全面地考察、把握事物,这就叫做"以道观尽"(《非相》),另一方面意思是要抓典型。荀子说:"欲知亿万,则审一二"(《非相》),想要认识亿万件事物,就在于深入考察一两个典型。他说:"五寸之矩,尽天下之方"(《不苟》),是说木匠手中的五寸的矩就概括了事物所有方的形状。这也就是荀子说的"以类度类"(《非相》):要善于抓住一个类型、一个典型来考察所有同类的事物。"以道观尽"是演绎的分析,"以类度类"是归纳的分析,这两方面是统一的。荀子讲的"以一知万"、"以一行万"就包含了归纳和演绎相结合的意思。用这样的方法来研究辩证逻辑,就要求系统地掌握马克思主义辩证逻辑的一般原理、基本原理,并运用于一个具体的科学领域作典型的深入的考察,这样才能真正把握逻辑思维的辩证法。

我这里特别讲一讲用中国哲学史作为典型来考察逻辑思维的辩证法的问题。我们在研究认识史(哲学史、科学史、个体发展史)时,必须用逻辑的方法和历史的方法相结合起来分析。列宁讲两种分析:归纳和演绎的、逻辑和历史的。要研究历史,就需要用、也一定要用逻辑的和历史的分析相结合的方法。历史从哪里开始,逻辑的考察就从那里开始。所谓历史的方法就是要把握历史发展的基本线索。研究中国哲学史、中国逻辑学史,就是要把握中国哲学史、中国逻辑学史的发展的线索,看中国历史上的哲学、逻辑学是怎样发生和发展的,发展的根据是什么,经历了哪些发展阶段,总的发展过程如何。这样来把握历史发展的基本线索,就是历史的方法。而为要真正把握基本的历史线索,就需要把握历史发展的本质的矛盾。对中国哲学史来说,就要研究中国哲学史的本质的矛盾是什么,即发展的根据是什么,对这个本质的矛盾进行具体的分析。考察时要摆脱外在形式的干扰,去掉历史上偶然的东西,对矛盾的发展的各个环节要力求从典型的形态去考察,以此来把握发展的逻辑。因此,历史的方法与逻辑的方法应该是统一的。用这样的方法来考察中国哲学史,就可看到中国哲学的发展表现为一系列的圆圈,表现为近似于螺旋的曲线。比如,先秦哲学争论天人、名实的关系问题,到荀子作了比较正确、比较全面的总结,可以说是完成了一个圆圈。秦汉以后关于有无、理气、形神、心物这些问题展开争论,到王夫之作了比较正确、比较全面的总结,又完成了一个圆圈。而后经过近代,中国人向西方寻找真理,最后找到了马克思主义。马克思主义与中国的革命实践,包括与中国的传统相结合,中国哲学就进入了辩证唯物主义的发展阶段。所以,整个中国哲学史的发展就表现为一个大的圆圈。而每当哲学发展到总结阶段时,思维进入了辩证法的领域,这时哲学家、逻辑学家对辩证思维的形式作了考察,就能提出辩证逻辑的一些基本原理。又因为一定时代的逻辑思维是互相有联系的整体,所以通常情况是,当哲学家提出一些辩证逻辑的原理时,有些科学领域就运用辩证逻辑的原理作为方法取得成就;或者也可以倒过来说,每当有些科学领域的方法到了辩证法阶段,这时哲学家、逻辑学家就能从中概括出辩证逻辑的原理。中国的先秦哲学发展到战国末期时,达到了总结阶段,荀子、《易传》就提出了辩证逻辑的一些原理。同时在某些科学的领域,如历法、音律、医学等,则应用辩证逻辑的方法取得了显著的成就。不妨说,这时就有了辩证逻辑的雏形。后来科学和哲学进一步发展,到了宋明时期,中国的古代辩证逻辑又有较大的发展。当然,古代的辩证逻辑"具体而微",是胚胎、雏形,但它已具有较高级的形态的萌芽因素。在这里,用逻辑的方法和历史的方法的统一来研究逻辑思维的辩证法,就要求我们把握古代辩证逻辑的雏形,并使之与马克思主义的辩证逻辑结合起来进行考察。但是,不能把古代的辩证逻辑与马克思主义的辩证逻辑混为一谈,不能拿马克思主义的辩证逻辑作为模式去套古代,也不能将古代的辩证逻辑拿到现代来套。高级阶段的逻辑范畴与低级阶段的逻辑范畴是有本质区别的,不能只看到联系而忽视区别。我们用逻辑的和历史的统一的方法来研究,就应该站在高级阶段,用马克思主义的辩证法来回顾历史,同时具体地对中国古代辩证逻辑作典型分析,这样结合起来,就能把辩证逻辑推向前进。黑格尔和马克思主义的辩证逻辑本来是从西方哲学和科学发展史中总结出来的,西方哲学史与中国哲学史合流之后,辩证逻辑无疑地会获得新的色彩、新的面貌。以上所说,是运用辩证逻辑的一般原理来处理认识史的材料,我这里只谈了以中国哲学史、逻辑史作典型。同样,我们也可以拿西方哲学史、逻辑史作典型,也可以选择一门科学史作典型。而在对人类作为总体的逻辑思维发展史进行考察时,也需要密切联系人作为个体的逻辑思维发展过程,也可以对儿童智力发展史作典型的研究。

另一方面,也要用辩证逻辑来概括现代科学所提供的思想资料。这方面我们也应该抓典型。像《资本论》《论持久战》,都是运用辩证逻辑于一个具体的科学领域，这样的著作本身就是运用辩证逻辑的典范，它们也发展了辩证逻辑。现在，我们可以用什么科学作为典型来进行考察呢？黑格尔说，哲学不能从具体科学取得自己的方法。[①] 这是对的，但我们要补充一句："哲学也不能离开具体科学来抽象地讲逻辑。"现在是否已具备条件、可以通过某一具体学科作为典型来概括现代科学中的逻辑成就？这还是一个问题。哲学、逻辑、科学都只有达到一定的发展阶段时才能进行全面的批判总结，并不是任何阶段的理论思维都是辩证的。关于资本主义的政治经济学，在马克思之前经历了从具体到抽象的阶段，只有到马克思才能由抽象上升到具体，达到辩证法的总结阶段。而关于社会主义的政治经济学，现在是众说纷纭，看来是处于由具体到抽象的阶段。经济学家把一个个范畴抽象出来，形成不同的学说，有的明显地掺杂着形而上学的东西，是否即将达到从抽象到具体的阶段，可以进行全面的批判总结？这要经济学家来回答。就生物学的发展来说，达尔文进化论可以说是达到了辩证思维阶段，即由抽象上升到具体的阶段。但是，深入到探讨进化的原因，深入到遗传学领域，又需要从不同方面来考察，又提出了一系列新的范畴，如基因、遗传密码等等。遗传学、分子生物学的领域事实上又经历了从具体到抽象的阶段，现在是否已达到了全面的批判总结的时候呢？那要由生物学家来回答。德国古典哲学曾用"知性"和"理性"来区分这两个阶段，科学从具体到抽象阶段是知性阶段，科学从抽象上升到具体阶段是理性阶段。

---

① 参见黑格尔：《逻辑学》上卷，第 4 页；列宁：《哲学笔记》，《列宁全集》第 55 卷，第 72 页。

黑格尔把形式逻辑称为知性逻辑,把辩证逻辑叫做理性逻辑。黑格尔在《逻辑学》第一版序言中说:"知性作出规定并坚持规定;理性是否定的和辩证的,因为它将知性的规定消融为无;它又是肯定的,因为它产生一般,并将特殊包括在内。"①他的意思是说,在科学处于知性阶段,已提出了各种各样的知性规定,即抽象的范畴,而这时知性就坚持规定,把范畴看成是固定范畴,从而导致形而上学。而理性把知性范畴加以否定,把它消融为无,但同时也要对它肯定,这样就产生具体的一般,并把特殊包括在里面。理性把范畴看成是流动的,经过了肯定和否定的过程,在肯定的理解中包含着对它否定的理解。这样,通过范畴的辩证运动就达到了具体的一般,把丰富的特殊包括在自己里面。黑格尔区别知性和理性,有它的合理的因素,不过他把形式逻辑叫做知性逻辑,把形式逻辑与辩证逻辑截然对立起来,却值得商榷。我以为,应该把形式逻辑和知性逻辑(初级逻辑)区别开来。在黑格尔时代,形式逻辑是研究思维形式结构和初级的逻辑方法的混合物,因此他把形式逻辑和知性逻辑看作一回事。一直到现在,我们的普通逻辑教科书也是这样编写的,把研究思维形式的结构和研究初级的逻辑方法混在一道。我们现在把形式逻辑了解为研究思维形式结构的科学,思维形式有它的相对稳定状态,因为概念和对象有对应关系。把这种相对稳定的形式抽象出来,不管它的内容如何,只研究它的形式结构的规律,这就是形式逻辑。而辩证逻辑是研究概念的辩证运动,它不是脱离内容来研究思维形式的,但

① 黑格尔:《逻辑学》上卷,第4页。参见列宁:《哲学笔记》,《列宁全集》第55卷,第73页。

思维的运动无不有它的相对静止的状态，世界上没有不在相对静止中的绝对运动，因此辩证的运动本来就是相对静止与绝对运动的统一。因而辩证思维一定要遵循形式逻辑规律，但它又突破了形式逻辑的界限，因为它研究的是思维的辩证运动，是思维辩证运动的形式。而初级的逻辑方法则是指认识处于具体到抽象阶段的方法。这时当然也遵守形式逻辑，但抽象出一个范畴，它们往往缺乏有机联系。而运用方法只适合于特定的条件，如进行初步的分类和比较，或者偏重于归纳、或者偏重于演绎，或者偏重于综合、或者偏重于分析，等等。因此，在这阶段上，很容易导致形而上学，但这是科学发展的必经阶段。这些初级的逻辑方法当时是必须的，尽管有局限性，但它还是科学的方法。科学的发展是不平衡的，出现了新的科学领域要研究，就要经历从具体到抽象的阶段，即对事物从各方面分别加以考察，提出一个个抽象范畴。这时所运用的方法，也是适合于当时研究对象的特定的方法。不过，在认识达到由抽象上升到具体阶段时，批判了形而上学、克服了片面性，范畴有机地联系起来，那些初级阶段的方法就成了辩证逻辑方法的一些从属因素而被包含在里面了。新的科学分支不断涌现，科学由具体到抽象，再由抽象到具体的发展是无限丰富多样的，所以科学研究将不断地为逻辑提供思想资料。一百多年来，从黑格尔、马克思以后，无疑已经提供了大量资料，但是否可以在新的阶段上进行全面的批判的总结？是否可以把某个科学领域作为典型进行辩证逻辑的总结呢？这需要科学家、哲学家、逻辑学家共同努力来解决。在今天，已经很难产生百科全书式的哲学家。我们可以期望哲学家和逻辑学家能够运用辩证逻辑的方法来对某个具体科学领域作典型研究，从而作出新的概括，但这也要真正精通这门科学才行，而且只有当这门科学已达到可以进行全面的批判总结阶段，才能够通过典型分析概括出辩证逻辑原理。不过我认为，条件是具备了的。只要我们真正掌握了马克思主义辩证逻辑，并运用它作为方法对认识发展史作了考察，那末我们也能够对现代科学在逻辑上的成就作出概括。人类的逻辑思维是一个有机联系的生动发展的整体，现代科学家运用的范畴和方法，即他们用以把握客观世界的思维形式，体现了这一时代的逻辑思维的水平。而这些范畴和方法，本来是历史发展的产物而又互有联系的，所以从辩证逻辑的联系和发展观点来考察它们，我们能给以恰当的批判和总结。一百多年来已积累了那么丰富的逻辑思维的资料，而科学的许多重要领域，如相对论、基本粒子的理论、控制论方法、系统方法等，很显然具有了辩证法的因素，所以我们面前有着很广阔的、内容丰富的资料。这就要求我们搞哲学的、搞逻辑的，深入到这些领域中去研究，不能满足于泛泛地举些例子。对现代科学的逻辑成就进行概括、总结，将会极大地丰富辩证逻辑的范畴论和方法论。

以上我讲了研究辩证逻辑的意义，讲了研究的主题，还讲了研究的途径和方法。我们用的方法就是马克思研究《资本论》的方法。马克思主义辩证逻辑无疑是科学真理，但如果把它看作是终极真理，那就是形而上学、独断论，就会犯黑格尔同样的错误，所以我们一定要如实地把它作为科学来对待。科学就是要随着实践的发展而发展，讲科学就不能迷信。要完整、准确地掌握马克思主义的辩证逻辑的科学理论，并运用它作为方法来处理认识史的方面（包括哲学史、科学史、个体发育史）提供的材料，着重研究中国固有的逻辑传统，并概括现代科学在逻辑和方法论上的成就。这样，辩证逻辑就一定会有新的面貌，并转过来促进科学的发展。这一工作值得我们很多人去共同努力。

第二章
逻辑思维与实践经验

第一节 "能""所"、"知""行"关系

这以下四章,我们讲作为认识过程的逻辑思维的辩证法,也就是从认识论角度来考察逻辑思维。从认识论说,最基本、最原始的关系是什么? 是思维和存在的关系、主观和客观的关系。思维和存在的关系问题,是哲学的根本问题、认识论的根本问题;它们之间的关系也是我们研究逻辑思维辩证法所要考察的最原始、最基本的关系。以中国哲学史来说,认识论问题首先表现为"名实"之辩,后来着重讨论形神关系,又发展为"心物(知行)"之辩。"心物"之辩,是讲"能""所"的关系,"能"即"能知","所"即"所知",二者的关系也就是认识的主体与对象的关系。① 而"能""所"关系又和"知""行"关系密切联系着。过去的唯物主义都肯定物质世界是离开人们的意识而独立存在的,物质现象与精神现象统

---

① 参见王夫之《尚书引义·诏告无逸》:"境之俟用者曰'所',用之加乎境而有功者曰'能'。"(《船山全书》编辑委员会编:《船山全书》第 2 册,岳麓书社 2011 年版,第 376 页)——初版编者

一于物质，世界的本质、根源是物质。就名实关系而言，概念是实在的反映；从形神关系说，意识是人脑的特性。这些都是唯物主义的根本观点，也是辩证唯物主义的根本前提。这些根本前提是所有唯物主义者都承认的。辩证唯物主义和过去的唯物主义不同的特点，在于它把实践作为认识论的基础。马克思在《关于费尔巴哈的提纲》第二条中指出："人的思维是否具有客观的真理性，这并不是一个理论的问题，而是一个实践的问题。"①所以，辩证唯物主义在"能""所"、"心""物"关系问题上，不仅认定物是外在的，是离开心即人们的意识而独立存在的，因而认识的主体是被动的；而且也应看出，在实践中，物对于人的关系也是内在的，因而主体也是能动的。认为物是外在的，主体是被动的，这是一切唯物主义者都承认的，但辩证唯物主义用实践作为认识论的基础，还讲了另一方面，即主体是能动的。当然，人的实践并不能改变客观世界的物质性，不能改变物质的客观实在性。物质和运动既不能创造也不能消灭，只能改变它的形态。但是实践本身也是物质运动的过程。人类最基本的实践是劳动生产活动。人们在劳动中与对象进行物质的交换，不断地从外界吸收能量，又不断地把人本身的内在能量转化为外部的东西，通过实践不断改变自然界面貌，改变物质运动形态。所以，在实践中，实践的主体是能动的，对象与主体的关系，"能""所"关系是内在的关系。所谓内在关系，是指彼此有关的项目，如果一个改变了质态，则另一个也随之改变。通过农业劳动种出棉花，通过工业劳动纺纱织出布

---

① 马克思：《关于费尔巴哈的提纲》，《马克思恩格斯选集》第 1 卷，人民出版社 1995 年版，第 55 页。

匹,自然界的形态随人的有目的活动不断改变着,成为人化了的自然;而人在改造客观世界过程中也改变自己,人的形体、精神随着实践的发展而发展。这就是在实践中"能"和"所"的关系。至于在认识中,"能"和"所"的关系就不一样了。认识是客观世界的反映,是用概念、表象来摹写世界,主体是被动的。管子说:认识要"舍己而以物为法",这是"静因之道"(《管子·心术上》)。即认识不能掺杂主观的因素,应完全按物的面貌去反映,所以在认识中主体是被动的。管子把"名"和"实"的关系比喻为"形"和"影"、"声"和"响"的关系,旧唯物主义的反映论把认识看成是"照相",这种直观反映论有局限性,因为它没有看到主体的能动性。但我们也不能否认认识关系中的对象的客观实在性和主体的被动性,不能否认认识的客体对主体来说是外在的。单纯的认识不能改变世界,不能改变物质运动形态。比如,一个东西不会因为我看到它,或者对它下一个判断,它就改变了。所以,仅仅认识而不实践不能改变客观世界,也不能改变人的形体、精神、德性。颜元说:"心中醒,口中说,纸上作,不从身上习过,皆无用也。"[①]

　　以上是分析的说法。实际上,在人身上,实践和认识不能割裂,认识随实践的发展而发展,人是在改造客观世界的过程中来认识世界的。只有在实践中与对象发生内在的关系,才能在认识上与对象发生外在的关系;反过来说,也只有在认识上和对象发生外在的关系,才能在实践中和对象发生内在的关系,二者是互为条件的。培根说:"自然的奥秘也是在技术的干扰之下比在其

① 颜元著,王星贤等点校:《存学编》卷二,《颜元集》上册,中华书局1987年版,第56页。

自然活动时容易表露出来。"①人类是用技术手段改变了自然，于是人就深入研究了自然，客观地认识了自然。黑格尔讲"理性的机巧"，就在于"这种理性的活动一方面让事物按照它们自己的本性，彼此互相影响，互相削弱，而它自己并不直接干预其过程，但同时却正好实现了它自己的目的"②。理性让事物按其本性自己运动，却同时实现了人的目的。也就是说，正是因为理性在认识上不干预客观过程，能够客观地认识世界，把握物质世界及其规律性，所以才能在实践上正确地改造世界。一个主观主义者，就不能有效地改造世界，只能在现实面前碰得头破血流。所以，在认识上，人就是要被动地接受，力求不以占有者姿态出现；在实践中，人要能动作用于对象，就要作为占有者。只有认识上力求不作为占有者，这样的认识才能在实践上有效。列宁在《唯物主义和经验批判主义》中指出："认识只有在它反映不以人为转移的客观真理时，才能成为生物学上有用的认识，成为对人的实践、生命的保存、种的保存有用的认识。……如果把实践标准作为认识论的基础，那么我们就必然得出唯物主义。"③这就是说，一方面，只有在唯物主义基础上获得的正确认识，才能有效地指导实践；另一方面，生活、实践的观点必然导致唯物主义，因为人类实践不断证明唯物主义的认识论的正确性。这种坚持物质及其运动的规律性的客观性，坚持物质世界是离开人们意识而存在的、而认识

---

① 北京大学哲学系外国哲学教研室编译：《十六—十八世纪西欧各国哲学》，商务印书馆1975年版，第42页。

② 黑格尔著，贺麟译：《小逻辑》，商务印书馆1980年版，第394页。

③ 列宁：《唯物主义和经验批判主义》，《列宁选集》第2卷，人民出版社1995年版，第100页。

是客观世界的反映的唯物主义认识论的首要前提,正是由实践提供了证明的。认识只有力求符合客观实际,实践上才会有用;当认识有主观空想成分,实践上就会失败。所以,实践对认识的每一个检验,都在证明唯物主义前提的正确性。

总之,"能""所"、"知""行"二者的关系,分析地说,在认识上人是被动的,"能""所"关系是外在的;在实践中人是能动的,"能""所"关系是内在的。当然,分析不等于分割,一个人的认识和实践的过程是统一的,所以基于实践的认识既是被动的又是能动的,主体与对象的关系既是外在的又是内在的,而实践为我们提供了这样的证明:唯物主义认识论是正确的。

第二节 感觉能否给予客观实在?

这是哲学史上的老问题。人类认识世界的过程是一个基于实践的认识的辩证运动。作为人的思维的最本质的基础不是赤裸裸的自然界,而是被人在实践中改变了的自然界,但不能因此就否认外部自然界的优先地位,不能否认认识始终有它被动接受的一面。人们在实践中间和客观事物接触,通过感官的门窗,接受形形色色的对象,而获得各种各样的关于客观世界的信息。客观世界是自在之物,而我们的感觉、观念是客观世界的映象,这是唯物主义的理论,即思想反映对象的理论。而思想来源于感觉,因此逻辑思维是否具有客观真理性的问题,就成了感觉能否给予客观实在的问题。这个问题分三点来讲:一、过去哲学家对感觉的种种责难;二、唯物主义的感觉论;三、实践与感性直观的统一。

一、过去哲学家对感觉的种种责难

就常识来看，这些责难是不成问题的。看到颜色，听到声音，尝到味道，感觉提供的都是客观实在的。朴素的唯物主义者，例如墨子，对感觉抱有非常天真的信赖，认为有和无的标准就是耳闻目见，看到听到的就是存在的，看不见听不到的就是不存在的。所以，他讲鬼神是有的，因为许多人都说自己看见过、听到过。其实人的感觉并不是无条件地可以信赖的，有幻觉，有错觉，不同种类的动物在感觉上有差别。庄子在《齐物论》里就提出责难：人爬到高树上就会害怕，猴子会这样吗？人老是泡在泥里要得风湿病，泥鳅会这样吗？古代怀疑论者已对感觉提出了种种责难，其中也包括古希腊的怀疑论者。在西方的近代，洛克是经验论的祖师，他反对先验论，肯定人生出来没有天赋观念，一切知识都是从感觉经验来的，这是唯物主义的观点。但正是在洛克以后，贝克莱、休谟虽然都承认认识来源于感觉，但却引导到唯心主义、不可知论去了。贝克莱说："存在就是被感知"，认为不能有离开人的感觉而独立存在的事物，物就是观念的复合，是一定的颜色、声音、气味结合在一起的构成物。他向唯物主义提出了重要的责难：你说观念是外物的映象、摹写，请问：我们能否感知到这些假定的外物和原本呢？如果能感知到，那它就是感觉、观念；如果不能感觉到，你怎么能说颜色、声音、味道这些观念是外物的映象呢？因为映象和外物、摹本和原本是否相似必须经过比较，但比较就是认识的活动，比较一定要在意识的领域内进行。摹本是在意识中的,那么外物、原本是否在意识中呢? 如果在意识中,那就是感觉、观念;如果它在意识之外,就无法比较,怎么能拿意识之外的东西与意识比较呢?① 所以,贝克莱认为物质是虚无,是不存在的。

贝克莱在此提出的责难,是唯物主义者必须回答的。贝克莱、休谟以及后来的马赫主义者、逻辑实证论者都认为除了感知之外,任何东西都不能进入到人们的意识之中。休谟认为,人的认识只能局限于知觉、经验的领域,但唯物主义却提出人的感觉、意识是外界引起的,怎么能证明知觉是由外界对象引起而不是由别的原因引起的呢? 这应当由经验来解决,而经验在此却沉默着,不得不沉默着。因为,凡是意识获得的东西都来自知觉,而知觉到的东西到底是不是符合于外界对象,经验无法回答。经验不能在意识和对象之间建立任何直接的联系,这是怀疑论的观点。列宁在《唯物主义和经验批判主义》一书中曾讲到:"唯心主义哲学的诡辩就在于:它把感觉不是看作意识和外部世界的联系,而是看作隔离意识和外部世界的屏障、墙壁;不是看作同感觉相符合的外部现象的映象,而是看作'唯一存在的东西'。"②但他们提出的感觉能否给予客观实在的问题,我们必须从理论上给予答复。我们要探讨逻辑思维的辩证法,逻辑思维是否具有客观真理性,这归根到底是感觉能否具有客观实在性的问题。

---

① 参见贝克莱著,关文运译:《人类知识原理》,商务印书馆 1973 年版,第 21—24 页。
② 列宁:《唯物主义和经验批判主义》,《列宁选集》第 2 卷,第 47 页。

二、唯物主义的感觉论

唯物主义者都肯定感觉是意识和外部世界的直接联系，感觉能够给予客观实在。但像墨子所讲的，感觉到的就有，感觉不到的就无，当然过于简单化了。这种说法没有区别真相和假象、正常的感觉和幻觉，但感觉可以信赖，这一点却包含了颠扑不破的真理。感觉不是无条件可以信赖的，但基本上可以信赖。有的感觉有欺骗性，但这可以由其他的感觉、理性和实践来加以纠正。如把筷子一端放入水里看起来是歪的，拿出来却是直的，把两种情况比较一下，用手摸一摸，就可作出"筷子是直的"判断，而且可以用物理学中光的折射原理加以合理的解释。问题在于：作为感觉的内容、呈现于我们感官之前的现象和自在之物的关系到底怎样？呈现在我们感官之前的感性的性质、关系都是现象，但现象不限于呈现在我们感官之前的，呈现只是现象的一部分。唯物主义肯定感觉能够给予客观实在，就是说，呈现于正常官能之前的现象与自在之物没有原则上的区别，它就是客观实在的一部分。呈现的现象与自在之物的关系是部分和整体的关系，但仅这样说还不够。颜色与光波、声音与声波的关系如何呢？红色是760—800 mμ（毫微米）波长的光波，紫色是390—450 mμ 波长的光波，这同红色、紫色的关系如何？洛克把物体的性质分成第一性的质和第二性的质，认为广延、形状、不可入性、运动、静止是第一性的质，而颜色、声音、味道，是第二性的质。他认为第一性的质是物体固有的属性，而第二性的质不是存在于对象本身的性质，而是客观对象的某种能力，借助于第一性的质而产生的结果。他认为，人们关于第一性的质的感觉是"肖像"，而关于第二性的质的感觉不是"肖像"。① 洛克在这里用因果关系解释自在之物与颜色、声音等之间的关系,并把因和果看作是两个项目,客观事物有某种能力和第一性的质,这种能力作为原因可以使人感觉到颜色、声音等第二性的质。这当然是唯物主义的,但是也引起了困难:因和果是否相似? 能否比较? 贝克莱把所有的属性都说成是感觉的属性,第一性的质和第二性的质都是感觉的属性,而不是客观事物的属性,存在就是被感知。这就变成了主观唯心论,这样就对唯物主义提出这样的问题:把由于物质过程、外界刺激力而引起感觉看成是因果关系,对不对? 感觉是外界对象引起的,既是"引起",那就有作用。问题在于对因果性作如何的解释,不能形而上学地把因和果割裂开来。古代的哲学家已经看到这个问题的困难性,中国哲学家是用"体""用"的范畴来解释的。如范缜用"体""用"关系解释"形""神"关系,王夫之用"体""用"范畴来解释"能""所"。精神是形体的作用,同时人的认识以物为实体、根据,即颜元说的"知无体,以物为体"②。人的认识一方面是头脑的作用,同时又以客观对象作为根据,因此作为对象的"所知"和作为内容的"所知"是同一的。这里所说的唯物主义感觉理论,包含两方面意义:一方面,就"神"是"形"的作用说,"凡同类同情者,其天官之意物也同"(《荀子·正名》)。即同属于人类,具有同样的感官,在同样条件下对同一对象有同样的感觉(当然这里是指正常的人、正常的感官)。另一方面,就知以物为体说,在同样条件下的同类的正常感觉,感觉的客观内容和感觉的对象是直接同一

① 参见洛克著,关文运译:《人类理解论》上册,商务印书馆 1983 年版,第 2 卷,第 8 章。
② 颜元:《四书正误》卷一,《颜元集》上册,第 159 页。

的。如大家看到的粉笔，由于使用同样的感官（人的眼睛），在同样的条件下（白天）获得的感觉是同样的。虽然各人有各人的感觉，但只要都是正常的感官，同样感觉所把握的是同一个对象，大家看到的是同一支粉笔，内容和对象是同一的。不论是哪一个人，张三还是李四，感觉到的都是同一个颜色，即同样的感觉可以获得同一个对象的性质。不承认这一点，知识就不可能。但是，就感觉的形式来说，则是各不相同的。感觉作为意识现象，它是属于主体的，为主体提供了客观的信息。感觉形式是主观的，没有主体，就没有感觉；没有张三，就没有张三的感觉；没有人，就没有人的感觉。一定要有主体，才有感觉，意识的主体就是一个个的人。张三、李四的感觉是同样的，但又是有差别的，不承认这一点，知识也不可能，因为没有进入意识嘛！就因为感觉有其主观形式，为作为主体的人所掌握，才能成为人的知识的原料；不被人接触、不进入意识领域的事物，人就没有获得它的信息，就不能成为知识的源泉。所以，感觉包含这样的矛盾：按内容来说，是具有客观实在性的；就形式来说，是主观的、属于主体的。感觉内容即以对象为实体，感觉的基础、根据就是客观事物。感觉的内容，无非是呈现在感官之前的客观事物，红颜色就是 $760—800\ \mathrm{m}\mu$ 的光波，紫颜色就是 $390—450\ \mathrm{m}\mu$ 的光波，人尝到咸味就是盐本身的特性。感觉的内容和对象是一回事，呈现与自在之物没有原则的区别。不过，另一方面，红黄绿紫等颜色、甜酸苦辣等味道，当其作为感官之前的呈现而为人们所意识时，已经取得了主观的形式。所以，呈现和自在之物又有形式上的差别，呈现是在感觉形式下的自在之物。外在刺激力如何转化为意识的事实，需要研究再研究。现代科学如控制论、信息论、分子生物学等促进了实验心理学的发展，对感觉的研究比以前大大发展了。如视觉，过去只知道是光波刺激眼睛的视网膜，通过神经传到大脑，而有视觉形象。现在进一步知道，视网膜上的细胞有很细致的分工，已对外界的信息进行初步加工，所以研究越来越深入、细致了。我们这里只从认识论讲。我们肯定呈现在感官之前的现象就是自在之物在一定条件下的显现，或者说，呈现在一定条件下、一定关系中的表现，正是这一定条件或一定关系规定了主观形式的千差万别。颜色的呈现要有一定的眼睛结构、光、一定的距离等作为条件。正常的眼睛（不是色盲），在白天（不是黑夜），在一定的距离内（不是太远）都能看到旗杆上的国旗的红色。国旗的颜色是在一定条件、一定关系中呈现于我们面前的，这些条件、关系是完全可以科学地加以确定的。在这确定的范围内，又有差异：你的眼不是他的眼，你站的位置不是他的位置，进入你的眼球的光子也不是进入他的眼球的。然而，主观形式虽有差别，但你和他看到的仍是同一个国旗的红颜色。感觉要受主体的生理条件、媒介物、时空条件等等的制约，还要受人的过去的经验、社会的历史条件等等的制约。如五星红旗，中国人看见就有敬爱的心情，外国人就没有这种感情。小孩看到火不知要烫手，需要大人教他。虽然因各种条件的影响而千差万别，但只要这些条件是同类的，正常的感官与对象相接触，呈现就是自在之物的正常表现。从形式来说，不能不因感觉关系的不同而有许多差异，但从内容来说，呈现就是自在之物的属性。所以，并不因为你感觉了它或我感觉了它，它的客观实在性就有改变，客观的现象是不依人们感觉与否而转移的。

三、实践与感性直观的统一

实践与感觉不可分割。感觉既然有形式和内容的矛盾，就可能出现两种情况：一种是形式不符合内容，一种是形式和形式彼此不一致。正是根据这两点，古代就有哲学家，如庄子，对感觉提出了种种责难，而贝克莱、休谟等人则得出了主观唯心主义和不可知论的结论。恩格斯在《社会主义从空想到科学的发展·1892年英文版导言》中指出，对不可知论这样的观点"看来的确很难只凭论证予以驳倒。但是……在人类的才智虚构这个难题以前，人类的行动早就解决了这个难题"①。就是说，当我们按照我们所感知的事物特性来利用事物的时候，我们的感性知觉受到了行动、实践的检验，或被否证，或被证实。总之，主观与客观、形式和内容是可以达到一致的。实践有客观和主观两重性，感觉也有客观和主观两重性，实际上实践和感觉是不可分割的。我们承认，感觉的内容和对象、呈现和外界事物是具有直接同一性的，人的感觉和外界对象是否一致、能不能比较的问题就成了同一过程中的形式与内容是否能达到一致的问题。不可知论者认为不可比较；实践证明可以比较，可以达到一致，感觉能够把握客观实在。当然，实践检验要借助于逻辑的论证，但归根到底是诉诸与实践本身不可分割的感性直观。如果你要知道梨子的味道，就得去尝一尝，在吃的活动中味觉就能把握它的客观性质。又如做化学实验，"水是氢二氧一的化合物"，我们通过对水电解，就可以证明这一判断。在验证时，就得承认水和对水的实验过程是离开人的主

---

① 恩格斯：《社会主义从空想到科学的发展·1892年英文版导言》，《马克思恩格斯选集》第3卷，第702页。

观之外的，而且它是如实地呈现在我们的感觉之中或感官之前的，也就是说，肯定实验过程中的感性直观能给予客观实在。不承认这一点，就不能认为是坚持了实践标准。我们说实践是检验真理的唯一标准，就是指用与实践相统一的感性直观来检验认识，而感性直观是能把握客观实在的。实践和感性直观是不可分割的。我们说实践是主观和客观的桥梁，感性直观是主观和客观的桥梁，这是一回事。马克思批判费尔巴哈不把感性当作实践活动去理解，实际上是说感性直观和实践活动是统一的，它作为人的认识活动的基础，是一个统一的过程。列宁在《唯物主义和经验批判主义》中说："唯物主义的理论，即思想反映对象的理论，在这里是叙述得十分清楚的：物存在于我们之外。我们的知觉和表象是物的映象。实践检验这些映象，区别它们的正确和错误。"①这是辩证唯物主义对感觉能否给予客观实在这一问题的正确回答。这一回答，也就正确地阐明了逻辑思维和实践经验的最基本的关系，从而使逻辑思维建立在牢固的唯物主义的基础之上。

第三节　普遍、必然的科学知识何以可能？②

上面讲到，人们在实践经验中把握客观实在，我们的感觉能给予客观实在，它是外部世界的映象，这就有了供给我们头脑加工的源源不断的原料。我们肯定逻辑思维的原料都来源于感觉

---

① 列宁：《唯物主义和经验批判主义》，《列宁全集》第 18 卷，人民出版社 1988 年版，第 108 页。
② 这一节的标题作者后来改为"普遍有效的规律性知识何以可能？"主要是为了防止在"客观规律性的必然"同"逻辑必然"这两种对必然的不同理解上引起误解。——初版编者

经验,但是感觉所把握的都是特殊的、个别的现象,而思维的任务在于获得普遍的、必然的规律性的知识。这就产生了一个问题:普遍、必然的科学知识何以可能? 也就是康德在《纯粹理性批判》中提出的:纯数学的知识何以可能? 纯自然科学的知识何以可能? 这一节分三点来讲:一、休谟、康德的问题;二、概念的形成过程;三、概念的双重作用。

一、休谟、康德的问题

在康德之前,经验论和唯理论进行了长期的争论。笛卡尔提出"天赋观念"说,认为人心天生就赋有一些无可怀疑的清晰明白的观念,它们是从理性的自然光辉中产生的,从它们可以演绎出全部必然性的知识。这是唯心论的先验论。洛克驳斥了这种天赋观念论,肯定人的心灵天生是一张白纸,上面没有任何记号,知识全部是后天获得的,是从经验中得来的,这就是"白板说",是唯物主义的观点。但是,经验怎么能获得普遍的、必然的科学知识呢? 洛克并没有解决这一问题。而休谟认为,要从特殊的、个别的经验取得普遍的、必然的科学知识是不可能的,因为普遍的、必然的、规律性的知识是超越于经验、独立于经验的,一切经验都受特殊的时间和空间的限制,而普遍性、必然性的知识就是要超越这种时空的限制。怎么能从特殊的经验中获得普遍的、必然的科学知识呢? 这是不可能的。① 康德认为,知识除来源于感觉经验之外,还要有一个先天的来源。他认为经验本身永远不能给予经

---

① 参见休谟著,关文运译:《人类理解研究》,商务印书馆 1981 年版,第 7、12 章。

验的判断以严格的普遍性与必然性；只有先天的原则（即他说的时空形式与范畴），才能给经验以确定性、条理、秩序，而先天原则是独立于经验的。康德认为知识必须有两方面的来源：一个是感觉，一个是先天的原则；一定要把思维和直观结合起来，才有科学知识。康德说："思维无内容是空的，直观无概念是盲的"，"知性不能直观，感官不能思维。只有当它们联合起来时才能产生知识。"[①]在知识的来源问题上，康德把感性和理性（康德的知性）截然割裂开来，显然是错误的。但是，只有把二者结合才有先天综合判断，才有数学和自然科学的知识的说法，其中也包含着很有启发意义的因素。

休谟和康德的说法是唯心主义的，但也向我们提出了一个难题。感官是获得外界知识的门窗，知识是在感觉经验的基础上产生的，这是唯物主义的观点。洛克反对天赋观念无疑是正确的，但是从经验怎样产生普遍的、必然的科学知识呢？经验是具体的、特殊的，科学知识是具有普遍性、必然性的，它不受特殊时空的限制，有超越于经验的属性。怎么能从经验中获得超越于经验界限的东西呢？这是康德提出的问题。这一问题与"感觉能否给予客观实在"一样，是认识论的一个重要问题。我们以生活、实践的观点作为认识论的第一的和基本的观点，并运用辩证法于认识论，因而是能够解决这一问题的。

[①] 北京大学哲学系外国哲学教研室编译：《十八世纪末—十九世纪初德国哲学》，商务印书馆1960年版，第29—30页。参见康德著，邓晓芒译，杨祖陶校：《纯粹理性批判》，人民出版社2004年版，第51—52页。

二、概念的形成过程

现代心理学的实验、研究表明，高等动物、婴儿已有抽象概括的萌芽，而抽象概括就意味着超越特殊经验的限制。例如巴甫洛夫养了类人猿"拉法尔"，他将水果挂在房间里，并零乱地放了五六只箱子，"拉法尔"很想吃水果，它这样试试，那样试试，试了很久，终于把房子里的箱子一个一个地堆起来，爬上去吃到了水果。当"拉法尔"这样试试，那样试试，把箱子这样组合、那样组合的时候，脑子里也在进行相当复杂的联想和分析的活动。它的动作就是它的思想，它当时怎样动作着，脑子也在怎样转念头，它的念头（表象）与外界刺激物是直接联系着的。它没有动作就没有联想，所以它没有抽象概念，不过它取得香蕉，表明它把握了箱子、水果等刺激物之间的联系。因此，从某种程度上说已经比单纯感知表面现象深入了一步，已经有抽象概括的萌芽了。

现代著名心理学家皮亚杰根据丰富的实验资料，以为婴儿在一二岁时已有了感知—运动的能力，已经形成某些低级行为的模式（或图式）。如实验表明，吃奶的孩子睡在床上，他试着拉身上盖的毯子以取得毯子上面的玩具。学会了这一点，他就能在其他情况下拉毯子取得毯子上的别的东西，儿童也能由此而学会拉一条绳子另一端的东西，等等。这就说明，通过这样的行动他学会了行为的模式。行为的模式之间互相协调，便有了行动的逻辑。我们不一定赞同皮亚杰的结构主义学说，但他的逻辑思维是行动逻辑的内化、而行动的逻辑在语言出现以前就已出现了这个观点，我认为是基本正确的。这就是说，具有抽象概括性质的模式、结构、逻辑，是在行动、活动中开始的，而思维的逻辑是行动的逻辑的内化,这种行动的逻辑是先于语言出现的。当然,这不是说语言不重要,从人类的进化史来说,劳动和与劳动一起发生发展的语言是产生人类意识的重要动力。从人的个体发育史来说,在儿童活动的发展,以及在活动中由于交际的需要而掌握成人的语言,也是推动儿童意识发生、发展的动力。人们通过感官的门窗获得关于外界事物的信息,这些信息通过语言来传递、交换。正因为有语言,所以人们的感觉经验就成了集体的经验。人们不仅有直接经验,也可以通过语言文字获得间接的经验。随着社会的发展,间接的经验越来越丰富,越来越重要。间接经验虽然没有直接经验来得亲切,但是通过语言文字获得的间接经验超越了直接经验的局限。巴甫洛夫把人的感觉、知觉、表象称作第一信号系统,把语言称作第二信号系统。语言是信号的信号,有了第二信号系统,人就能凭借着词对外界刺激物进行不同等级的概括,而形成概念;用概念来思想,思想和现实的关系就成为间接的了。巴甫洛夫说:"由词所组成的无数刺激,一方面使我们脱离开现实,因而我们应该经常记住这一点:不要曲解了我们对现实的关系。但就另一方面说,正是词才使我们成为人。"[①]语言使人们可以离开现实的对象来进行思维,这就包括了产生与现实相脱离、相割裂的唯心主义的可能。不过,只要我们正确地把握思维对现实的依赖关系,而且不断地用实践来检验自己的观念,那么正因为它与现实关系是间接的,所以思维才能全面地把握现象,才能深入事物的本质,把握其规律性,从而为我们的行动提供明确目

---

① 巴甫洛夫著,吴生林等译:《巴甫洛夫选集》,科学出版社1955年版,第162页。

标,并规定行动的步骤。这样就使得人和动物区别开来了,人就有了他所特有的能力,这就是理性。只有理性的活动(掌握客观规律性知识,并依据这种客观规律性知识来行动)才是严格意义上的意识的活动。

但是,人的理性有一个进化、发展的过程。从个体发育史来说,小孩子就是随着他活动的逐步增多、语言的掌握、与成年人的交际,而使得理性逐步发展起来的。孩子八九个月会爬,周岁会走路,会站起来行走以后接触事物的面就广了,同时也逐步懂得了大人讲的话。这样,在儿童活动过程中,经验不断积累,第二信号系统就逐步发展起来,开始出现了概括性的思维活动。但是,最初的思维活动还是直观性的,离不开行动,和巴甫洛夫的那只猿——"拉法尔"差不多。比如小孩拿竹竿当马骑,竹竿放下后他就没有这个骑马的想法了,就忘记了,去干别样了。学前儿童到晚期,才有初步的抽象逻辑思维。从以形象性为特点的思维到以抽象性为特点的逻辑思维,与之相应,语言有一个从有声语言到无声语言的发展过程。人的思维也可说是语言的内化,语言从外部语言(有声语言)发展到内部语言(无声语言)介乎其间有一个过渡状态,即自言自语,这也是皮亚杰根据实验资料提出的。如小孩一边搭积木,一边自言自语:"这块积木放在哪儿呢"、"不对!"等等。以后就进一步发展为内部语言,即不出声的。内部语言与人的抽象的逻辑思维有更为密切的关系,通常要到学龄期,在系统的教育条件下才会充分发展。

概念的形成过程是:首先要有感官提供的材料,由此形成表象,而后再把表象、印象放在一起加以比较,把类似的感性形象用一个概念加以摹拟，共同约定一个名称来表达。这就是荀子说的："比方之疑（拟）似而通"，"共其约名以相期"（《荀子·正名》）。这样的抽象概括，其特点是"以类行杂"、"以微知著"。① 所谓"以类行杂"，就是把握类型、典型。如大人对小孩讲："那是一只猫"，手所指的是一只特殊的猫，也许是胖胖的白猫，而要小孩把握的是一个类型，要他把握猫类的共同特征，不管是胖猫、瘦猫、白猫、黑猫、黄猫、花猫。几次以后，小孩看到无论什么样的猫就会讲"这是猫"，甚至听见猫的声音也会讲，"这是猫在叫"，这说明他会概括了。以类型来把握杂多的东西很重要，把握了类型，就可以"五寸之矩，尽天下之方"（《荀子·不苟》）。五寸之矩，当然也是具体的象，但它作为典型，代表天下所有的方形，把五寸见方、木制等特殊性忽略了。同样，以圆规作圆，可尽天下之圆。圆规作圆，依据的是几何的圆概念。圆的概念（即离一个中心点等距离的封闭曲线）代表了一切圆形事物的共同的本质，这是眼睛看不到、手摸不着的，隐蔽的东西。所以，真正"以类行杂"，要求"以微知著"。"微"就是本质的东西，"著"就是现象的东西，"以微知著"就是要求从本质来把握现象。做到"以类行杂"、"以微知著"，才是真正的"疑（拟）似而通"。

本质和现象、普遍和特殊、抽象和具体，它们有质的差别，所以从具体表象到抽象概念，包含着飞跃和质变。正如自然界充满着飞跃一样，人的认识过程也充满着飞跃。飞跃（质变、转化）有

---

① "以类行杂"，语出《荀子·王制》；"以微知著"不见于《荀子》，但《非相》篇曰"以近知远，以一知万，以微知明"。本卷初版在此原有"荀子语"三字，故可知误将"以微知明"引作"以微知著"。——增订版编者

两种形式：一种是"物极必反"，即事物发展到极端而导致矛盾双方的破裂，如政治革命、星球爆炸等；另一种形式是在保持动态平衡的条件下，对立双方互相转化，不导致矛盾的破裂，如国民经济正常的、持续的发展，生物与自然环境在保持生态平衡的条件下实现互相转化等等。人的认识过程中的飞跃一般说来属于后一种形式，即在保持动态平衡的条件下实现转化。

　　同时，由生动的直观到抽象的思维、由感觉到概念的飞跃，不能简单地看成是一次性地完成的，而要看成是辩证的发展过程。甚至应该说，类人猿"拉法尔"学会搬箱子取得香蕉，小孩子学会拉绳子取得食物、玩具，这里已经包含了飞跃，但还没有形成概念。概念绝不是一次完成的，如小孩吃了苹果和生梨，告诉他，"这都是水果"。这就是在引导孩子进行思维，叫他分析已经获得的经验，把苹果和梨等共同具有的重要特征综合起来，构成一个"水果"的概念。另一次，给他吃枇杷，他没吃过，不知叫什么，他也会讲"这是水果"，这就是把"水果"概念运用于枇杷了。在这里，"水果"不仅是具体性的表象，也是抽象性的概念了。因为若不是概念，而只是把梨和苹果的具体表象加以综合的话，那是不能运用于枇杷的。显然，在此有了飞跃，能够"以类行杂"了。不过，这不能说小孩已经有了关于果实的科学概念，因为在小孩头脑里不过认为水果是可以生吃的、甜的、有水分的果子，这还是很粗糙的前科学概念；而且小孩还往往会弄错，如他吃了藕，会说"藕是水果"。后来上小学，老师教他自然知识，教他观察植物，他逐步懂得植物有根、茎、叶、花、果实，果实是花结出来的，里面包含了种子，种子具有繁殖的机能，等等。他这时才知道，果实的本质属性不在于可以生吃和有甜味,而在于含有作为繁殖用的种子。所以,鲜藕不是果实,而黄瓜则是果实,这就是比较科学的概念了。科学的概念是关于事物的本质的认识。从前科学概念到科学概念,是认识的飞跃,但科学概念要继续发展。现代生物学表明,种子所以有繁殖的机能,是因为其中有胚胎,胚胎是由胚种细胞发育来的,胚种细胞中 DNA 分子结构中量子态的稳定性可以遗传给下一代,使下一代与父本母本相似,使物种得以延续下去。可见,概念有一个从前科学概念到科学概念、从低级阶段的科学概念到高级阶段的科学概念的发展过程,其中包含了多次的飞跃。每个概念都可以说是一个概念的结构,经过量变与飞跃,概念的结构便越来越确切、越来越深入而全面地反映了对象的本质。

三、概念的双重作用

相对于对象来说,一切概念都有双重的作用:一方面摹写现实,另一方面规范现实。这是金岳霖先生在《知识论》中提出的,我只不过用词与他不同,基本观点是他的。同时,我这里用"规范"一词,是广义的。"五寸之矩,尽天下之方"(《荀子·不苟》)。概念作为具体事物的规矩、尺度,就有规范现实的作用。刚才讲小孩子的"水果"概念时我们说过,小孩子既已掌握了"果实"这个正确地摹写现实的概念又转过来运用它来规范果实,用"果实"概念作为尺度来把果实与非果实区分开来。如他看到藕,便说"藕不是果实,它不是莲花结出来的,而莲蓬才是果实。"他看到松果,就说"松果是果实,因为它是松花结出的,上面长的松子是种子。"这是即以客观事物之道，还治客观事物之身。他运用科学地摹写现实的概念来规范现实，同时便又对具体事物如鲜藕、松果等作了摹写，所以概念的规范作用和摹写作用是不能割裂的。只有正确地摹写才能有效地规范，也只有在规范现实的过程中才能进一步更正确地摹写现实。从摹写现实来说，概念的认识总有被动的一面，摹写必须如实地摹写，归根到底，思维之所得来源于经验；从规范现实来说，概念的认识又有能动的一面，因为一经取得了概念，它就成为人们手中的武器、工具，人们就可以用概念作为规矩、尺度来整理经验，解剖感觉之所得。这是一个交互作用的过程：越是正确的摹写，就越能有效地规范；越是有效的规范，就越能正确地摹写，两者是不可分割的。

概念对对象的摹写和规范的交互作用过程，也是思维和知觉的交互作用过程。当人们运用概念于经验，作出"这是人"、"那是马"的判断，以及作出"枇杷是果实"、"鲜藕不是果实"的判断时，经验得到了整理、安排，纳入了概念结构，成为有秩序的了。当然，不是主观臆造的秩序，也不是像康德所说的"心为世界立法"，这无非是即以客观现实之道，还治客观现实之身。

除人以外的动物虽然可以有感觉、知觉、表象，但没有严格意义上说的抽象概念，所以它们的感觉活动不能说是有意识的。人与动物不同，人们的感性经验不仅是在劳动、实践中发展的，而且可以用语言文字交换，越来越成为被理解了的经验。在这被理解了的、被整理过的经验的基础上，耸立着人类的知识大厦，包括着各种科学的概念结构。当然，我们这样说是静止的比喻。经验是永远生动的，客观世界的现象源源不绝地呈现在我们面前，各种新的事实材料不断地涌进思维，推动思维发展，促使概念结构不断地更新，因而就越来越全面、越来越深入地把握事物的本质关系。所以，从总体上看，知识经验就是从经验取得概念，又转过来用概念整理经验的过程。

经验论者和唯理论者都不懂得这个辩证法。经验论者片面强调知识来源于经验，而唯理论者则片面强调概念赋予经验以秩序，他们都看不到概念对对象的既摹写又规范的作用，所以都可能导致唯心主义。康德企图把两者折衷起来，导致了二元论。黑格尔讲了先天性和后天性的统一，但他是唯心主义者。我们从唯物论出发，肯定一切知识都来源于实践经验，是后天获得的，没有什么天赋观念。由于行动的反复而形成了行动的模式，又由语言形成第二信号系统，这样在感觉材料的基础上终于实现了从具体经验到抽象概念的飞跃，这表现在抽象概念的"以类行杂"，"以微知著"上。概念既摹写现实又规范现实，所以人的整个知识经验无非是即以客观现实之道，还治客观现实之身。摹写与规范反复不已，概念越来越深入事物的本质，而经验越来越因经过整理而秩序井然。这种根源于经验、反映事物本质而秩序井然的知识就是科学知识。这也就是我们对休谟、康德提出的问题——"普遍、必然的科学知识何以可能？"——的回答。

第四节　辩证法是普通逻辑思维所固有的

知识的细胞形态是判断。概念的每一次运用于对象，就是对对象作判断。"这是马"、"这是人"，都是判断。"这"是感觉给予的客观实在,把"马"的概念运用于当前呈现的客观对象,就作出了"这是马"的判断。概念对对象的每一应用,包含摹写和规范双重作用。"这是马",是用"马"规范了"这",摹写了"这"。"这是马"、"那鲜藕不是果实"、"孔子生于鲁"等等,都是特殊判断,特殊判断用来表达事实知识。概念都是有结构的,应用一个概念于对象就是应用一个结构。概念结构是由一判断或若干判断所组成的。如"果实是从花发育出来的,它内含种子具有繁殖机能",是个植物学上关于"果实"的概念结构,这是由若干判断构成的。这样的判断("果实是从花发育出来的……")是普遍的判断,表达了理论知识。

应用一个概念于对象,实际上也是在进行推理。如孩子应用"果实"概念于鲜藕、松果等,说:"鲜藕不是果实,因为它不是花结出来的";"松果是果实,因为松果是松花结出来的",这里就包含了三段论,所作的判断是经过论证的。关于事实的判断往往需要论证,关于理论的判断更需要论证,这是不言而喻的。总之,应用一概念于对象,就是应用一概念结构,这里面已包括着概念、判断、推理这些思维形式,而这些思维形式之间的规律性的联系,就是逻辑。

逻辑本来也是自在之物,人们开始是自发地遵循逻辑进行思维,后来才逐渐意识到了,通过"反思"来考察逻辑学问题。每个概念都是一个结构,既然是结构,就有相对静止状态,可以把它抽象出来进行考察,这就是形式逻辑科学。其基本原则是"同则同之,异则异之"(《荀子·正名》),名和实一定要有一一对应的关系。运用概念来摹写和规范现实时,必须遵循形式逻辑的同一律,不然概念就没有确定的含义。形式逻辑要求思维遵循同一律,排除逻辑矛盾;如果包含有逻辑矛盾,概念就不成其为概念结构。自相矛盾的东西不能成为概念的结构,如"方的圆"。一个简单的概念是这样,一个复杂的概念系统更是这样。如果概念结构被破坏,就不能摹写和规范事实,就失去了概念的规定性。所以,形式逻辑是知识经验之所以成为可能的必要条件,是不能违背的。

要求遵守形式逻辑的同一律、排除逻辑矛盾,这是从思维的相对静止状态而言。而一切事物和认识都是运动、变化和发展的,运动、发展的源泉是事物固有的内在矛盾即辩证的矛盾。如果密切结合内容来考察思维形式,那么我们就会看到形式逻辑固然是不能违背的,辩证法也是普通思维所固有的,连最简单的思维形式也包含了辩证法的萌芽。在中国先秦,《墨经》已经对名、辞、说(概念、判断、推理)作了正确的规定,作了在当时来说是十分详尽的探讨。而荀子虽然没有像《墨经》那样去研究判断、推理的形式结构,却注意到揭露逻辑思维中的辩证要素。荀子说:"名也者,所以期累实也。辞也者,兼异实之名以论一意也。辩说也者,不异实名以喻动静之道。"(《荀子·正名》)这就是说,每一个概念都概括同类的许多个别事物,故同中有异;每个判断所包含的意思是不同概念的统一;而推理则是在不违背同一律、不偷换概念的条件下来说明"动静之道"。所以,名、辞、辩说都是同一之中包含了差异,都具有矛盾。要表现"动静之道",一方面不要偷换概念,要遵循同一律;另一方面,概念必须是灵活的、生动的。思维形式必须是动和静的统一,才能"喻动静之道"。这里,已经有了辩证逻辑思想的萌芽。虽然荀子不可能有真正自觉的辩证法,但他多少已经意识到普通逻辑思维中包含着矛盾的因素，所以辩证法是普通逻辑思维所固有的。

列宁在《谈谈辩证法问题》中讲，任何一个简单的命题，如"树叶是绿的"、"伊凡是人"、"哈巴狗是狗"，已经包含了个别与一般的辩证法。命题是判断的内容，它是由概念结合而成的。每一个简单的命题、判断都包含了一般与个别的矛盾，这是黑格尔已经注意到了的，列宁在《谈谈辩证法问题》中作了更详尽的发挥。在一个命题中，个别与一般相互联系又相互排斥。如"白马是马"，个别（白马）与一般（马）是相互联结的，但白马与马又是相互排斥的，个别（白马）没有完全进入一般，一般（马）只是个别的本质、某个方面或一部分。公孙龙说"白马非马"，把一般与个别割裂开来，导致诡辩，但他看到了一般与个别有相互排斥的一面，这在逻辑发展史上是有意义的。

任何命题不仅包含个别与一般的矛盾，而且包含一般与个别的转化。列宁说："任何个别经过千万次的转化而与另一类的个别（事物、现象、过程）相联系。"①每个概念都是一个概念结构，如同"树叶是绿的"这个命题相联系，还可以作"树叶中有叶绿素"；"叶绿素是复杂的化合物，能进行光合作用"等等判断。所以，概念的每一次应用都经过转化而与其他类的个别相联系，在这里已经有自然界必然性的因素或萌芽了。同时，正如列宁指出的，每一个简单的命题还包含了现象和本质、必然和偶然等等范畴的辩证因素，所以在任何一个命题中，都可以发现辩证法要素的萌芽。

---

① 参见列宁：《哲学笔记》，《列宁全集》第 55 卷，第 307 页。此处保留了 1959 年版《列宁全集》第 38 卷第 409 页的译文。新版将其中的"转化"一词改译为"过渡"。——增订版编者

命题结合为推论，推论也包含矛盾。英国的逻辑学家路易斯·卡罗尔(Lewis Carroll)曾用芝诺提出的"阿基里斯追不上乌龟"为比喻，说明三段论中"蕴涵"和"所以"的问题。

(甲)凡人有死。　　　　　　前提(1)

(乙)苏格拉底是人。　　　　　前提(2)

(丙)所以，苏格拉底有死。

阿基里斯以为这推论毫无问题，而乌龟却说："且慢。"在它看来，仅仅从(1)、(2)两个前提是推不出结论(丙)来的，还必须加上另一个前提：

$[(1) \wedge (2)] \to$ 丙　　　　　前提(3)

但这样仍然不行，还必须加上另一个前提：

$[(1) \wedge (2) \wedge (3)] \to$ 丙　　前提(4)

以此类推，无穷尽递进，表明我们永远不能得(丙)的结论。这个乌龟的诡辩，实际上给我们揭露了矛盾：推论既是连续的又是间断的，即结论与前提之间有蕴涵关系的连续性，但又须打断这个连续性(加上"所以")。因此，逻辑推论本身就是一个连续性与间断性相统一的矛盾运动过程。简单的三段论包含着连续性与间断性的矛盾，当然也包含个别与一般的矛盾，等等。

黑格尔、列宁是自觉的辩证法者，荀子是自发的辩证法者，而辩者则揭露了矛盾却不知矛盾正是逻辑思维的本质。他们是有质的区别的。不过，中西逻辑学史都可以说明这一点：辩证法是普通逻辑思维所固有的。在运用概念、判断、推理等思维形式时，总要遵循形式逻辑的原则，而辩证法的要素在这些简单思维形式要遵循的形式里就萌芽了。辩证法是普通逻辑思维固有的本质要素，当然固有（自在）不等于自觉、萌芽不等于成形。只有在思维的矛盾运动中，在论战中（在意见的矛盾运动中）对思维进行反思，才可以说有了辩证逻辑的科学的开始。这是下一章里所要讲的。

第三章
意见与真理

第一节　对"疑问"的分析

疑问在认识过程、思维运动中有着重要的作用。中国哲学从孔子以来,西方哲学从苏格拉底以来,很多哲学家说过,思想起源于疑问,惊诧是思想之母。《中庸》里讲:"博学之,审问之,慎思之,明辨之……"就是说通过广博的学习,提出问题,能够促进思维活动。学习一定要善于提出问题,教课要善于用启发式,读书要善于发生怀疑、疑问,才能真正深入下去。这是人人皆知的道理。思维的过程不外是一个发现问题到解决问题的过程。

什么是疑问?什么是问题?实践经验和逻辑思维、事实和理论是经常矛盾着的,有矛盾就有问题。有时经验提供了新的事实,原有的概念不能解释它,这时就发生了疑问;有时依据科学理论提出了假设,它有没有事实可以验证、能不能成立,这也是问题;有时不同的观点、学说彼此有矛盾,要求事实加以裁判;有时事实之间似乎不协调,可能有假象,就需要通过思维来解决。不论哪种情况,都是出现了事实和概念、主观与客观的不一致,也就是概念在摹写和规范现实的过程中出现了矛盾。一旦人意识到了这种主客观之间的矛盾，就会产生疑问。

疑问在认识过程、思维活动中有很积极的作用。人由于种种条件的局限，很容易把自己的经验、自己获得的概念绝对化，很容易像"井蛙观天"那样，以为自己的一得之见就是完全正确的，这样就会产生片面性，导致形而上学。不论是对自己局部的经验，或者带片面性的概念，只要把它加以绝对化，思想就会凝固化，就要犯错误。而要破除这种凝固性和形而上学，克服片面性，首先就要靠疑问，对它有所怀疑。当然，我们这里所说的问题、疑问不是虚构的、无意义的，而是真实的、有内容的。真实的问题、疑问，有客观的根据，或有经验所提供的事实根据，或有科学提供的理论根据，归根到底它都是实际生活中提出来的。

所以，疑问是有根据的，不是没有根据的，是客观现实经过人的实践经验反映到人的头脑里来的。我们的一切科学的思维活动归根到底在于解决实际生活中的问题、矛盾。比如，一个人在旷野中迷失了道路，眼前的现象是生疏的，如何辨别方向，认清正确道路以达到目的地？这就是疑问、问题。当然，这是简单的问题。比如，中国近代史上长期争论着一个问题：中国向何处去？中国应走什么道路，是复古呢还是向西方学习呢？是改良呢还是革命呢？是走资本主义道路还是走社会主义道路？这是很复杂的重大现实问题。现在，中国人面临的问题是：在社会主义条件下如何实现四个现代化？这是大家关心、讨论、争论的重大问题。但不论问题是简单的还是重大的，其客观内容都是实际生活中提出来的。这些问题都要经过人们的思维活动（小的问题经过个人的思考,大的问题经过许多人的共同讨论、辩论)去获得正确解决的办法,并通过实践检验,在实践中加以解决。这是就疑问、问题的客观内容来说的。

疑问还有主观形式的方面。疑难、惊诧、惊异包含有主观意识到了矛盾时的情绪、意愿等精神状态,这些我们且不管。从认识论的角度说,一切疑问就其主观方面而言都包含着知与无知的矛盾。一方面,有疑问就表示对对象无知,但另一方面,既然知道有问题,就说明还有所知。自知无知,自知实际生活中有问题没有解决,这就是发现问题,就需要开动脑筋。完全无知,不会出现问题;自觉有知,也不会出现问题。出现问题时,总是自知无知。所以,问题、疑问包含着知与无知的矛盾。

自知无知是人追求知识的开始。无知作为人的认识的出发点并非是一个完全消极的角色,它起着很积极的作用。人生来没有知识,人的知识是从后天实践中获得的,所以无知是认识的出发点,脱离无知就是认识的开始。人的认识过程就是由无知到有知,从不确切、不全面的知识到比较确切、比较全面的知识的不断发展过程。在这个过程中,知和无知总是纠缠着、矛盾着,难解难分,这是人的认识的基本事实之一。不要以为人在某个时候,可以与无知断绝关系。人生百岁,所知有限;一个伟大的科学家所知也有限;人类发展到今天,全人类的知识也非常有限。著名物理学家牛顿把自己比作一个在海滩上捡贝壳的小孩子,知识好像是大海,自己不过是在海边捡了一两个贝壳。无知的领域比起已知的领域来说不知要大多少倍。在有限的时间里,人类的知识总是有限的。人类的智力是随社会实践的发展而发展的,而一定历史阶段的实践，即生产发展的水平、科学实验的水平、社会变革的规模，总是有限的，因此人的认识也总是历史地有限制的。人们在一定的实践条件下只能达到一定的知识文化水平，每个人都受到这种限制。在人们单靠手工劳动进行小生产的时代，不可能有现代的科学知识。只有有了现代化生产基础上的科学技术条件，才能发现基本粒子，出现量子力学、分子生物学；才能飞往月球，考察火星，因而现代人的天文学知识比起前人来是广阔得多了。但是，现代人仍然受到科学技术条件的限制，对自然界的认识和了解还是很浅薄的。

　　至于历史科学的领域，这与自然科学还有所不同，它们的对象本身就是在实践中产生和发展的。当然，自然界也有历史，天体、地球、生物都有它们自己的历史，但自然界的历史并不是在社会实践的基础上形成的。人对自然界的认识史、对自然界的技术改造史，这是在实践基础上形成的。但自然界本身，不论无机界或有机界，在没有人之前就存在和发展了。而社会科学、思维科学却与此不同，它们的对象本身就是在社会实践的基础上形成起来的，并随着实践的发展而发展，只有达到一定阶段时，对象本身的矛盾才能充分暴露。例如，原始公社末期已经出现了商品交换，但要充分揭露商品生产矛盾的本质，不仅原始社会末期不可能，奴隶社会、封建社会也不可能；只有到了资本主义社会，经过马克思的科学研究，商品生产的矛盾才被充分揭露出来。而社会主义商品生产，就是到今天也还未能充分认识清楚。这是由于我们主观认识的水平低呢？还是由于社会主义商品生产本身矛盾的暴露还需要一个过程呢？这是应当去认真考虑和研究的。至于未来共产主义社会的矛盾,当然更谈不上充分暴露(虽然某些因素已萌芽)。所以,社会领域的认识不仅要受一定社会发展阶段科学文化发展水平的局限,而且客观现实本身矛盾的暴露也受到一定历史条件的限制。

思维科学也是历史的科学,辩证法是普通的逻辑思维所固有的,但是只有当实践和认识达到一定阶段时,人们才开始对它进行反思、考察。思维的矛盾要得到比较充分的揭露,这是需要一个历史发展过程的。只有到了古希腊和中国的春秋战国时期,在百家争鸣、论战、争辩中,思维的矛盾才得到初步的揭露;只有到黑格尔、马克思时,人们才能比较自觉地揭露出思维的本质矛盾。因此,辩证思维本身是历史地发展的,绝不是一成不变的,辩证逻辑这门科学也是不断发展的。思维科学作为历史的科学与社会科学在下述这一点上是相似的,即要揭露思维的矛盾、认识思维形式的规律,第一要受主体的科学文化水平的限制,第二要受对象(思维本身)的历史发展的限制。只有发展到一定阶段矛盾才能得到揭露,而且这种揭露必然是不断加深、不断发展的,其发展过程将是一个螺旋式上升的无限前进运动,不能期望辩证逻辑在一个时候就会取得最终完成的形态。资本主义社会的政治经济学,由于对象是有限的存在,是可以取得完成的形态的,可以说在马克思那里已取得了一定条件下的完成的形态;古典力学——牛顿力学被认为是经典的,也可说在一定条件下取得了完成的形态。但是,它们也还要不断发展,其发展也是无止境的,而并非最终的完成形态。至于辩证逻辑,对象(思维)本身是个无限前进运动,这门科学当然不可能在有限时间内最终完成。但它是螺旋形发展的，每完成了一个螺旋（一个圆圈），也就是取得了一定历史阶段的完成形态，这是相对的、暂时的完成形态。

综上所述，我们对疑问作了分析。讲了它在思维中的积极作用；说明了它的客观内容是实际生活中产生出来的问题、矛盾，而就主观形式说，则是在惊诧、困惑的精神状态中包含着知与无知的矛盾。人的思维过程是一个发现问题到解决问题的过程，发现问题是有了知和无知的矛盾，解决问题是知克服了无知。随着实践的发展、历史条件的改变，人的认识领域在不断扩大，但无知和知的矛盾是无限的，所以发现问题和解决问题的思维过程也是无限的、永远不会完结的。自然科学、社会科学、思维科学的情况虽有不同（后二者更多地受社会实践的限制），但无论哪个领域，在有限的时间内，人们都不可能全知全能。知和无知总是纠缠着、矛盾着，人的认识不会终止，它的发展是无限的。

第二节　意见（以及观点）的矛盾运动与辩证逻辑的开始

在这一节里我们将讲到以下几方面的问题：一、真理和谬误的矛盾；二、意见的矛盾；三、观点的争论；四、辩证逻辑的开端。

一、真理和谬误的矛盾

知和无知纠缠着，它们的界限往往不够分明，因此要做到孔子所说的"知之为知之，不知为不知"（《论语·为政》）很不容易，人难免要以不知为知，在主观上犯错误。所谓主观上犯错误，就是主观认识与客观实际不符合。对一个对象，人们由于主客观条件的限制，有时只知局部不知整体，只知现象不知本质，就难免把局部视为整体，把现象当作本质，从而包含着以不知为知，使主观与客观不相符合，这样就发生错误。所以，错误是人人难免的，世界上没有不犯错误的、"句句是真理"的"圣人"。我们经常会作错误的判断，幻觉和错觉也常常会把我们引向错误，概念对现实的摹写也常常会出现与现实的不相符合。但是，人会经常犯错误，也能改正错误。在实践和认识的发展中，没有不可克服和改正的错误，因为一切事物都是可以认识的，无知是可以克服的。然而人不能一劳永逸地克服无知，也不能一劳永逸地克服错误。在认识过程中，错误认识和正确认识、谬误和真理，也老是纠缠着、矛盾着，难解难分。这也是认识过程的基本事实之一。

很多年来，我们的教科书中把真理发展的规律表述为：真理总是与错误相比较而存在，相斗争而发展的。"当着某一种错误的东西被人类普遍地抛弃，某一种真理被人类普遍地接受的时候，更加新的真理又在同新的错误意见作斗争。这种斗争永远不会完结。"这当然是正确的，然而这个表述没有把毛泽东在同一著作中所说的"艺术和科学中的是非问题，应当通过艺术界科学界的自由讨论去解决，通过艺术和科学的实践去解决"[①]这样的思想包括进去，没有把《在中国共产党全国宣传工作会议上的讲话》中所说的"各种不同意见辩论的结果，就能使真理发展"这样的思想包括进去。[②] 周恩来同志说："为了寻求真理，就要有争辩，就不能

[①] 毛泽东：《关于正确处理人民内部矛盾的问题》，《毛泽东文集》第 7 卷，人民出版社 1999 年版，第 229—231 页。

[②] 毛泽东：《在中国共产党全国宣传工作会议上的讲话》，《毛泽东文集》第 7 卷，第 279 页。

独断。……只有通过争辩，才能发现更多的真理。"[1]所以，我以为，教科书中这种表述未免把问题简单化了，因为知和无知的界限往往不够分明，正确认识与错误认识的界限也往往是不够分明的。因此，在日常生活中讨论问题、提出意见，在科学研究中提出新的观点、学说，当它们刚被提出时，其中哪几分是真理、哪几分是错误，一开始是不易分清的。为了要明辨是非、划清真理和错误的界限，就需要展开不同意见的讨论、争论，用逻辑来论证，用事实来检验，最后再到实践中去验证，才能明辨是非，划清真理和错误的界限。当然，划清真理和错误的界限有的容易些，有的困难些，有的可能需要很长的时间，甚至几百年。这里必须指出，当人们判断说：某个意见、学说是"正确的"或"错误的"，或"其中哪几分是真理、哪几分是错误"时，这已经是"事后方知"了。这是通过争论、辩论，经过逻辑的论证和实践的检验所得到的结果。在这个意义上说，人都是"事后诸葛亮"。在未经证明、检验时，人们提出猜测性的意见、假设性的学说，都只能谦虚些说："个人意见，不一定正确。"既然如此，那怎么能一开始便说真理与错误相比较而存在、相斗争而发展呢？只有经过讨论、辩论，经过逻辑论证、实践检验之后，达到"事后方知"，才能说这样的话。我们当然要坚持真理，改正错误，但这需要先经过讨论、辩论，经过逻辑论证、实践检验来辨明是非。如果武断地认为自己说的就是真理，句句是真理，人家都是错误，都应批判、斗争，这就是独断论。

---

[1]　周恩来：《团结广大人民群众一道前进》，《周恩来选集》上卷，人民出版社 1980 年版，第329 页。

二、意见的矛盾

因此,讲真理的发展要讲意见的矛盾运动。要明辨是非、划清真理同错误的界限,必须通过意见的矛盾运动。中国先秦哲学家和古希腊哲学家早已区别了意见和真理,讨论了怎样从意见发展出真理的问题。

人的认识受社会历史条件的限制。社会是由无数个体组成的有机整体,社会实践是无数的个人实践的总和,社会认识是无数个体认识的总和。每个人不但受所处时代的一般条件的限制,而且受个人的特殊条件的制约,各人的特殊条件是千差万别的。人的知识来源不外是两个:直接经验和间接经验,前者取决于生活、工作条件;后者取决于文化教育水平。严格地说,没有两个人的生活、工作条件和教育水平是一样的。此外,个人的认识还受不同的自然条件、生理条件等的影响。所以,人的知识经验总有或大或小的差异,对同一问题作出不同判断,提出不同的意见,这是经常发生,毫不足怪的。思维过程是从发现问题到解决问题的过程。问题是事物矛盾的反映,但由于一方面认识主体要受各种条件的限制,而另一方面对象、客体的矛盾有各个不同的方面,因此处于不同地位的不同的人,在观察矛盾时必然会产生不同的意见。客观现实的矛盾,反映到人的头脑里就变成了问题,各人对同一问题有不同的认识,因此产生意见分歧。由于种种主客观的原因,这些分歧还可能是多种多样的:有的是细微差别,有的是重大分歧;有的是各有所见又有所蔽,有的是一个正确一个错误;有的是两人都错误,有的是两人都正确(因彼此不了解发生了争论)……因此,在人的认识领域里,不同意见总是纠缠着、矛盾着，难解难分。这也是认识过程的基本事实之一。

对于一个问题，特别是重大问题，产生不同意见的矛盾，是必然的。通过不同意见的争论，并在争论中进行逻辑的论证、实践的检验，就会使人们弄清问题的性质，明辨是非，找到解决问题的办法。事实上，我们平常开会讨论问题正是这样进行的。开会时大家互相启发、互相补充、互相纠正，最后把意见集中起来，提出解决问题的办法。这就是在对各种意见进行分析、综合，找出其相互的矛盾、差异，分别出什么是正确成分，什么是错误成分；什么是原则的分歧，什么是偶然的差异；什么是主要的东西，什么是次要的东西，最后得出比较正确的结论。开会时要把问题、对象摆到面前，密切联系实际，摆事实讲道理，得到的结论最后还要到实践中去检验。这是提出问题到解决问题的过程。一次成功的会议、谈话，一次有成果的学术讨论，都是如此。实际上每个人头脑中的思维的过程也是如此。善于思考的人，总是在头脑里论战、辩论，提出问题，从不同方面考察，进行分析、批判、综合，找出解决问题的方案。这里，思维也是通过意见的矛盾运动，划清正确与错误的界限，从而解决问题的。

三、观点的争论

在意见的矛盾斗争中还包含着观点的矛盾斗争。说某人有某种观点，是说他老从某种角度、老用某种态度来对待和处理问题。观点是带一贯性的看法，是贯串于意见之中，统率着各种意见的。观点当然也是观念，是由概念所构成的结构，是对对象的认识，但观点又总是具有社会意识的性质。人作为意识的主体，不仅是认识的主体,而且是意志、感情、欲望、习惯等等的主体,即人还有意欲、情感等心理活动,并且还有统一的人格。所以,人们的观点不仅反映人的知识水平,而且反映人对社会关系的意识,反映着人们的社会存在。

对于认识的过程,知和无知、真理和错误矛盾着的过程,不同意见争论的过程,有两种不同的观点或态度:一种是实事求是的态度,一种是主观盲目的态度。拿知与无知的矛盾来说,能够"知之为知之,不知为不知"(《论语·为政》),自己知道自己知识有限,这样无知就成了知识的出发点,这就是实事求是的观点。相反,无知装有知,有点知识就自高自大,这样无知就成了进步的障碍,这就是主观主义观点。对真理和错误的纠缠和矛盾也有这样两种观点:人难免会犯错误,会采取错误的认识和行动,但如果用实事求是态度来对待,就能勇于改正错误,"闻过则喜"。而每一次改正错误就意味着前进了一步,消极因素就转化为积极因素。相反,如果采取主观主义态度,就会自以为是,不作自我批评,犯了错误不肯改正,还要找理由为自己辩护,这样错误就成为包袱。对不同意见的争论也有两种态度:采取实事求是的态度就能虚心听取不同意见,就会不怀成见地开展自由的讨论,像荀子所说的"以学心听,以公心辩"(《荀子·正名》),那么真理就越辩越明,而错误也就容易克服。如果采取主观盲目态度,总是坚持自己的意见,把自己的意见当成真理,而对别人的意见不肯虚心考察、分析,这样自己可能有的一点见解也成了包袱,而且往往会把自己的一点见解夸大起来,成为支持自己许多错误意见的"根据",导致唯心论。

　　这样，如果按前面所提到的多年教科书中对真理发展规律的表述，把意见的矛盾斗争简单化，认为真理与错误一开始便界限分明，相比较而存在，相斗争而发展，那就必然会自居真理，把自己的意见当成真理，而把不同意自己的意见一律当作谬论，要进行批判、斗争。而事实上一个人发表的意见，到底其中有几分真理，在没有经过逻辑论证和实践检验之前是难以确定的。在这种未确定的情况下就肯定自己的意见是真理，这种主观武断，必然要造成危害。戴震批评理学家"任其意见，执之为理义"①，即把一己之意见作为真理和道德准则，"凭在己之意见，是其所是而非其所非"②，认为合乎自己意见的就是真理，不合的就是错误，把一己之意见强加于人，要一切人以理学家的是非为是非，以理学家所解释的孔孟之道作为衡量一切的标准。这样的结果，就会造成"以理杀人"，即用软刀子杀人。比如，理学家所宣扬的"存天理、灭人欲"，"失节事大，饿死事小"……，不知残杀了多少人。戴震说"以理杀人"比用刑法杀人更残酷，人被杀死了，还要遭受"理"的谴责。戴震的批判是针对封建专制主义的教条的，而在十年浩劫中也出现了类似的情况，这是非常深刻的教训。

　　为了通过不同意见的争论来明辨是非，就必须坚持实事求是的态度，放弃自以为是的态度；坚持唯物主义观点，克服唯心主义观点。对自己要实事求是，不搞主观主义，不要武断地把自己的

---

① 戴震：《孟子字义疏证·理》，戴震研究会等编纂：《戴震全集》第 1 册，清华大学出版社 1991 年版，第 153 页。
② 同上，第 154 页。

意见当成真理；对别人要善于进行观点的分析、批判。要学会正确地进行观点的分析、批判，要善于对各种观点作科学的辩证的分析，不要采取一棍子打死的态度。

如何进行观点的分析批判？这是辩证逻辑中一个很重要的问题。列宁说："人的认识不是直线（也就是说，不是沿着直线进行的），而是无限地近似于一串圆圈、近似于螺旋的曲线。这一曲线的任何一个片断、碎片、小段都能被变成（被片面地变成）独立的完整的直线，而这条直线能把人们（如果只见树木不见森林的话）引到泥坑里去，引到僧侣主义那里去（在那里统治阶级的阶级利益就会把它巩固起来）。直线性和片面性，死板和僵化，主观主义和主观盲目性就是唯心主义的认识论根源。"①唯心主义还有社会根源，在阶级社会里有阶级根源，反动阶级总要用唯心主义为武器来对抗历史规律和麻痹劳动人民，而革命人民要发展社会生产力，就要用唯物主义作为武器。但是，不能把阶级分析简单化，不能用贴标签的办法，更不能采取打棍子、戴帽子的粗暴态度。对各种观点，既要看到它的社会根源（包括阶级根源），也要看到它的认识论根源；既要看到观点作为社会意识有它的共同性质，又要看到各个领域的观点也有它专门的特点，这是一个复杂的问题。比如，哲学不同于宗教、道德、艺术等等，所以对观点的分析批判绝不能采取简单化、粗暴的态度。而且在一定的观点、学说、体系里面，合理的因素往往与错误的东西联系在一起，正像一个人的优点往往与缺点联系在一起一样，就像黑格尔的辩证法与唯

---

① 列宁：《哲学笔记》，《列宁全集》第 55 卷，第 311 页。

心主义联系在一起一样。为要克服其中的错误，把合理的东西加以吸取；扬弃其糟粕，吸取其精华，就应进行细致的分析。为此，在人民内部，在学术界、理论界讨论问题时切忌采取粗暴的态度，不能不经论证、检验，简单化地断言真理与错误泾渭分明，世界观只有两家，不是无产阶级世界观就是资产阶级世界观，于是自居真理，把不同意自己的观点就叫做资产阶级观点去批去斗，甚至用引蛇出洞的办法让他表现出来再整他。如果这样做，那就只能造成万马齐喑的局面，造成极大的恶果，这是历史的教训。

四、辩证逻辑的开端

通过不同意见的争论、对立观点的斗争，达到明辨是非，解决问题，变不知为知，这是思维或论辩的矛盾运动。当对一个比较重大的问题，通过争论而达到比较全面、比较正确的认识时，思维就在一定程度上，就当时条件而言，进入了辩证思维的阶段。这是一个自然历史过程，是自在之物。思维本来就是这样进行的。古代哲学家和逻辑学家对这个论辩或思维的矛盾运动进行反思，考察思维的形式是怎样的，这就有了最初的辩证法。在进行论辩时，要求在同一论域中不得偷换概念，要排除逻辑矛盾，这是形式逻辑的要求；但思维不仅要遵守形式逻辑，而且还要符合辩证逻辑。古代哲学家已经在一定程度上意识到：用展开不同意见的争论来揭露思维的矛盾，然后引导到正确的结论，这是认识真理的途径。古希腊人就把这叫做辩证法。"辩证法"一词的原始含意就是进行对话、论战。它是辩论的艺术，在对话中揭露矛盾，并设法克服对方议论中的矛盾，以取得论辩的胜利。芝诺被称为辩证法的创始者,就是因为他提出了有名的对运动的责难,揭露了思维中的矛盾,虽然他并不认识矛盾是思维、概念的本质。苏格拉底在谈话或论战时,很善于揭露对方的矛盾,迫使对方放弃自以为是的态度,在他引导下从不同方面来考察问题,达到普遍性的认识。苏格拉底称这种辩论术为"产婆术"。后来,柏拉图特别是亚里士多德,都对概念的辩证法进行了更多的考察,作出了更大的贡献。古希腊正是从这些学派的辩论、争论中开始产生了最初的辩证逻辑。

中国的情况也是这样。先秦时期,在诸子百家的论战、争辩中,就有人考察了辩证逻辑问题。名家、庄子都这样那样地揭露了思维的矛盾,但他们也不知道矛盾是概念的本质。荀子对先秦哲学的"名实"之辩作了总结。说:"凡论者,贵其有辨合,有符验,故坐而言之,起而可设,张而可施行。"(《荀子·性恶》)一切言论、学说,第一要有"辨合",即进行正确的分析和综合;第二要有"符验",即事实的检验。做到这两条,就可以付诸实践,达到名和实、主观和客观的统一。荀子这段话指出了辩证逻辑的方法论基本原理("辨合"、"符验")。荀子在谈到"辨合"时特别讲到"解蔽",就是要破除人们思想上的主观片面性,以便客观地、全面地把握认识的对象。荀子分析了产生片面性和主观性的原因,认为主观上有欲、恶的差异,客观上有始终、远近、博浅、古今等等的矛盾,"凡万物异则莫不相为蔽,此心术之公患也"(《解蔽》)。就是说,一方面由于客观上存在着种种的差异和矛盾,容易使人只见一面而不见另一面;另一方面,由于主观上对知识、经验的积累容易产生偏爱("私其所积"),因此在思想方法("心术")上产生主观盲目性和片面性，使人"蔽于一曲而暗于大理"(《解蔽》)。这种分析在古代是很杰出的。荀子认为，惠施蔽于辞而不知实，庄子蔽于天而不知人，墨子有见于齐无见于畸，老子有见于诎无见于信，都是只看到了一面，却没有看到另一面。诸子百家各自见到矛盾的某一方面，然而恰恰是这有所见而予以肯定的方面，使他们有所蔽而不见矛盾的另一方面。见与蔽是联系在一起的，合理的因素与错误的东西往往是彼此联系着的，所以不能简单化，不能一棍子打死。荀子对各种观点的分析批判是辩证逻辑的方法，是具体地进行矛盾分析的方法。

总之，不同意见、观点的矛盾运动达到总结阶段，获得比较全面比较正确的结论时，就有了辩证思维。对这个思维、论辩的矛盾发展过程作反思，就是辩证逻辑的开端。辩证法本来就是在论证、论战中产生的，古希腊所谓的"辩证法"就是指辩论的艺术、运用概念的艺术。它要求辩论者放弃自以为是的态度，在论辩中力求客观地考虑各方面的意见，并善于对不同的观点进行分析、批判，以达到比较全面、比较正确的结论，划清真理的界限，并用以指导实践。

第三节　实践检验与逻辑论证

人们进行论辩、论战，是为了辨明是非、获得真理。真理是思维的目标，知识是认识的成果。而知识是由判断构成的，判断是知识的细胞。判断是否具有真理性、是否符合客观实在，归根到底要靠实践来检验，实践是检验真理的唯一标准。

实践对认识有双重的检验：如果根据某个判断行动，达到预期的结果，那就证实了这个判断的正确性；如果根据某个判断行动，没有达到预期的结果，那就否证了这个判断的正确性。对科学上的假说、理论，往往是通过逻辑的论证、数学的推导，设计出在特定条件下的实验来检验的。在实验中直接验证的是特定条件下的特殊命题，这种特殊命题是从普遍的理论、假说中推导出来的，所以证实了这一特殊命题，就有条件地证实了普遍的理论；而否证了这一特殊的命题，也就有条件地否证了普遍的理论。因此，所谓实践检验，实际上是检验由一般理论所推导出来的特殊命题是否符合实际情况。

这种检验，不仅正面的证实是重要的，反面的证伪也是很重要的。如微观粒子中的宇称守恒定律，曾为很多实验所证实。后来，杨振宁、李政道根据对实验事实的严密分析，从理论上提出：至少在基本粒子弱相互作用的条件下，宇称并不守恒，并由吴健雄等在以后的实验中所证实，因而否证了宇称守恒定律的普遍有效性，确定了这个定律起作用的实际范围。一个科学原理经过多次检验，常常是否证了一部分，证实了一部分，从而将其起作用的范围确定下来，而且由于实验还可能提供新的事实，这样就给原有的科学理论补充了新的内容，使之更为丰富。比如，达尔文的学说，通过一百多年来的实践，证实了进化论的基本原理是正确的，但其个别结论是错误的，而且实践又提供了大量的新的资料，对它加以补充，这就使达尔文学说越来越丰富、越来越正确。

理论和实践的相互作用表现在：一方面，理论给实践以指导，给实践以明确的目的性、计划性、自觉性；另一方面，实践给理论以检验（证实或否证），同时补充、丰富理论的内容。在这样的相互作用过程中逐步达到主客观的统一。这是一个飞跃、一个在保持动态平衡的条件下实现转化的飞跃。这个飞跃往往不是一次完成，而是在理论与实践的相互作用过程中实现的。

　　所以，在实践检验理论的过程中，有理论与实践的交互作用，通过这种交互作用才能达到主客观的统一。当然，一个简单的事实判断，如"西郊公园有大象"，这只要跑去看一看就行了。但科学的理论、学说，一定要经过多次的反复，才能得到可靠的证实或否证。科学家根据大量事实而提出假设、理论，然后对理论、假设进行逻辑的论证、推导，提出某个特殊场合的判断，设计出典型实验，通过典型实验，假说得到证实，那就有条件地证明了该一般原理。如根据广义相对论原理设计关于水星近日点进动的实验观测就是如此。因此，没有严密的逻辑推导和逻辑论证，实践检验是不可能的。这一点自然科学是非常注意的。而社会现象更为复杂。本来更应该注意逻辑论证与设计典型试验（最好是作多种试验），但在"左"倾思想指导下却不如此。那时领导者以为真理在自己手中，往往是一提出某个设想，没有经过严密的逻辑论证，没有试验，马上就全面铺开，这方面的教训太多了。

　　因此，尊重实践也要尊重逻辑，不能把实践检验与逻辑论证割裂开来。形式逻辑在逻辑系统内的论证，是不管实践经验如何的，但是形式逻辑的格、规律正是经过人们千百万次的重复实践才固定下来而具有公理的性质，是不能随意违反的。思维的逻辑是行动的逻辑的内化，皮亚杰的这个说法是正确的。运用形式逻辑于具体科学，排除逻辑矛盾，经过论证，使科学理论具有逻辑的一致性，这是科学真理的重要特征。同时，运用数学方法来进行严密的逻辑推导，提出科学的假设，并设计实验，这是发展真理的必要形式。这也说明逻辑在发展真理中的重要性。

但是，无论运用形式逻辑进行论证是多么重要，也不能说形式逻辑的证明就是检验真理的标准。这是因为，一方面，进行逻辑证明时要有真实命题为前提，而前提的真实性是以实践为基础的；另一方面，运用逻辑推论提出假设、设计实验，这个假设是否具有真理性要由实践（实验）来证明，所以归结到底实践是检验真理的标准。

至于辩证逻辑，它不是撇开内容来讲思维形式的，而是要在思维运动中把握内容所固有的形式。它要求每一步都是分析和综合相结合，每一步都要用实践来检验（即荀子说的"辨合"、"符验"），而并不是进行抽象的思维和概念的游戏。列宁在《再论工会、目前局势及托洛茨基同志和布哈林同志的错误》一文中曾提出辩证逻辑的四点要求，其中一点就是："必须把人的全部实践——作为真理的标准，也作为事物同人所需要它的那一点的联系的实际确定者——包括到事物的完整的'定义'中去。"[①]辩证逻辑所讲的概念是事物本质的反映，但它是否如实地、完满地反映了事物的本质，这要用实践检验。真实的概念、正确的判断，都是经过实践检验的，实践也是事物同人所需要它的那一点的联系的实际确定者。如讲牛、羊是家畜，牛、羊的概念里包含了家畜的意义；说木头是建筑材料，木头的概念里包含了建筑材料的意义。

---

① 列宁:《再论工会、目前局势及托洛茨基和布哈林同志的错误》,《列宁选集》第 4 卷,人民出版社 1995 年版,第 419 页。

自然界走着自己的道路，自然界里的牛、羊并不是因为要作家畜而生长出来的，只是人的社会实践达到一定阶段，牛、羊等野生动物才变成家畜。人的实践参与了客观世界的运动，改变客观世界的面貌以适应人的需要，这也是一个物质交换的过程。

　　所以对概念来说，实践有双重作用：一是检验概念是否真实、判断是否正确，二是确定事物和人所需要它们那一点之间的联系，包含在概念的定义中。辩证逻辑是认识史的总结，是以实践标准作为基础的。人们在实践的基础上认识事物，人的概念随着实践的发展，逐步揭露出事物的本质与规律性，确定规律所提供的可能性是否合乎人的需要，并如何创造条件来促使有利的可能性变为现实，以实现人的目的。因此，辩证逻辑本身包含着这样的要求：不但每一步要用事实即用实践来检验，而且要指明事物发展的方向，确定实践的目的与步骤。黑格尔讲分析与综合，包括开始（从基本的原始关系开始）、进展（矛盾运动）和目的三个环节，[①]把目的包括在方法之内，是合理的。在《资本论》《论持久战》等著作中，辩证思维的每一步都诉诸实践检验，并通过严密的逻辑论证，给人指明实践的目标与达到目标的途径，以指导人们如何实践。所以，辩证逻辑的论证与实践检验是统一的。

第四节　逻辑思维能否把握具体真理？

　　这是辩证逻辑的根本问题。讲三点：一、过去哲学家对逻辑

---

① 参见黑格尔：《小逻辑》，第424—427页。

思维提出的责难;二、关于具体真理的学说;三、关于具体概念的
学说。

一、过去哲学家对逻辑思维提出的责难

上面已说,人们通过逻辑论证和实践检验能够获得客观真
理,与错误划清界限。有些特殊的真命题,如"西郊公园有大象"、
"孔子是鲁国人",比较简单,好解决;牛顿三定律是反映客观规律
的真命题,就比较复杂。科学中普遍命题往往需要反复地论证和
检验,但不论是关于特殊事实的真命题还是关于普遍规律的真命
题,都是货真价实的"真"。真之为"真",是主观与客观相符合,是如
实地反映了客观。同样是"真",但其重要性不同,普遍命题如牛顿
三定律要比那些特殊命题重要得多,它们可以给人以更多的知识。

但是,从关于历史事实的真命题到科学定律,都是把客观世
界分割开来加以把握的。虽然一般的人对它们的真实性并不怀
疑,但哲学家却提出问题:通过这样的逻辑思维,能否真正把握自
在之物?或者,逻辑思维能否把握世界统一原理和宇宙发展法
则?拿中国哲学家的话来说,言和意能否把握道?用康德的话来
说,形而上学作为科学何以可能?

哲学是研究自然、社会和人类思维的最一般规律的科学。如
果对上述问题的回答是否定的,那么哲学作为科学,包括辩证逻
辑作为科学都不可能。这个问题在中国哲学史上,由《老子》的第
一章首先提出:"道可道,非常道;名可名,非常名。"认为可以用普
通的语言、概念来表达的道,就不是恒常的道,也即说普通的概念
无法把握常道。庄子从多方面对逻辑思维提出责难,主要的有三

个：第一，庄子说："道未始有封，言未始有常。"（《庄子·齐物论》）道不能分割，而人的语言、概念总是进行抽象，总是把具体事物分割开来把握的（"有左有右，有伦有义，有分有辩，有竞有争"），一经分割，就不是整体。所以，抽象的概念不能把握具体的道。第二，概念是静止的，无法表达变化（参见《齐物论》、《大宗师》）。概念要有对象，人的认识要与对象相符合才是正确的，但对象是不确定的、瞬息万变的（失之交臂）。① 而概念和对象的对应关系应当是静止的对应关系，那么用静止概念怎能表达"无动而不变、无时而不移"《秋水》的客观世界呢？ 第三，概念是有限的，不能表达无限。庄子认为，道是无形、无限的，因而无法用数量来分解、来表达，所以道是不能用语言表达，也不能用概念把握的。道是大全，是世界的全体，可说是"一"，"既已为一矣，且得有言乎？""一与言为二，二与一为三"，……如此下去，无穷尽递进，正说明用语言、概念来表达道是不可能的（参见《齐物论》、《养生主》）。综上可见，庄子用此三个责难揭露了逻辑思维的矛盾即抽象与具体、静止与运动、有限与无限的矛盾，这是有启发意义的，但他却由此引导到怀疑论、相对主义和不可知论，则是错误的。然而，他提出的这些问题是哲学家、逻辑学家不能回避的。名家惠施、公孙龙也对思维的矛盾作了进一步的揭露，但他们都不知道矛盾就是客观世界和人的概念所固有的本质，所以还不是真正的辩证法。

　　哲学史上常常有重复的现象。在到达真正的辩证法之前，往往出现相对主义、怀疑论反对独断论的斗争。相对主义者、怀疑

---

① "失之交臂"，语出《庄子·田子方》："吾终身与汝交一臂而失之，可不哀与？"——增订版编者

论者善于揭露矛盾，提出责难、难题，促使人们去思考，这正是哲学向辩证法发展的必经环节。在中国哲学史上，庄子和禅宗是这样的环节；在西方哲学史上，芝诺和近代的休谟、康德也是这样的环节。康德认为，人的感性、知性只能把握现象世界，而自在之物是超验的、不可知的。他提出了四个著名的"二律背反"：1. 世界在时间和空间上是有限的；世界在时间和空间上是无限的。2. 世界上任何事物都是单一的、不可分的；世界上没有单一的东西，任何事物都是复杂的、可分的。3. 世界上存在着自由；世界上没有自由，一切都是必然的。4. 世界有其最初的原因；世界没有其最初的原因。康德以此揭露了理性思维中必然包含的矛盾：有限与无限、复杂与单一、自由与必然等等矛盾，并指出这些理性的辩证论题并不是诡辩，这是理性在其进展中必然要遇到的矛盾，实际上这也就接触到了辩证思维的特点。问题在于，康德却由此而得出理性不能把握自在之物的错误结论，为宗教信仰留下了地盘。由此可见，相对主义、怀疑论反对独断论而对逻辑思维提出的种种难题，在哲学史上是有重要意义的。但是，这些责难本身也包含着矛盾，因为这些责难也是用语言表达，也是逻辑思维。禅宗讲"不立文字"，但正如慧能自己所说："直道不立文字。即此不立两字，亦是文字。"①庄子讲逻辑思维不能把握真理，但是他在论证时也用逻辑思维，也运用概念、判断、推理，也遵循形式逻辑的同一律，否则如果他偷换论题，他的书我们就无法阅读了。从辩证法看，相对主义之所以有其地位，正因为它构成了逻辑思维发展

---

① 惠能：《坛经·付嘱品》，参见丁福保：《六祖坛经笺注》，华东师范大学出版社 2013 年版，第 354 页。

的必要环节。

在相对主义、怀疑论之后，出现了真正的辩证论者，克服了相对主义和诡辩论，在一定程度上把握了辩证思维的逻辑。从古代的辩证论者一直到黑格尔，都认为逻辑思维能够把握世界统一原理和宇宙发展法则，对上述根本问题提出了肯定答案。老子虽认为道不能用普通的语言和判断表达，但以为可以用"正言若反"（《老子·七十八章》）的辩证思维形式来把握，如"生而不有，为而不恃，功成而弗居"（《老子·二章》）等论题就是。不过，老子的辩证法是半途而废的。《易传》也承认言和意、名和实有矛盾，但它说："圣人立象以尽意，设卦以尽情伪，系辞焉以尽其言。"（《系辞上》）就是说，《周易》①的卦爻以及说明这些卦和爻的许多判断，已经把真理充分表达了。又说："夫《易》当名辨物，正言断辞，则备矣。"（《系辞下》）以为《周易》这部书用恰当的名称（概念）来辨别事物，用正确的语言作出判断，已把握了完备的真理。《易传》用六十四卦作为模式，企图用卦和爻的相互转化、组合来表现天地万物的变化，其体系是形而上学的，但包含着合理的因素：通过类概念（象）的辩证的推移，用一些正确的判断，是可以把握变化发展法则的。它说："一阴一阳之谓道"，"乾坤成列，而易立乎其中矣"（《系辞上》）。《易传》实际上把六十四卦看作六十四个类概念，而这些类概念又可归结为阴阳（乾坤）两个范畴，宇宙发展法则（易、道）就体现在阴阳或乾坤的对立统一中。所以，通过概念、范畴的矛盾运动，人们能够把握易、道。

---

① 作者后来在原稿这里用铅笔写下了"庄子用寓言、重言、卮言"九字。——初版编者

　　中国先秦哲学发展到总结阶段,荀子提出了"辩合"、"符验"、"解蔽"的方法论,《易传》又提出了"乾坤成列,易立乎其中",更明确地表达了概念、范畴的对立统一原理。可以说,对立统一原理已作为方法论和范畴论的根本原理提出来了,辩证逻辑具有了雏形。

　　在西方,赫拉克利特、亚里士多德也有了辩证逻辑的雏形。到了近代,黑格尔对康德提出的责难给予了回答,指出每个概念、范畴都是二律背反,明确地表达了概念、范畴的对立统一原理。黑格尔说,没有抽象的真理,真理都是具体的①,而把握具体真理的思维形式就是具体概念。黑格尔这一关于具体概念和具体真理的学说,是对辩证逻辑根本问题的回答,不过它是唯心主义的。马克思、恩格斯批判了黑格尔,吸取其合理见解,把具体真理与具体概念的学说安放在唯物主义基础上。

二、关于具体真理的学说

　　列宁说,"逻辑学＝关于真理的问题。""真理是过程。"②真理是概念和实在的一致,是主观和客观相符合。这种一致、符合不是静止的、僵死的,而是活生生的、矛盾运动的过程,是从现象到本质、从不甚深刻的本质进到较为深刻的本质的发展的过程。

　　自然界个别运动趋向于平衡,而总的运动又破坏平衡,人们的思维运动也是如此。表象、概念取得了一定的形式,和客观实在有对应的关系,因此就有了确定的含义,给人以确实性,甚至使人认为这是不可动摇的,这样往往容易导致独断论。但现实是永

---

① 参见黑格尔著,贺麟、王太庆译:《哲学史讲演录》第1卷,商务印书馆1983年版,第29页。
② 列宁:《哲学笔记》,《列宁全集》第55卷,第146、170页。

恒运动的,实践也是不断向前发展的,所以自然界在人的头脑中的反映也处于永恒的运动中。个别的概念、判断有它的静止、平衡、稳定的状态,但是思维的总的运动又不断地破坏这个静止、平衡和稳定的状态。当然,不能由此得出相对主义、不可知论的结论。相对主义否认概念的质的规定性,否认概念和对象之间有相对静止的对应关系,这就会使人们交流意见成为不可能。辩证法包含着相对主义、否定、怀疑论的因素,但它并不归结为相对主义。

通过不同意见、观点的矛盾运动来达到明辨是非,这已经说明真理是一个过程。具体的客观事物是有各方面联系的、矛盾发展的,而人们的认识往往只看到某个侧面而不见其他方面,这样的认识是片面的、抽象的。但是,通过不同意见、观点的争论、斗争,能够克服片面性,逐步辨明是非,达到比较全面、正确地把握客观事物的各方面的联系。真理的全面性就是具体性,这是真理具体性的第一个含义。

真理即主观与客观相一致,作为一个过程,是通过实践和理论的反复而实现的。真理是关于客观现实的本质或规律性的认识。为了理解、把握现实的规律性,必须从个别上升到一般、从经验发展到理论、从现象深入到本质。这是一个质的飞跃,意味着对感性直观的否定、对客观现实的否定。理论来源于客观现实,有它的客观性,但理论作为头脑里的东西,作为对感性直观的否定,却有它的主观性、抽象性。理论的这一缺点,只有在与实践的密切结合中才能克服。另一方面,实践总是具体的、现实的,但人作为实践的主体,也有它的主观性、片面性。在实践中人们用自己的力量来改变事物的面貌,在实践中人们藐视困难……但如果人们藐视客观规律,只凭自己的主观意愿办事,那就会是主观盲目的实践。实践的主观性、片面性只有在同科学理论的密切结合之中才能克服。由此可见,理论和实践两者分开来说,都有主观性、片面性,必须密切结合,才能加以克服。这就是说,实践要以科学理论作为指导来克服盲目性,理论要有实践加以检验来克服抽象性。理论和实践相结合的过程也就是由生动的直观到抽象的思维、由抽象的思维再到实践的过程。理论通过实践的检验得到证实,达到知和行、理论和实践、主观和客观具体的历史的统一,这时的真理就是具体真理了。这是真理具体性的第二个含义。

一定的历史阶段的人类实践是有限的、有条件的,与此相适应的人们的逻辑也是不完备的。用不完备的逻辑和有条件的实践来进行论证和检验,也都是有条件的、有局限的。人们的知识是历史地有限的,从量来说是不够完全,从质来说是不够深刻、不够确切的(有的判断的真理性有待于深化,有的判断的真理性的界限有待于进一步确定)。科学真理具有相对性,它是历史的有限制的。它受到双重条件的限制:一是认识主体受一定的社会历史条件的限制,二是从认识对象来说,科学真理所揭示的客观规律,其作用范围也都是有客观条件限制的。从主体来说,人类只有在社会实践发展到一定阶段、具备一定的历史条件和技术条件,才能把握一定的科学真理。我们的知识向客观真理接近的界限,是为社会历史条件所制约的。就对象说,每一科学原理的真理性即客观有效性是有条件的。实践证实了理论的客观有效性,但是实践的证实只是在一定条件下验证了某个理论与现实的某个方面相符合。而现实事物却包含着无限多方面的联系，每一个科学领域都是不可穷尽的。因此，如果把真理夸大了，多走一小步，就会转化为谬误。例如，"农村包围城市"，在我国的新民主主义革命时它被证实为真理，但是如果夸大说它适用于一切国家，或者说它也适用于社会主义革命和建设，那就变成了谬误。科学真理按其客观内容说，就是现实发展的规律性。客观规律以时间、地点、条件为转移。同样的规律，在不同的条件下，其作用是不一样的。例如价值规律，只要有商品交换它就起作用，但是在小商品经济和资本主义商品交换中，同一价值规律所起的作用显然是不一样的。规律的历史性也表现了真理的具体性。这是真理具体性的第三个含义。

总之，全面地、实际地、历史地把握的科学真理，是具体真理。辩证法所说的具体真理，不同于实用主义者所谓"这个我的这个真理"。胡适以为"真理不过是对付环境的一种工具；环境变了，真理也随时改变"。他反对"绝对真理"，说"那绝对的真理是悬空的、是抽象的"。只有那对付环境的方法，即"这个时间、这个境地、这个我的这个真理"，才是"实在的、具体的"。① 实用主义者的"具体真理"其实是处世妙诀。从理论上说，其根本错误在于把相对与绝对割裂开来了，夸大了知识的相对性，从而陷入主观唯心主义。

辩证法认为，不能把相对真理与绝对真理割裂开来。虽然人

---

① 参见胡适：《实验主义》，季羡林主编：《胡适全集》第 1 卷，安徽教育出版社 2003 年版，第281 页。

们在一定条件下获得的真理总是相对的,但是不能认为客观的绝对真理可望而不可及。绝对真理就包含在相对真理之中,就是在人类不断地获得相对真理的历史过程中逐步展开的。真理的具体性就在于相对与绝对的统一。科学的真理都是相对之中有绝对,有限之中有无限,有条件的东西中有无条件的东西。例如氧气是 O_2,在空气中无声放电就产生出臭氧(O_3);水在 $100℃$ 时变为气体,$0℃$ 时变为冰,都是有条件的。然而不论何时何地,只要这些条件具备,规律就发生作用,所以规律不受特殊的时空的限制,在一定的条件范围内有其绝对性。

恩格斯说:"'我们只能认识有限的东西……'这是完全正确的,如果进入我们的认识领域的仅仅是有限的对象。但是这个命题还须有如下的补充:'我们本来只能认识无限的东西。'事实上,一切真实的、穷尽的认识都只在于:我们在思想中把个别的东西从个别性提高到特殊性,然后再从特殊性提高到普遍性;我们从有限中找到无限,从暂时中找到永久,并且使之确立起来。"[1]真理不论从主体来说,还是从对象来说,都是历史地有限制的、相对的,但相对之中有绝对,有限之中有无限。

综上所述,真理是过程,经过意见、观点的矛盾运动,经过逻辑论证与实践检验来辨明是非,在一定阶段上能够达到主客观的具体的历史的统一;真理是相对的又是绝对的,是有条件的又是无条件的。这就是唯物辩证法关于具体真理的学说。

---

① 恩格斯:《自然辩证法》,《马克思恩格斯选集》第 4 卷,第 341 页。

三、关于具体概念的学说

人们能把握具体真理，但从逻辑思维的形式来说，是用什么样的概念、范畴来把握的？列宁说："这些概念必须是经过琢磨的、整理过的、灵活的、能动的、相对的、相互联系的、在对立中统一的，这样才能把握世界。"他又说："概念的全面的、普遍的灵活性，达到了对立面同一的灵活性，——这就是实质所在。主观地运用的这种灵活性＝折中主义与诡辩。客观地运用的灵活性，即反映物质过程的全面性及其统一性的灵活性，就是辩证法，就是世界的永恒发展的正确反映。"①这是唯物辩证法关于具体概念的学说。

当人们达到具体真理时，概念总是经过琢磨的、整理过的，琢磨、整理当然也是一个过程。概念总是首先把事物分割开来加以描述，这种描述是比较粗糙的、容易僵化的，但却是必要的。这样才能把握现实事物的时空形式，把握它的质和量，把握它的一个一个的条件以及一条一条的规律。但是，不能把抽象概念绝对化，如果以为事物一经分析、抽象，便分崩离析和凝固僵死了，那便是形而上学。

相对主义者看到了这一点，强调概念的灵活性、相对性。我们通常说"天尊地卑，山高泽低"，惠施却讲"天与地卑，山与泽平"；我们通常讲一尺之长是有限的，惠施一派辩者却讲"一尺之棰，日取其半，万世不竭"（《庄子·天下》）。可见任何有限事物都包含着无限。我们通常以为大和小是不能混淆的，但是庄子讲"天

---

① 列宁：《哲学笔记》，《列宁全集》第 55 卷，第 122、91 页。

下莫大于秋毫之末而太山为小"(《齐物论》)。通常以为同和异界限分明,而庄子却说:"自其异者视之,肝胆楚越也;自其同者视之,万物皆一也。"(《德充符》)庄子把他的这种相对主义的辩论叫做"卮言",禅宗则称之为"对法"。在他们那些论辩中,概念确实是灵活的、相对的,但这只不过是列宁所说的"主观地运用概念的灵活性",实际上是在概念中兜圈子,并没有把握客观事物的矛盾。辩证法一方面反对把概念、范畴看成是固定的、僵死的形而上学观点,另一方面又反对把概念的灵活性看成是主观的、任意的相对主义观点。

恩格斯在《自然辩证法》中指出:"辩证的思维方法同样不知道什么严格的界线,不知道什么普遍绝对有效的'非此即彼!',它使固定的形而上学的差异互相转移,除了'非此即彼!',又在恰当的地方承认'亦此亦彼!',并使对立通过中介相联系;这样的辩证思维方法是唯一在最高程度上适合于自然观的这一发展阶段的思维方法。"①形而上学独断论只讲"非此即彼",相对主义只讲"亦此亦彼"。唯物辩证法则认为"非此即彼"是有条件的,即要承认"非此即彼",也要承认"亦此亦彼",并承认彼和此在一定条件下互相过渡,达到对立面的统一。恩格斯说"在恰当的地方承认",所以不能脱离客观实际抽象地讲"有即无、无即有","大即小、小即大",那是黑格尔所说的"空洞的辩证法"。我们要具体考察彼和此是如何联系、如何转化、如何达到对立的统一,这才是客观地运用概念的灵活性。

---

① 恩格斯:《自然辩证法》,《马克思恩格斯选集》第 4 卷,第 318 页。

马克思在《资本论》里考察了价值和使用价值的矛盾。商品具有价值和使用价值，一方面，商品只有在实现为交换价值时才能变成使用价值；另一方面，商品只有在转移中证实它有使用价值时才能实现为交换价值。所以，商品的价值和使用价值的对立统一就表现为商品的交换运动，而这个运动过程既是矛盾的展开也是矛盾的解决。这是实际地运用概念的灵活性的例子。

又如关于运动和静止。在辩者揭露出运动中有静止、静止中有运动之后，辩证论者指出：运动是指物体在同一瞬间既在同一地方又不在同一地方，是时间空间的连续性与间断性的统一，这样便揭示了运动的源泉与本质。这也是实际地运用概念的灵活性的例子。这种在对立中统一的、灵活的、能动的概念就是具体的概念，也就是黑格尔所说的"具体的一般"。

我们通常说的"抽象概念"、"抽象一般"，是指概括了同一类事物的共同点。例如，作为抽象概念的"熊猫"概念就是概括了熊猫这个物种的共同点，而它所包含的各个个体的特殊性都排除了；"动物"概念就是概括了一切动物的共同点，而把各种属的特殊性排除了。所以，抽象概念就是对特殊的具体性的否定，也可说它是把具体事物分解开来加以把握，逐一考察其不同方面，而缺乏有机的联系。因而，运用这种概念常常容易导致形而上学。

抽象概念是科学发展的初级阶段的概念，也就是黑格尔讲的知性逻辑的概念。而具体概念，是科学发展的高级阶段的概念，亦即黑格尔所讲的理性逻辑的概念。具体概念把握了一定领域中的知性概念的有机联系，把握了对象本质的矛盾，揭示了对象的有机整体。

当然,具体概念作为概念也总是抽象的,是看不见摸不着的,而且应该说它才是真正的"科学的抽象"。但是,具体概念作为把握具体真理的形式,体现了知与行、主观和客观的统一,它在一定领域内把握了事物的本质,具有"完备的客观性",所以是真正具体的,或者说是具体的和抽象的统一。

具体概念就是具体真理的逻辑思维形式。科学的发展在达到具体真理的阶段时就取得具体概念的形式。在科学发展过程中,运用抽象概念以确定某一类事物的质,取得某一确实可靠的数据,发现某一因果律,确立某一定律,这些都是重要的。这样的"真",尽管具有抽象性,它还是货真价实的"真"。但是,这些比起具体真理的"真"来,缺乏有机的、全面的联系。

哲学的情况则与此不同,它要把握世界统一原理和宇宙发展法则。哲学家总要提出某个宗旨,从各个方面加以论证,概括科学发展的新成就,以形成独特的体系。真正的哲学应该是全面的、辩证的、具体的真理。而在达到辩证法之前的那些哲学,却只是包括了某些真实的必要环节,而其整个体系却必须打碎。只有到了辩证法的总结阶段,才能说哲学取得了具体概念的思维形式。而当哲学达到辩证思维形式时,同时总是有一些科学的发展达到辩证思维的阶段。对这样的辩证思维进行研究、考察,进行反思,就有了辩证逻辑这门科学。概念从抽象到具体的发展,是同哲学、科学和逻辑的历史发展相联系着的。

第四章
哲学、科学和逻辑的历史联系

逻辑思维是能把握具体真理的。何以能够把握？在于运用具体概念。而运用具体概念的思维就是辩证思维。在这一章里，我们将从历史的角度来考察哲学和科学是如何达到具体真理的，并从哲学、科学和逻辑的历史联系来说明辩证逻辑的历史发展，同时对当前的科学革命谈一点看法。

第一节　哲学发展的逻辑

哲学如何到达具体真理？这是哲学发展的逻辑问题。我们讲两点：一、哲学达到批判总结的历史条件；二、哲学围绕思维和存在关系而展开的螺旋形发展。

一、哲学达到批判总结的历史条件

从历史唯物主义关于社会存在决定社会意识的一般原理来说，哲学发展的历史根据，一方面在于反映一定时代经济关系的重大的政治思想（以及伦理思想）的斗争，另一方面在于反映一定时代的社会生产力的自然科学的发展，以及科学反对宗教迷信的斗争。政治思想的斗争和科学反对宗教迷信的斗争，是推动哲学前进的两条腿。哲学同其他科学和意识形态一样，根源于社会实践并受实践的制约，但这种制约通常要通过政治思想的斗争和科学反对宗教迷信的斗争的中间环节。同时，哲学本身还有其特殊根据。它不同于艺术、道德、宗教等等，它是以理论思维的方式来掌握世界，而不是以艺术形式、实践精神或虚构的幻想的方式来掌握世界。哲学是科学，但又与其他科学不同，它是关于世界观的学问，是研究自然界、社会和人类思维发展的最一般规律的科学，它探讨的根本问题是思维和存在的关系问题。我们把哲学史看作是认识史、逻辑思维发展史，就可以给哲学史下这样的定义：哲学史是根源于社会实践，主要是围绕思维和存在的关系问题而展开的人类认识的辩证运动。

哲学发展到什么阶段才可以说达到具体真理呢？一般来说，哲学达到批判总结阶段，总是人类的历史、人类社会实践达到了可以自我批判的时候。虽然所有的大哲学家都把过去的哲学体系看作向自己发展的一些阶段，都对过去的哲学体系进行这样那样的批判与继承，但是只有达到一定阶段、具备一定条件，才有可能作出比较客观、比较全面的批判总结。

拿中国哲学来说，先秦是社会大变动的时期，是奴隶制崩溃、封建制确立的时期。同这种社会大变动相适应，儒、墨、法、道诸家兴起，围绕着古今、礼法的政治思想斗争而展开百家争鸣。随着阶级斗争的发展，到了战国后期，就达到了《易传》所说的"天下同归而殊途，一致而百虑"（《系辞下》），全国趋向于统一了。地主阶级取得了决定性的胜利，但也暴露了新的矛盾，客观上要求结束诸侯分裂割据的局面，建立封建的中央集权的国家。政治上要求统一，是大势所趋，人心所向。这时地主阶级的思想代表就要求并有可能来对地主阶级革命以及反映革命斗争的学术上的百家争鸣进行批判的总结，为统一的封建国家作舆论准备。在这时期，哲学上就达到了可以批判总结的阶段，这就是荀子、《易传》的时代。

后来，中国封建社会经过长期的一治一乱的反复，矛盾愈积愈深，到了明清之际，则又达到了可以进行批判总结的时期，即封建社会达到了可以进行自我批判的阶段。这时，矛盾已充分暴露，但尚未到崩溃时期。一般来说，如果一个社会自以为是天然合理、不可动摇的，就不可能进行批判总结；如果一个社会处于崩溃时期，也无法进行批判总结。而明末的情况是：农民起义军已提出"均田免粮"的口号，触及了封建土地所有制的本质；资本主义在明中叶以后已经萌芽，但成长是艰难的；思想领域的斗争经过长期发展，占统治地位的理学的腐朽性已全面暴露，在这个时候，就有可能作出比较全面、比较正确、比较深刻的批判总结。这就是王夫之、黄宗羲、顾炎武所处的时代。在西方，可以说黑格尔和马克思的时代，是到了对资产阶级革命和资本主义社会进行批判总结的时代。这是就社会政治斗争方面来说的。

哲学的发展还有另一条腿，即哲学是与科学反对宗教迷信的斗争相联系的。科学和迷信是相对立的，但在不同时期又以不同的比例互相联系着。在人类的认识运动中，无知和知、错误认识和正确认识总是纠缠着，人的认识不能那么干干净净地排除谬误,因而也就不能那么干干净净地排除迷信。人类只能在一定的历史条件下、一定程度上达到划清科学和某种形态迷信的界限。随着科学的进步,宗教总是不断改变其形式,越来越精致化。所以,科学与神话、迷信之间的比例就不断改变着。

从中国哲学史来说,最初原始的科学的萌芽是与巫术、鬼神迷信混杂在一起的。到了春秋战国时期,无神论兴起,原来占统治地位的宗教天命论和鬼神崇拜开始动摇。这时,科学从哲学的母胎中成长起来并分化出来。天文、历法、农学、医学都出现了专门的著作,力学、光学、几何学也有许多创造,后者主要保存在《墨经》中。正是在概括这些自然科学成就的基础上,才产生了《墨经》的唯物主义认识论和形式逻辑以及以《荀子》、《易传》为代表的朴素的辩证逻辑。因此,哲学达到批判总结阶段也正是在科学反对宗教迷信的斗争取得重大胜利的时候。

中国秦汉以后宗教迷信不是削弱了,而是以另外一种形态加强了,因为封建统治阶级要用宗教迷信巩固自己的反动统治,麻痹劳动人民。而小生产者由于无力克服天灾人祸,只好把希望寄托于“上天”、“来世”,也容易产生迷信。汉朝的统治者独尊儒术,而儒家又搬用方士的一套方术,结果儒学变成了神学。东汉曾展开对神学化的儒学的批判,但后来随着佛教传入中国和道教兴起,到南北朝时形成了儒、道、佛三教鼎立的局面。在这期间,科学和迷信又相联系又相斗争,经历了反复的过程。如《淮南子》、《易纬》,都是科学与迷信的混合;而到东汉,曾出现了王充的唯物主义和无神论,反对儒家谶纬神学;到南北朝时,出现了范缜的唯物主义和无神论,反对佛教神不灭论,同时却又有不少医学、化学、天文、历法等方面的成就和道教有联系。直到宋朝,才全面展开了对道教、佛教的批判,并试图在儒学形式下概括自然科学的成就,产生了像张载、沈括这样的唯物主义者和自然科学家,也出现了朱熹这样的唯心论的百科全书式的哲学家。朱熹的唯心论只是宗教的精致化罢了,然而在宋元时期,却有不少科学著作和正统派理学有联系。总之,科学和迷信又联系又斗争的情况是复杂的,这种斗争是反复进行的。

科学反对宗教迷信的斗争又是和科学与哲学之间的联系相关的。在中国古代只有一个笼统的"道术",后来一门门科学从哲学中分化出去,这是必然的趋势。哲学和科学的分化,对于两者都有好处,但也因此而增加了哲学和科学相分离的可能。哲学和科学的分离,必然会助长唯心主义。只有当哲学善于吸取和概括科学的成果时,哲学才会沿着唯物主义的轨道发展,并给科学以正确的指导。这样,哲学就处于矛盾的状态:既要不断地让科学从哲学中分化出去,又要不断地从科学中吸取营养,概括科学的成就,并转过来指导科学。只有在特定的历史条件下,在科学经过长期积累取得新的成就和科学在反对宗教迷信的斗争中取得重大胜利的情况下,某些杰出的思想家才能对这种矛盾作出正确的解决,并处理好哲学与科学的关系。在一定程度上说,先秦以后王充和张衡所处的时期,范缜和贾思勰所处的时期,张载和沈括所处的时期,黄宗羲、顾炎武、王夫之所处的时期,是具备了这种历史条件的。从辩证逻辑的角度来说,要特别注意的是张载、沈括以及王夫之、黄宗羲等人所取得的成就。

二、哲学围绕思维和存在关系而展开的螺旋形发展

哲学的特殊矛盾——思维和存在的关系问题，在不同时代所取的形式是不一样的。在先秦，主要是围绕"天人"和"名实"的关系展开的，秦汉以后是围绕"形神"之辩、"有无（动静）"之辩进行的，到宋代则发展为"理气（道器）"、"心物（知行）"之辩。为什么哲学的基本问题在不同时代取得了不同形式？这是与上面讲的社会历史条件和科学发展有关的。例如，先秦之所以着重探讨"天人"之辩，是由于奴隶主利用宗教天命论来维护奴隶制，要反对奴隶制，就要反对宗教天命论；同时要发展农业生产，就要掌握天时、地利等自然条件，因此"天人"关系就突出起来。到宋明时期为什么又着重讨论"理气"、"道器"问题呢？这是与大地主阶级把封建等级秩序说成"天理"有关，要反对封建等级秩序就要反对理学家"存天理，灭人欲"的口号；同时也与当时自然科学的发展状况有关，科学这时已发展到要求着重探讨"理"这一范畴了。中国古代封建社会是农业社会，获得较快发展的科学，首先是与农业生产关系较密切的天文、历法、医学、药物学、农学等。这个事实使得中国在一个很长时期内唯物主义的主要形态是气一元论。把阴阳之气看作是物质实体，这是同上面所讲的那些科学的较快发展有关的。相反，关于原子论的思想，在中国先秦时期也有过，但没有得到发展。原子论的思想往往是与同工业生产有关的科学相联系的，因而原子论的思想在西方近代就比较突出。

哲学史作为认识史、逻辑思维发展史，是如何到达具体真理的呢？黑格尔和列宁都把它看作是从具体到抽象，又从抽象上

升到具体的螺旋式的上升运动，是由一系列的圆圈构成的。我们可以把先秦哲学的发展过程看作一个圆圈，经过曲折的发展过程，到荀子作了比较全面、比较正确的总结，达到朴素唯物主义与朴素辩证法的统一，完成了这个圆圈。这个大的圆圈也包含着两个小的圆圈：前一个小圆圈是原始的阴阳说经孔子、墨子到老子；后一个小圆圈是由荀子到《吕氏春秋》、韩非再到《易传》。

　　以原始的阴阳说作为出发点，孔子在"天人"之辩上，尊重人的理性、人的能动作用，由此导致唯心主义先验论。墨子反对孔子，注重经验，主张"非命"，基本上是唯物主义的，但狭隘的经验论使他主张"天志"、"明鬼"，有其局限性。不论孔子还是墨子，他们的哲学思想都是对原来朴素的阴阳说的否定。老子在"天人"关系上主张"无为"，在"名实"关系上主张"无名"，认为任何知识都有片面性，感觉和概念都不能把握道；提出"反者道之动"的命题，有着丰富的辩证法思想，这样他就仿佛回复到了原始的阴阳说。但是，他把"无为"和"无名"绝对化了，从而导致了唯心主义。《管子》真正把"天"解释为物质的自然界。以管子为代表的黄老之学克服了老子的唯心论，但它是直观的唯物论，有唯理论的独断论倾向，只强调了适应自然和认识的被动一面。孟子发展了孔子尊重理性这一面，认为认识过程就是唤醒人的天赋观念，强调认识的能动一面，他的先验论也是唯理论的独断论。庄子则反对前人的独断论，他有见于人的认识的相对性、局限性，他对一切都怀疑，否认人类能认识客观世界和客观真理，成了怀疑论者和相对主义者。惠施和公孙龙这两派辩者的斗争也是相对主义和绝对主义的斗争。经过相对主义和绝对主义、怀疑论和独断论的斗争,对"天人"、"名实"之辩的考察深入了,特别是对"类"的范畴的考察深入了。在此基础上,后期墨家建立了一个形式逻辑的体系,并且是建立在朴素唯物主义认识论的基础上的。最后,荀子作了总结,达到了朴素的唯物主义和朴素辩证法的统一。在"天人"关系上,荀子提出了"明于天人之分"、"制天命而用之"(《荀子·天论》)。看到自然界有自己的规律,不以人的意志为转移,也肯定了人能够把握自然规律,有按规律来改造自然的主观能动性。在"名实"关系上,荀子确认概念是事物的反映,达到名实相符、知行统一有一个过程,这个过程从逻辑说就是"辨合"、"符验"的运动。荀子对"天人"、"名实"之辩作了在当时历史条件下的出色的总结,在哲学上提供了许多积极的成果。但哲学还要继续向前发展。韩非是向唯物主义方向发展的,但辩证法少了,他片面强调"斗争"。而《吕氏春秋》又片面强调"统一",它把朴素的辩证法引向了折衷主义上。《易传》往前推进了辩证法,提出了"一阴一阳之谓道"、"一阖一辟之谓变"(《系辞上》)等辩证法的命题,但它是一个唯心主义的体系,为后来汉朝形而上学的唯心主义神学开了先河。

　　在上述围绕"天人"、"名实"之辩而展开的斗争过程中,有先验论和经验论的对立(如孔子与墨子),有相对主义和独断论的对立(如庄子和孟子、惠施和公孙龙),有直观唯物论和唯心辩证法的对立(如韩非与《易传》)。把握了这些哲学家的体系,而又克服和粉碎这些体系,我们就可以从中看到理性和感性、绝对和相对、唯物主义和辩证法这些认识发展的必要环节。到了批判总结阶段，担负这种批判总结任务的哲学家，就会克服那些体系，把这些环节包含在自身哲学之中，比如荀子对"天人"、"名实"之辩就作了比较全面、比较正确的批判总结，在一定意义上把感性和理性、相对和绝对、朴素的唯物论和朴素的辩证法统一起来了。不过，虽然荀子基本上把绝对与相对统一起来，但是独断论倾向还是很重的，因为他需要为新兴地主阶级的封建专制制度造舆论。而他的学生韩非后来就更片面地发展了这一点。但不管如何，荀子关于"天人"、"名实"之辩的总结可以说是达到了一定历史条件下的具体真理。总起来说，一个哲学史的圆圈就是从具体到抽象，又从抽象上升到具体的过程。原始的阴阳说，是比较接近感性的具体，阴阳就是天地、男女、水火等对立。经过"天人"、"名实"之辩，经过百家争鸣，一个个范畴被抽象出来加以考察，即将矛盾的各个方面抽象出来进行考察，经过螺旋式的发展，达到批判总结的阶段时，这些范畴的联系、推移导致了具体的再现。当荀子说"阴阳接而变化起"（《荀子·礼论》），当《易传》说"一阴一阳之谓道"（《系辞上》），就仿佛是出发点的复归，但这已经不是原来的感性直观的具体，而是一个具有多种规定性统一的思维的具体了。哲学史就是一个从具体到抽象，又从抽象上升到具体的辩证发展过程。我们还可以把先秦以后到鸦片战争的哲学发展过程看作一个大圆圈。这段时期哲学论争的中心，先是"形神"之辩、"有无（动静）"之辩，后来发展为"理气（道器）"、"心物（知行）"之辩，到王夫之作了批判总结，达到了朴素唯物论和朴素辩证法的统一。这一段哲学发展的过程，也经历了经验论和先验论、相对主义和独断论、直观唯物论和唯心辩证法的斗争，总的进程也表现为从具体到抽象,再从抽象上升到具体的螺旋式的前进运动。

西方哲学史也有类似的情况,列宁在《谈谈辩证法问题》一文中举出了欧洲哲学史上的几个圆圈。从文艺复兴到近代,列宁举了三个圆圈:第一个是从笛卡尔、伽桑狄到斯宾诺莎,包含了经验论与唯理论、感性和理性的对立;第二个圆圈是从霍尔巴赫,经过贝克莱、休谟、康德到黑格尔,包含了独断论和相对主义、绝对和相对的对立;第三个圆圈是从黑格尔经费尔巴哈到马克思,包含了直观唯物论与唯心辩证法的对立,而马克思既批判了黑格尔,也批判了费尔巴哈,拯救了黑格尔辩证法的合理内核;把辩证法建立在唯物论的基础上,并提出了实践的观点,科学地解决了思维和存在的关系问题,建立了辩证唯物论,实现了人类认识史上的空前大革命。在马克思主义哲学中,感性和理性、相对和绝对、唯物论和辩证法是有机的统一体。从整个世界哲学史、全人类的认识史来看,从朴素唯物论到机械唯物论再到辩证唯物论,这也就是从具体到抽象,再从抽象上升到具体的螺旋式的辩证发展过程。

但是,辩证唯物主义并没有结束真理,它只是一定条件下的具体真理。哲学还要继续遵循从具体到抽象,再从抽象上升到具体的螺旋式前进运动向前发展。

第二节 科学发展的逻辑

科学如何到达具体真理,这是科学发展的逻辑问题。讲两点:一、科学革命;二、科学的分化和综合的发展。

一、科学革命

科学根源于社会实践，它直接同生产或社会斗争相联系：自然科学直接同物质生产相联系，社会科学直接同社会斗争相联系。科学还在哲学的指导下与宗教迷信进行反复斗争。哲学有它的特殊矛盾，各门科学也有其特殊的矛盾。各门科学都是研究某种特定的运动形式，或研究一系列相互关联、相互转化的运动形式。在这里，我们不去研究每一门科学的具体矛盾，那是各门科学本身的事情。从认识论来说，各门科学有其共同发展的逻辑、规律，而且科学的发展也是经历着感性和理性、相对和绝对的环节，唯物论和唯心论、辩证法和形而上学的斗争，也表现为从具体到抽象，再从抽象上升到具体的螺旋式的前进运动。而在这个发展过程中，也充满着飞跃和革命。因此，要考察科学发展的逻辑，首先就要研究科学革命问题，即考察科学发展中的飞跃、革命的问题。越来越多的哲学家、科学家已经注意到了这一问题。

在现代，波普尔（K. R. Popper）写了《科学发现的逻辑》（1934年写，1959 年英译本），库恩（T. S. Kuhn）写了《科学革命的结构》（1962 年），这是两本影响较大的著作。波普尔提倡"证伪主义"，认为每一次科学理论或假说被经验否证，都是科学上的革命；认为科学家提出任何新的科学假说、科学理论都是随机的，包含有非理性的因素。不过，假说与形而上学的命题不同，它是可以证伪的。因此，他认为科学家就是要大胆猜想，大胆提出假设、理论，然后反复实验、观察，加以证实或否证。科学的进步就在于：假说不断地被否证，理论便不断地增加经验内容，但这里面没有绝对的东西。他说，科学理论的大厦并不是建筑在岩石的基础上,而是好像建筑在处于斜坡上的一堆石头上面,斜坡下面是沼泽,这堆石头在不断地往下滑。在他看来,科学不可能到达一个坚实的目标、稳固的基地,它最后总是要向沼泽滑下去的,只有当我们感到这个建筑比较稳固时,暂时地可以停一下。[①]　显然,这是一种相对主义的理论。

库恩的《科学革命的结构》则认为,科学革命是指常规科学陷入危机,于是科学家用一种新的范型来代替常规科学的范型。他所谓"范型"(paradigms),指范例、模型,主要是一门科学的理论和方法。他认为,当一门科学开始成熟时,就有一套作为范型的理论和方法,这是由一些权威的著作暗暗地规定的。如规定了应当研究的问题,采用的方法,这一科学领域共同接受的理论、定律、规则等。这种范型使得接受它的科学家形成集团、学派,形成科学研究的传统。如在经典力学中,牛顿的著作就规定了范型,这是常规科学发展时期的状况。当常规科学发展到一定的时候,出现了许多反常现象,原来的范型不能解释,于是常规科学陷入危机,就必须有人用新的范型来代替它,例如用相对论来代替牛顿力学。在库恩看来,新的范型与旧的范型有实质的不同,是不可调和的。新的范型赶跑旧的范型,是一下子实现的,这就是"激变",就是"革命"。库恩认为,范型是由权威学者、权威著作来规定的。这是一种独断论的观点。

虽然波普尔和库恩都接触到科学革命的问题,有其启发意义;他们都试图从经验事实与理论的冲突来解释科学中的飞跃,

---

① 参见 K·R·波普著,查汝强、邱仁宗译:《科学发现的逻辑》,科学出版社 1986 年版,第82—83 页。波普,即冯契所说的"波普尔"。——增订版编者

却并没有能对此做出正确的解释。从形式逻辑来看，波普尔的观点可表述如下：

设以 H 为科学假说，从它推导 P 进行验证：

$(H{\to}P)\wedge P{\to}H$（证实）……（1）

$(H{\to}P)\wedge \overline{P}{\to}\overline{H}$（否证）……（2）

在这里，（1）对 H 的证实是或然的，（2）对 H 的否证则是必然的，因此他认为只有证伪才是可靠的。否证足以推翻一个假说的普遍有效性，而证实则不足以肯定理论的普遍有效性，这是形式逻辑的观点。从辩证逻辑来说，证实或否证都是有条件的、相对的。事实上，不能以一次实验的证伪就抛弃理论，同时也不能把一切理论都看成是假说，应该把有待于证实的假说和已经被证实的科学理论区别开来。确定无疑的证伪可能推翻假说，但不能推翻已被实践反复证实的科学定律。证伪可以更精确地规定科学定律起作用的范围、条件，如迈克耳逊—莫雷实验和其他一些实验对牛顿经典力学作出了证伪，促进了相对论的建立，这并不是把经典力学整个儿摈弃了，而只是说明牛顿力学适用范围有限制。这些实验表明，牛顿力学不是无条件地有效的，它只是在相对论效应极其微小、量子现象可以忽略时才是正确的。经过反复的证实和否证，对科学定律起作用的范围有了比较确切的认识，科学真理就越来越具体了。又如宇称守恒定律，杨振宁、李政道从理论上证明它在弱相互作用中不起作用，接着由吴健雄作了实验而得到证实。这个证实其实也就是对宇称守恒定律的否证，使宇称守恒定律的适用范围更精确了。因此，实验的验证，无论正面的证实和反面的否证，都是很重要的，这将使人们所把握的科学真理越来越精确，越来越具体。

库恩认为科学发展有一个相对稳定的时期，这是科学发展的常规阶段。在这个阶段里，人们是在一定的范型指导下提出论断、发现事实的。他并不以为任何一个经验事实都足以否证理论，要否定旧的范型，必须提出新的范型。在这里，他看到了科学理论的指导作用，并认为必须用新的科学理论来代替旧的理论，这才是科学革命。但是，他把新理论和旧理论看成是一刀两断的，这是形而上学观点。例如，他把由燃素说到氧化理论、由地心说到日心说、由热质说到热的分子运动理论、由牛顿力学到相对论都看成是科学革命，是对以前确立的范型的"决定性的破坏"，也即看做是一刀两断。当然，科学革命确有指导思想和根本观点的改变，但要具体分析。例如，燃素说、地心说、热质说，它们在历史上虽曾起过一定的作用，但燃素、热质在自然界毕竟是不存在的，地心说还曾被宗教所利用。因此，以氧化理论代替燃素说、以日心说代替地心说、以热的分子运动理论代替热质说，无疑是用新的比较正确的理论观点去代替旧的错误的学说，其中有些科学成果是继承下来了，但整体上是代替了，把旧的学说抛弃了。而经典力学发展到相对论，情况则与此不同，其中虽包含了对牛顿机械论的错误观点的克服，但并不是把牛顿力学抛弃了，而是使物理学达到更为确切、更为全面的阶段，更深入事物的本质。另外，如光的波动说和微粒说，两种学说都具有实验根据，但也都有片面性。后来光的波粒二象性学说代替了波动说和粒子说，克服了它们各自的片面性，达到了更加全面、更加深刻的认识。所以，对科学史上的革命变革要具体分析，不能笼统地一概而论，不能说每次科学革命就是一刀两断。

在科学革命中，为要解决经验事实和科学理论的矛盾，总有经验事实对原有理论的证伪、新理论观点对旧理论观点的批判，因此这是一种飞跃。但是，波普尔和库恩都是只看到这种飞跃的现象，而不能对其作出合理的科学说明。波普尔认为，新理论或假说的提出包含有非理性的因素；库恩认为，新的范型是一下子突然间被把握住的，是无法解释的。当然，科学革命中有灵感，我们并不否认灵感的存在，但不能说它是非理性的。不妨说这是理性的直觉，是理性一下子把握住整体，实现了认识的飞跃，而飞跃是经过量变的积累、准备而起来的。这种飞跃不仅可以描述而且可以合理地解释。飞跃是在个别头脑中一下子实现的，但是这种飞跃现象是可以用客观条件（社会历史条件、科学技术条件）和主观条件（如个人的才能和知识条件等）来给予说明的。

二、科学与哲学的关系及各门科学之间又分化又综合的发展

社会实践是科学的源泉。科学本身所包含的矛盾，如经验事实与理论观点的矛盾，不同理论观点之间的矛盾，科学与哲学、各门科学之间又分化又综合的矛盾发展等等，都是实践的矛盾的反映。

最初，人们只有一门笼统的无所不包的学问，中国古代叫"道术"。当时的哲学家同时又是自然科学家和历史学家，被人称为圣人、贤人。为了科学地认识世界，需要进一步把自然界、社会的复杂情景剖析开来，分门别类地加以研究。随着实践的发展、社会的进步，关于自然和社会历史的事实材料和理论知识积累得越

来越多,于是一门一门的科学先后从哲学中分化出去。这种分化对哲学和科学都是必要的。客观世界作为科学和哲学的对象,是多样性统一的、有机联系的整体。因此,各门科学分化出来,各有其相对独立的发展,而又总是互相联系着的;哲学和各门科学之间也是互相联系、互相作用的。科学的分化与综合有其客观的根据。自然界一出现了人,就有了劳动和意识的主体,世界就一分为二。客观的物质过程就有两种形式:一种是自然界本来就有的运动,再一种是人类有目的的实践活动。人的实践也是物质运动的形式,是人和自然之间的物质交换的过程。但是,实践活动有它的特点,它是有意向、有目的的活动,因此它与自然界的运动形式有区别。正因为客观物质过程有两种形式,所以科学就有理论科学(基础科学)与技术科学(应用科学)的区别。而由于在实践基础上人们又形成一定的社会组织并因而有人类的社会历史,所以科学又有了社会科学与自然科学的区别。而自然科学和社会科学、理论科学与技术科学,又可以分为许多门类,这些门类又都继续分化。总之,科学从哲学中分化出来,又分门别类地加以研究,这是发展的必然趋势,是一个进步,但由于社会分工,又给人们以限制。因此,又必须把各门科学加以综合,只有这样才能克服其片面性。

在古代,已有了脑力劳动与体力劳动的分工,与之相联系,出现了理论与技术的对立,即梅森(S. F. Mason)在《自然科学史》中所说的"学者传统"与"工匠传统"的对立。[①] 在封建社会里,技术

---

① 参见斯蒂芬·F·梅森著,周煦良等译:《自然科学史》,上海译文出版社1980年版,第1—2页。——增订版编者

被认为是"雕虫小技"，遭到蔑视，因此对自然界的研究脱离了技术，带有思辨的色彩。这种分割对于理论和技术的发展都是不利的。欧洲文艺复兴以后，这两种传统在一定程度上结合起来，如培根就努力把科学和技术结合起来。他说："自然的奥秘也是在技术的干扰之下比在其自然活动时容易表露出来。"[①]为此，他强调用实验的方法。一方面，由于实验的方法、技术的挑衅[②]，大大促进了理论科学的进步；另一方面，理论科学通过技术的环节适用于生产，科学成为直接的生产力。这种相互作用促进了科学的迅速发展。

　　但科学还是需要分门别类地进行研究，理论科学和技术科学都需要分门别类地研究。对每门具体科学来说，这种分化与综合就表现为从具体到抽象，又从抽象上升到具体的辩证发展过程。每门科学开始的出发点总是具体的。最初获得的是直观到的整体，而且当时还未脱离哲学的怀抱。而古代的哲学正处于朴素辩证法阶段，这时的具体只是一种混沌的关于整体的表象。科学往前发展，就要把混沌的整体分解为抽象的规定、抽象的范畴。这样，不可避免地要产生各种不同学说、观点的争论，不可避免地要产生形而上学。而后达到一定的阶段，就又会从抽象再上升到具体，这时科学的范畴和规律就有机地联系起来，成为一门系统的科学。就一门具体科学来说，如果这一科学领域的基本规律已被发现，于是这一领域的各个主要方面、主要过程可以由基本规律连贯起来加以解释，这时这门科学就不再是零碎的，而是已开始

---

① 《十六—十八世纪西欧各国哲学》，第 42 页。
② "挑衅"疑为"挑战"之误。——增订版编者

发展为系统理论了。

例如，牛顿三定律的确立，标志着力学开始成为系统的科学；门捷列夫周期律的发现，标志着化学开始成为系统科学；达尔文提出生物进化的学说，标志着生物学开始成为系统科学；马克思发现剩余价值规律，标志着政治经济学开始成为系统科学。一般说来，系统地而不是零碎地、具体地而不是抽象地把握了一个领域的范畴和规律，那就达到了一定条件下的具体真理。不过，牛顿力学虽然是系统科学，但是有机械论的特点，缺少辩证法。这是同那时代的整个哲学和科学的发展状况分不开的，当时是形而上学占统治地位。可见，科学发展与哲学有密切关系。

科学要达到什么阶段才把握具体真理？这不仅取决于科学本身的矛盾运动，还要从社会实践和哲学发展两方面来说明。物质生产和科学实验是自然科学发展的基础，同时自然科学也离不开哲学的指导。在古代，当哲学还处于朴素辩证法阶段时，某些自然科学也可以达到一定历史条件下的系统化。如中国古代的《黄帝内经》，奠定了中医的基础。为什么在两千多年前就产生这样的伟大著作呢？一方面是由于当时已积累了相当丰富的医疗保健经验，从中总结出许多生理、病理的规律和诊断、治疗、用药的原理；另一方面，也是因为中国古代哲学达到了总结阶段，而《黄帝内经》的医学辩证法与《荀子》、《易传》是相通的，很可能是受了它们的影响。又如，生物学上关于物种进化的理论到达尔文时系统化了，这一方面是由于观察和实验已积累了非常丰富的生物进化的资料，古生物学、生物分类学、解剖学、胚胎学等等为进化论提供了多方面的论据；另一方面也是与哲学达到辩证思维阶段分不开的。

　　至于历史科学，又有其特殊性。历史科学的对象本身是在社会实践基础上产生、发展着的。如资本主义的政治经济学，其对象就是物质生产发展到一定阶段的产物。政治经济学经过由具体到抽象的发展，各学派之间进行了长期争论，到马克思，达到了进行批判总结的阶段。一方面，是因为作为研究对象的资本主义社会本身这时达到了自我批判阶段；另一方面，在黑格尔、费尔巴哈之后，这时的哲学已达到唯物辩证法的阶段。在这种条件下，资本主义政治经济学就有可能从抽象上升到具体。

　　在马克思、恩格斯的时代，科学已经可以在整体上对自然界和社会的总的情景作颇有系统的说明，所以哲学作为研究自然界、社会和人类思维最一般规律的科学，也开始成为系统的科学理论。一百多年来，科学仍然随实践的发展而发展着，而且速度越来越迅速。一方面，科学越来越分化；另一方面，综合发展的趋势也在继续加强，各门科学相互渗透，出现了许多新的边缘学科。而每一门科学诞生之后，总要经历从具体到抽象、从抽象再上升到具体的发展。这些互相联系而又相对独立发展的科学，从总体上看，就表现为互相联结的许多圆圈，表现为错综复杂的螺旋式的前进运动。

第三节　辩证逻辑的历史发展

　　现在，我们再从哲学、科学、逻辑学之间的历史联系来考察辩证逻辑的发展。我们已经说过：科学是从具体到抽象，再由抽象上升到具体的。用黑格尔的术语来说，从具体到抽象是属于知性阶段，而从抽象上升到具体是属于理性阶段。不过，我认为黑格尔把知性逻辑和形式逻辑等同起来，这是受到历史条件的限制；他区分知性和理性有合理之处，但把知性逻辑和形式逻辑等同起来是不对的。形式逻辑的对象是逻辑思维的相对静止状态，形式逻辑撇开思维的具体内容，把思维形式抽象出来进行研究，考察它们之间的真假关系。思维不论处于从具体到抽象，还是处于从抽象上升到具体的阶段，都有相对静止的状态，都要遵守形式逻辑的规则，所以不能说达到了辩证思维阶段就可以不遵守形式逻辑。辩证思维也有相对静止状态，也要遵守形式逻辑的规律。

而当我们考察哲学、科学发展的逻辑时，不论从具体到抽象的初级阶段，还是从抽象上升到具体的高级阶段，我们都不是撇开内容来孤立地考察逻辑思维的形式，而是要把握发展着的内容的形式。我们可以把这种逻辑称为科学研究的逻辑，或者简称为科学的逻辑。它的初级阶段就是从具体到抽象的阶段，其逻辑是关于抽象概念的逻辑，即知性逻辑；它的高级阶段是从抽象上升到具体的阶段，其逻辑则是关于具体概念的逻辑。在初级阶段里，逻辑范畴的各个环节和科学方法的各个环节是割裂开来考察的，还没有把握逻辑范畴和科学方法各环节之间的有机联系。这时的认识也还没有达到主观和客观、知和行的具体的历史的统一，因而我们说它有抽象性，即片面性。片面性就有可能导致形而上学。

例如，关于"类"的范畴里有一组重要的范畴：同一性和差别性。在先秦时，惠施片面强调同一，公孙龙片面强调差异，从而惠施导向了相对主义，公孙龙则导致了绝对主义。在克服了他们的相对主义和绝对主义之后，应该说他们对同和异的考察构成了逻辑思维的必要环节。又如质和量也是关于"类"的范畴，科学家们有的侧重于质，有的侧重于量，因此在方法论上有的侧重于定性，有的侧重于定量。在一定条件下，就某些科学发展的特定阶段来说，侧重于定性或侧重于定量都是必要的。如生物学，在一定时期里主要研究动植物的分类，这是侧重定性的研究；而力学在从伽利略到牛顿这段时间里，则侧重进行定量的研究（从数量关系来把握运动规律）。这些当然是必要的，所以都是科学的方法。但应看到，这都只是一定阶段上必要的环节，因此都只是片面的真理，不可避免地会导致形而上学。如当生物学处于分类定性研究阶段时，就曾导致林奈的形而上学。形而上学要批判，但在特定条件下侧重对某个范畴的考察，着重用某一种方法，这还是必要的。从科学发展的阶段来说，这属于从具体到抽象的阶段。到科学发展的高级阶段，从抽象再上升到具体，取得了具体概念，那就把握了逻辑范畴和科学方法的各个环节间的有机联系，这时通过对形而上学、相对主义的分析批判，科学就达到了辩证思维。如关于"类"的范畴，当发展到辩证思维阶段时，把握了同一与差别的对立统一、把握了量和质之间的有机的联系即辩证关系，就克服了原来的片面性，或者说把不同的片面有机结合起来，相对地把握了全面。

　　不论是初级阶段还是高级阶段，不论抽象思维还是辩证思维，都是相对的。既然哲学和科学都遵循从具体到抽象，再由抽象上升到具体的反复过程而发展着，逻辑当然也同样遵循着这样的反复过程,表现为螺旋式的上升运动。当科学、哲学达到辩证思维阶段,即达到具体概念阶段的时候,人们对思维进行反思,就会把握辩证逻辑的科学原理。而在有了辩证逻辑科学以后,一个新的领域的认识(不论是科学还是哲学)仍然还要先经历从具体到抽象的阶段,不过因为已有了辩证逻辑作指导,就可以减少片面性,比较容易克服形而上学。但在特定条件下提出来的新的范畴、新的方法总难免不够完备,不要以为有了辩证逻辑,人的思想就那么完美了。独创性的见解往往表现为一偏之见,互为相反之论。所以,辩证法要求有宽容的态度,要求通过民主讨论,对不同学说、不同观点进行具体分析,这样可以减少片面性。但必须明白,人的逻辑思维总是遵循由具体到抽象,再由抽象上升到具体的过程的,即总是要不断地由片面发展到全面。因此,不能认为有了辩证逻辑,人的思维就那么全面,就会一点片面性也没有了。

现在再简单考察一下中国古代辩证逻辑的发展。我们已经说过,形式逻辑在《墨经》里已经建立了当时最完备的体系,但形式逻辑在《墨经》之后并没有重大发展。而辩证逻辑在《荀子》、《易传》中已经具备了雏形,后来到宋至明清时又有了较大发展。这是中国古代逻辑史不同于西方古代逻辑史的地方。当然,中西的逻辑史有其共同规律,但也要看到各有特点。西方在古希腊时,也有辩证逻辑思想,但形式逻辑比较发展,后来中世纪也有较多的研究。在西方,长期以来,科学与形式逻辑的关系密切,而中国古代哲学、科学的发展则与辩证逻辑的关系更为密切,这是中国逻辑思想史的特点,既可以说是优点,也可以说是弱点(形式逻辑不发展)。这是什么原因造成的?值得很好地研究。中国长期

以来是一个农业经济为主的国家，科学的发展主要和农业生产相
联系，而哲学则长期处于朴素辩证法阶段，把世界看作是有机联
系的整体。中国的语言也有其特点：许多词包含对立，如阴阳、虚
实、东西、是非等等，写诗作文讲究对仗，门上要贴对联等等，说明
中国的语言文字和辩证思维形式有紧密联系。生产、语言以及哲
学和科学历史发展的特点，使得中国人有较多的辩证思维的习
惯，而一些杰出的哲学家就对辩证逻辑作了较多贡献。荀子已提
出逻辑思维是通过"辨合"、"符验"的运动，达到概念和实在、主观
和客观、知和行的统一。《易传》讲"一阴一阳之谓道"，"乾坤成
列，而易立乎其中矣"（《系辞上》），明确表达了概念的对立统一的原
理，标志着中国古代辩证逻辑的诞生。后来明清之际的王夫之在
《周易外传》中说："'一阴一阳之谓道。'或曰，抟聚而合一之也；或
曰，分析而各一之也。呜呼！此微言之所以绝也。"[①]照王夫之的
说法，道要用"微言"来表达，"一阴一阳之谓道"就是这种微言。
就是说，要用辩证法的语言、辩证思维的方式，来把握宇宙发展法
则。但有人片面强调综合——"抟聚而合一之"，有人片面强调分
析——"分析而各一之"，这就破坏了微言，违背了"一阴一阳之谓
道"，也就是违背了概念的对立统一的原理。王夫之要求分析与
综合相结合，要用概念的对立统一来表达道，这仿佛是回复到了
《荀子》、《易传》，但当然是在更高水平上的回复，即在更高水平上
讲分析与综合相结合、讲概念的对立统一。

　　王夫之在《周易外传》中批评道家是"分析而各一之也"，批评

---

① 王夫之：《周易外传·系辞上传第五章》，《船山全书》第1册，第1002页。

佛家是"抟聚而合一之也"，这种批评也适用于程朱和陆王。因为朱熹强调分析，强调"铢分毫析"，把形而上和形而下、理和气、道和器、知和行等等都加以割裂了；而王阳明则片面强调综合，提出"天下无心外之物"、"知行合一"、"动静合一"等等，以为一切都统一于心。所以，程朱近于道，陆王近于禅。王夫之以为道和阴阳是一回事，易和乾坤是不能分割的。王夫之说："故合二为一者，既分一为二之所固有矣。是故乾坤与易相为保合而不可破。"①这里的"一"是指道、指易，"二"是指阴阳、乾坤。"分一为二"又"合二为一"是客观世界固有的辩证法。从逻辑来说，就表现为对立范畴的统一。对立的范畴"乾坤"的统一就是"易"，所以说"乾坤与易相为保合而不可破"。从范畴来说是对立统一，从方法来说就表现为分析与综合的结合。王夫之指出，把事物分析开来考察，研究其容量、重量、几何图形等等，是必要的，但如果把这些分析绝对化，变成"分崩离析"，就失去了"和顺之情"，即失去了它的对立统一。穷理是为了"秩其秩，叙其叙，而不相凌越矣"②。研究事物是为了把握客观事物的秩序，有秩序就不会混乱，但是分析不是像砍柴那样，一分就不可合，也不是如开沟排水那样，水流去后就不再回来。事物本来就是对立统一的，决不能截然割裂为各不相关的因素。王夫之还举出一些例子来说明这一点。如要研究音乐就要辨别五音，研究色彩就要识别五色，但不是一分开来各不相关；正是五音协和才成乐曲，五色配合才成美的形象。所

---

① 王夫之:《周易外传·系辞上传第十二章》,《船山全书》第 1 册,第 1027 页。
② 王夫之:《周易外传·说卦传》,《船山全书》第 1 册,第 1075 页。

以，王夫之说："穷理而失其和顺，则贼道而有余。"①这就是说，如果穷理弄得把一条一条规律、一个一个范畴割裂开来，失去和顺之情，即失去了对立统一，失去了互相联系和转化，那就是对道的破坏。这里所说"和顺"的意思就是不能把概念分割开来，把规律、范畴看成固定死板的东西。概念、范畴必须是灵活的、生动的、对立统一的，才能把握客观世界的变化和发展，才能把握具体真理。所以，王夫之关于分析与综合、概念对立统一的学说可以说是回到了《荀子》《易传》，但是经过道、佛各家和程朱陆王各派的发展后，进行了批判总结，达到了更高水平的回复。

如何正确地进行"辨合"，如何做到分析与综合相结合？荀子提出要运用"类"、"故"、"理"这些范畴。后期墨家已经从形式逻辑的角度考察了"类"、"故"、"理"等范畴，提出要"以名举实，以辞抒意，以说出故。以类取，以类予"（《墨经·小取》）。又说"夫辞以故生，以理长，以类行"（《大取》）。就是说要用概念来表示事物，用言语来表达判断，立论时要进行逻辑论证，要有理由。也就是要有故，要遵守逻辑规则，并依据类的包含关系来进行推论……这些都是形式逻辑的要求。"类"、"故"、"理"的逻辑范畴，形式逻辑已经提出来了。形式逻辑的要求是提出一个论断要有理由，要按照逻辑规则，依据类的包含关系进行推论。荀子则进一步讲："辨异而不过，推类而不悖；听则合文，辨（辩）则尽故；以正道而辨奸，犹引绳以持曲直。"（《荀子·正名》）这里也讲了"类"、"故"、"理"三个范畴。按荀子的逻辑学，在辨别同异，按类关系进行推理时，形式逻

---

① 王夫之：《周易外传·说卦传》，《船山全书》第 1 册，第 1076 页。

辑的规则是同样要遵守的，但他还提出要"一统类"、要"尽故"和"以道观尽"。"尽"即全部、全面的意思，"统类"指全面的一贯的道理。荀子要求用一贯道理来看问题，在辩论时要全面地阐明所以然之故。而"以道观尽"即从道的观点全面把握事物，就要"解蔽"。诸子百家的学说都"持之有故"，即都进行了逻辑论证，因而都"言之成理"，但也都包括着错误观点。为此，就要具体地进行分析批判，既要看它合理的成分即"有所见"在哪里，还要看它失足之处即"有所蔽"在哪里，而见和蔽往往是互相联系着的。这是辩证逻辑在分析问题时的全面性的要求。

不过，先秦数学、逻辑学主要考察了"类"的范畴，"坚白同异"之辩是围绕"类"范畴展开的。当时对"故"和"理"的考察还比较少，因此在方法论上，分析和综合主要通过"比类"来进行的。辩证逻辑讲比类，就是要求思维从全面联系的观点出发，比较各类事物之间的同和异，以此来把握所考察的对象（类）的矛盾运动以及它们之间的相互转化。比类的方法从先秦到汉代广泛运用于医学和历法等科学领域，特别在医学方面取得显著成就。易学家认为比类包括了"取象"、"度量"（运数）等环节。在具体科学中运用时，有的侧重度量，有的侧重取象。如历法、音律等领域侧重用数量关系来说明阴阳两种势力的消长，并进而把乐律的十二律与历法的十二个月相配，这就是从度量（运数）讲比类。在医学、农学等领域则强调对现象进行分类，把握各类事物的质和性能，即侧重于取象。《内经》说："脉之大、小、滑、涩、浮、沉，可以指别；五脏之象，可以类推。"（《素问·五脏生成》）就是要求从辨同异来取象，运用阴阳五行的范畴进行比类。秦汉时代讲象数，往往是科学和迷信掺杂在一起。如《内经》、《淮南子》、《吕氏春秋》等都可以看到科学与迷信的混合，只是比例不同罢了。随着科学的进步，迷信成分越来越被克服。到南北朝，祖冲之着重进行定量的研究，他认为"迟疾之率，非出神怪，有形可检，有数可推"①。即要求在观测基础上，运用数学方法进行推算，以把握天体运行的规律。贾思勰的《齐民要术》则侧重定性——取象。他对谷物进行分类，提出用成熟期早晚、植株高矮、产量高低、抗逆性强弱、品质优劣等性状来作为分类的标准，即用生物的本质特征作为分类的根据，以揭示出各品种之间的同和异。祖冲之和贾思勰用的比类方法：一个侧重度量，一个侧重取象，都适合于当时特定阶段的具体科学发展的水平。但取象、度量，各有片面性，如果把片面性夸大，就会导致形而上学。宋代邵雍"先天学"，夸大了运数；周敦颐"太极图说"，夸大了取象，都是形而上学的体系。沈括在科学上是多面手，贡献很大，他的方法论也比较全面。他既看到定性研究的重要，又看到定量研究的重要。后来王夫之在批判主观比附的象数之学以后，提出了象与数不能分割，"象数相倚，象生数，数亦生象"②的观点。在自然界中，有许多种类的物体，反映各类物体的"象"就是类概念或范畴。而对于各类物体的"象"，人可以用"数"来记录，即可以从数量关系来把握，这就是"象生数"；而在人的活动中，可以依据客观的数量关系来制作器物，在实践中获得成功，这又是"数生象"。因此，王夫之说："因已然以观自然，则存

---

① 转引自沈约撰：《律历志》，《宋书》第 1 册，中华书局 1974 年版，第 315 页。
② 王夫之：《尚书引义·洪范一》，《船山全书》第 2 册，第 338 页。

乎象；期必然以符自然，则存乎数。"①这是说，顺着已成秩序去观察自然各类事物，要作定性研究把握"象"；而根据必然规律来制作器物，以求符合自然，则是依据数量关系进行的。所以，他说："象数相因，天人异用"②，他把"比类取象"即进行科学分类以定性的方法和"比类运数"即从数量关系来把握各类事物的方法统一起来，以为人对自然界的现象既要把握各类的"象"，又要把握各类之间的数量关系，再依据数量之间的必然关系来制作各类器物，即从实践上造成各类的"象"，达到天人统一。王夫之的"象数相倚"或"象数相因"，尽管还是一种比较抽象的思辨哲学，不是近代的实验科学方法，但他的理论在一定程度上已猜测到质量互变的关系。总之，比类的方法要从量和质两方面来把握。在特定阶段对特定科学进行取象（即定性的研究）是必要的，但对特定的科学运数（即定量的研究）也是必要的；但如果把它们片面夸大，都可以导致形而上学。而当科学发展到辩证思维阶段时，人们就会认识到质和量是互相转化的，是相辅相成的，真正科学的比类方法是取象与运数的统一。

秦汉以后，哲学家不仅对"类"范畴的考察深入了，而且对"故"进行了多方面的考察。在"故"这组范畴里有一对重要的范畴：体和用。魏晋以后哲学家们都讲"体用不二"，即实体以自身为原因，运动是自身的作用。但佛学、玄学、道学都以为本体是虚静，实际上"妄立一体而消用以从之"③，并不真正坚持"体用不

---

① 王夫之：《周易外传·说卦传》，《船山全书》第 1 册，第 1079 页。
② 王夫之：《尚书引义·洪范一》，《船山全书》第 2 册，第 339 页。
③ 王夫之：《周易外传·大有》，《船山全书》第 1 册，第 862 页。

二"。而唯物论者则正确运用"体用不二"的观点，解决了形神、有无、心物等关系，这是很重要的方法论原理。

唐宋以后哲学家又考察了"理"的范畴。从逻辑上来说，关于"理"的范畴最重要的是道和器（象）、理和势。这里简单讲一下"理势统一"观点的重要性。以前的哲学家们有的侧重讲理，有的侧重讲势。王夫之提出"理势统一"的历史观，其中包含着逻辑与历史统一的思想。运用这样的观点来研究历史，就要求逻辑方法和历史方法的统一。从方法论说，黄宗羲写的《明儒学案》更有代表性，他不把思想史或学术史看成是偶然事件的堆积，不是一本家谱，而认为有其发展的规律性，有一贯的脉络。这种脉络怎么来把握呢？要从"分源别派，使其宗旨历然"[①]中来把握。他认为道不是一家所独占，"圣贤之血路，散殊于百家"[②]。要把诸子百家放在当时历史条件下考察，"使其宗旨历然"；看他们提出了什么独特见解，有什么"相反之论"；作了比较分析，然后综合起来，就可以系统地把握"数百年之学脉"，即发展的规律性。这里显然包括着历史方法与逻辑方法统一的思想的萌芽。

总起来看，到王夫之、黄宗羲这样一个阶段，讲分析与综合的结合、概念的对立统一，比荀子、《易传》大大发展了。从荀子到王夫之之间，有的哲学家片面讲分析（如程朱），有的哲学家片面讲综合（如陆王）；有的哲学家侧重取象，有的侧重运数；有的强调势，有的强调理。王夫之和黄宗羲对他们以前的学说进行了分析

---

① 黄宗羲：《明儒学案·自序》，吴光执行主编：《黄宗羲全集》第 7 册，浙江古籍出版社 2012 版，第 4 页。
② 黄宗羲：《清溪钱先生墓志铭》，《黄宗羲全集》第 10 册，第 351 页。

批判，概括了科学的成就，在更高阶段上强调分析与综合的结合，而且提出了"象数相倚"、"理势统一"等观点，这就发展了辩证逻辑，使之达到新的水平。

当然，中国古代辩证逻辑有历史的局限性，它没有取得严密的科学形态，缺乏自觉性，所以运用"辨合"、"比类"、"体用不二"等方法时容易主观地运用，甚至导致荒唐的见解。要克服这种荒唐见解，必须坚持唯物主义原则，必须坚持荀子所说的"符验"的原则。"辨合"必须与"符验"结合起来。只要把对立统一原理、分析与综合相结合的方法安放在唯物主义的基础上，使辩证逻辑与科学密切结合起来，这种局限性是可以得到逐步克服的。关于"符验"的原则和方法，在宋明时期也有了发展。这里特别应该提到沈括。他不仅重视实际情况的调查，而且很重视实验的手段，很重视在由人控制的条件下进行实验来获得确实的事实材料，来对理论进行验证。如为了观察声的共振，他设计了一个实验：先把琴瑟的弦调好，使声音和谐，然后剪小纸人放在一根弦上，敲打这根弦的"应弦"，纸人就跳动，敲打其他弦时则不动，这就是用实验来验证理论。又如，他在谈到用仪器浑天仪（又名玑衡）观察天体的位置时指出："度在天者也，为之玑衡，则度在器。度在器，则日月五星可传乎器中，而天无所豫也。天无所豫，则在天者不为难知也。"[1]天文学家为了观察天体，把天球划分为黄道、赤道，这些度数原在天，用了仪器观测，就成为"度在器"了，就可以在"天无所豫"（不受自然力量干预）的情况下进行观测。我们用仪器观

---

[1] 脱脱等撰：《天文志》，《宋史》第 4 册，中华书局 1977 年版，第 955 页。

察日月五星及各种天体，把观察所得描绘成图，进行比较分析，这就是在天无所干预的条件下，即在人工控制条件下来"验迹"（天体运行之迹）。这样，就能掌握确实可靠的数据，并进而运用数学方法进行处理，就可以掌握在天的"必当之数"。沈括既注重实验手段，又注重对资料进行数学的处理，已非常接近代实验科学方法，在当时条件下，无疑是最先进的，但沈括的方法后来未能得到充分发展。在明代中叶以后，欧洲超过了中国，这当然有它的社会原因。清兵入关时，英国资产阶级革命已经开始，欧洲已经历了文艺复兴时代，进入资本主义时代了。当时西方已有由培根、笛卡尔、伽利略等所奠定基础的近代实验科学方法。这种实验科学方法的基本特点是：1. 在人工控制条件下，用实验手段来观察，来把握确实的数据；2. 提出假设，用数学方法进行逻辑推导，然后用实验来验证。沈括也知道数学方法的重要，也重视实验手段；方以智、王夫之等也曾强调"质测"，但中国社会没有提供强大的动力来促使人们去研究自然，去发展生产力，没有像西欧那样提供日新月异的实验手段。伽利略观察天体已用望远镜，但中国还没有。同时，由于形式逻辑在《墨经》之后没有大的发展，因而对运用数学方法以表述和论证科学假说，并进行严密的逻辑推理以设计实验，也没有引起充分的重视。顾炎武提出归纳论证方法，为乾嘉学派所继承发展，但主要的不是用于研究自然，而是用来研究书本，发展了考据之学。

西方近代科学迅速发展，首先是由于资产阶级革命促使社会生产力发展，但实验科学方法的制订也是一个重要的条件。希腊人已发展了形式逻辑，文艺复兴时期确立了实验科学方法，这对科学的发展起了很大作用。但欧洲近代哲学家和科学家在提出他们的方法论和逻辑思想时,也常常有所侧重。如培根强调归纳法,笛卡尔强调演绎法;洛克注重分析,斯宾诺莎注重综合。对自然科学的发展来说,一门科学的某个阶段侧重某种方法,注重考察某种范畴,也是必要的。如化学脱离炼金术变成科学后,注重分析,发现一个个元素,到门捷列夫时才进行综合考察,发现了元素周期表。再如生物学,最初把观察到的材料分类定性研究,以后再用实验方法进行解剖,然后发展了古生物学、胚胎学等,对物种演化和个体发育进行历史考察,得出了生物进化论。所以,逻辑和方法论是不断发展的。近代科学经历了从具体到抽象、从抽象到具体的发展过程,逻辑也相应地从初级发展到高级、从片面发展到全面,到黑格尔和马克思才确立了自觉的辩证逻辑。

马克思的辩证逻辑作为方法论,要求从最基本的原始的关系出发,对矛盾的各方面进行具体分析,又综合起来,考察矛盾如何解决;方法的每一步都是分析和综合相结合,每一步都要用事实进行验证(也就是荀子所讲的"辩合"与"符验"),并且要求分析与综合相结合、历史的方法与逻辑的方法相结合,形成了一个完整的方法论体系。

对辩证逻辑发展的这个简略的考察,对我们今天研究辩证逻辑也有方法论的意义。首先,上述考察表明,辩证逻辑也是按螺旋形发展的。马克思说"人体解剖对于猴体解剖是一把钥匙"[1]。古代朴素的辩证逻辑只是辩证逻辑的一个雏形,站在现代辩证逻

---

[1] 马克思:《〈政治经济学批判〉导言》,《马克思恩格斯选集》第 2 卷,人民出版社 1995 年版,第 23 页。

辑的高级阶段来回顾历史，就有助于我们去正确地说明和解剖这个雏形。另一方面，研究胚胎、雏形，也有助于了解一个成人的生理结构，成人的器官在胚胎里总是具体而微。对荀子、《易传》和王夫之、黄宗羲的逻辑思想进行典型的考察，也有助于研究现代的辩证逻辑。其次，一定阶段的辩证逻辑是它以前的哲学与科学的逻辑范畴和方法论的批判的总结。在达到全面的批判总结阶段之前，各个哲学体系和各种科学理论也都是持之有故、言之有理的，也都有其逻辑。但都有片面性，片面地研究了某些方法和范畴，既有所见，也有所蔽，这样就不免导致形而上学。但在批判了他们的形而上学方法之后，他们的片面的真理就降为较为完整的辩证逻辑的体系中的一个成分。归纳万能论要批判，但归纳法是辩证逻辑的成分；主观比附的象数之学要反对，但度量和取象是辩证逻辑不可缺少的成分。要把辩证法与形而上学的矛盾和唯物、唯心的对立区别开来，要把片面性与全面性的矛盾，同主观盲目性与客观性的对立区别开来。全面是由许多片面（矛盾的方面）构成的，有了辩证逻辑的客观的全面的观点，就易于克服主观盲目性。克服了主观盲目性，片面的真理便得到应有的肯定。所以，不仅要解剖古代辩证逻辑的雏形，也要研究逻辑史上的片面的真理。黑格尔和马克思的辩证逻辑是从西方哲学史、科学史、逻辑史中总结出来的，我们把中国的哲学史、科学史、逻辑史加以研究总结以后，辩证逻辑必将出现新的面貌，这是完全可以肯定的。

第四节 辩证逻辑将取得新的面貌

辩证逻辑当然要不断地发展，不断地取得新面貌。问题在于：既然辩证逻辑是哲学和科学达到具体真理阶段时的逻辑，那么现在是否已经到了在一定意义上可以进行批判、总结的阶段，即从抽象上升到具体的阶段？如果是的，那么辩证逻辑将在一定意义上取得新的形态，而不只是点滴地更新而已；如果还不是，那么我们只能满足于把老祖宗的东西讲讲清楚，或可能再添加一点片面的东西。把马克思主义的辩证逻辑原理搞清楚，是完全必要的。我们要在这个基础上前进，但是能前进多远呢？要有个估计。

从客观条件说，社会主义社会是否已能进行自我批判，我不敢说，但社会主义革命是应当自我批判的。马克思在《路易·波拿巴的雾月十八日》中说过：无产阶级革命总是"十分无情地嘲笑自己的初次企图的不彻底性、弱点和不适当的地方"，它"经常自己批判自己"①。革命应该是自觉的，应该不断进行自我批判，但我们这些年来被胜利冲昏了头脑，把马克思关于自我批判的教导忘掉了。现在经过十年浩劫，确实看到了过去革命的不彻底性、弱点和失当之处，应该是能够客观地进行批判总结了。现代迷信毕竟破除了，科学反对迷信取得了重大胜利，因此从革命来看，现在是一个批判总结的阶段。

---

① 参见马克思：《路易·波拿巴的雾月十八日》，《马克思恩格斯选集》第 1 卷，第 588 页。这里保留了冯契所引人民出版社 1972 年版《马克思恩格斯选集》第 1 卷第 607 页的译文。——增订版编者

从科学来说，一百多年来有了突飞猛进的发展。各门学科是否已达到了由抽象上升到具体的阶段，要由各门学科的专家来回答，但从现代科学的总体来说，我看应该说已经到了由抽象上升到具体的阶段。首先，如果说在文艺复兴时代，学者传统与工匠传统结合，已使科学迅速发展，那么到今天，科学与实验、生产三者关系越来越密切了。高能加速器是科学理论的应用，也是实验装置，也是生产设备。不少规模巨大的改造自然、征服空间的工程，体现了主观和客观、理论和实践、知和行的具体的历史的统一。其次，科学的对象已扩大到宇观，深入到微观。对自然界认识的扩大和加深，要求各学科协作，从而促进了许多边缘学科的出现。现在学科之间互相渗透、整体化的发展趋势很明显，而整体化趋势也就是辩证发展趋势。第三，还出现了电子计算机等等"物化的智力"。人工智能已不仅能取代部分人脑，同时比人脑运转速度快，记忆量大，具有高度精确的逻辑推理能力，并且能自动控制，自动调节，以实现预定目的。人的逻辑思维能力部分地对象化了。智能对象化转过来促使人的逻辑思维能力的发展，并且也使人能从对象化的智能来研究逻辑思维的规律。第四，现在许多人注意研究逻辑学和方法论。数理逻辑、控制论、系统方法、一般模型理论等已为辩证逻辑提供了丰富的思想资料。西方的一些哲学家、逻辑学家也在对已经积累起来的思想资料进行概括。分析哲学在研究概念清晰方面有所贡献，应用于语言学等也取得了成就，但它片面强调了分析。另有一些哲学家，如结构主义者强调综合，也是片面的。他们都不可能对现代科学的逻辑成就作出新的辩证的概括，只有唯物辩证法才能做到这一点。

　　但要有自我批判精神。长期来有许多人把马克思主义看成教条，看成封闭的体系，看成终极真理和排他的东西，这实际上扼杀了辩证法。辩证法不同于形而上学，它绝不是封闭的体系，决不自封为"句句是真理"，它一定要经常进行自我批判。有些曾经流行的说法，经实践检验而被否证，那就要改正。历史条件改变了，有些提法也要相应地改变，要用新的科学成就去发展理论。哲学仍然要通过百家争鸣才能得到发展。我们自己要坚持马克思主义的立场、观点、方法，但对别人要有宽容态度。马克思主义在国际上已形成了不同学派，不能唯我独尊，随便骂人家是修正主义。对于非马克思主义学派也不能采取一概抹杀的办法，要作具体分析。要根据发展了的现实情况和用新的科学成就去进行验证，不然哲学和逻辑就要枯萎。哲学如果有了这种态度，并能概括科学的新成就，总结我国古代哲学的优秀遗产，那么哲学和逻辑都将能出现新的面貌，而哲学、逻辑的发展又反过来将会推动各门科学的迅猛发展。

第五章
由自发到自觉

第一节　自在和自为、自在之物和为我之物

在黑格尔那里，"自在"和"自为"是讲的概念的两个阶段。在自在的阶段里，概念保持着原始的同一性，其中对立的因素是潜在的，还没有显现的；随后概念发展了，对立的因素开始区别和分化，对立就显现出来了，甚至达到了激化；尔后概念又回归自身，达到对立的统一，达到自在而又自为的阶段。可见，黑格尔所讲的是概念的矛盾运动。

马克思主义改造了黑格尔这个用语。我们讲"自在"和"自为"是指精神主体的自发和自觉。精神的主体当它处于自在阶段的时候，它的意识活动具有自发性；当它达到自为阶段时则是自觉的。如工人阶级当它还是自在的阶级的时候，它所进行的斗争是自发的斗争；当它成为自为的阶级的时候，有了马克思主义指导，斗争就自觉了。自在和自为是从主体的角度来讲的，而从对象来讲，那就是自在之物和为我之物。

"自在之物"是康德的用语。康德认为自在之物是不可认识

的。而马克思主义哲学认为,世界上没有不可认识的自在之物,随着社会实践的发展,自在之物会不断转化为为我之物,即转化为被认识了的东西。物质世界是独立于人们意识而存在的,是自在之物;而通过实践和认识,人能够把自在之物变为为我之物。如茜素原为自在之物,而当有机化学把茜草内的色素研究清楚,并从煤焦油中提炼出这种化学物质,它就转化为为我之物,转化为被人类认识和利用的东西。又如哥白尼学说开始是假设,勒维烈根据哥白尼学说推算出在太阳系中还有一颗尚未知道的行星,这是一个自在之物;后来伽勒发现了这颗行星,即海王星,于是它就由自在之物转化成为我之物,而哥白尼学说得到了证实。从物质性来说,自在之物和为我之物没有原则区别,为我之物就是自在之物,它的客观实在性和规律性不随人们意志而转移,并不因为我认识了它,我能利用它,它的客观实在性和规律性就可以由我来决定。为我之物就是被人认识了的世界,它是自在之物的一部分。人们当然不能消灭或改变客观世界的规律,不过当人们如实地把握了客观世界的规律时,人就能在科学指导下改变某些事物的某些形态,改变事物的这种或那种规定性。人按照规律改造客观世界,这就使客观事物去掉了黑格尔所说的"假象、外在性和虚无性"[①]。例如,古代人以为天圆地方,太阳从东方升起、西边落山,后来才认识到地球是圆的,天圆地方的说法是不对的。古代还长期流行地心说,认为太阳绕地球旋转,一直到日心说(哥白尼

---

① 冯契所引出自 1959 年版《哲学笔记》(《列宁全集》第 38 卷)第 235 页。1990 年版《列宁全集》第 55 卷将"假象"改译为"外观"(第 187 页)。亦可参见黑格尔:《逻辑学》下卷,第 528 页。——增订版编者

学说)被证实以后,人们才知道地球是绕太阳旋转的。这样,就不仅知道天圆地方之说是错误,而且太阳绕地球旋转也是一种外观。当然,人们仍然看到每天太阳从东方升起,但由于看到了本质,所以知道这是假象。反动派有吓唬人的假象,也有迷惑人、欺骗人的各种外在形式,通过革命斗争认识了它的本质,就使它失去了这些吓人的假象和迷惑人的外在形式。宗教,如佛教认为现实世界一切事物是幻化的,虚无才是最终的实在。而当我们揭露出宗教的本质后,这种虚无性就消失了,我们就可以把天国的秘密归于世俗的基础,用人世间矛盾来解释它。总之,自在之物化为为我之物,就是人们的认识从现象深入到本质,越来越深刻揭露出本质来,从而使现实世界失去它的那些假象和外在形式。这是从对于真理的认识、规律性的认识来说的,人越来越认识真理,并通过人的实践使真理的认识得到证实,越来越清楚地呈现在人们的面前,也即是人类认识的真理越来越成为现实的东西。这是第一点。

其次,自然界的运动(所谓自在之物)无所谓意向,而人类的活动作为有目的的活动,目的正是意之所向。通过人类有意识有目的的活动,使自在之物化为为我之物。为我之物可以说是自在之物加上人的作用,体现人的目的,而符合人的要求和利益的。也就是说,为我之物即为人类所认识和利用之物,它体现了人的目的。人的目的如果是正当的,那么他的有目的的活动是好的、具有善的价值。这个善就是孟子所说的"可欲之谓善"(《孟子·尽心下》),是最广义的善。善的活动有两个要素:(1)人的要求、人的利益,即善的活动要体现着进步人类的利益、社会先进力量的利益;(2)客观规律提供的可能性,因而具有客观现实性。① 人类的有目

---

① 参见列宁:《哲学笔记》,《列宁全集》第55卷,第183页。

的的活动,如果是善的,总要包含这两个要素。就第(2)点即客观规律提供的可能性来说,也就是真,所以善要以真为前提。善总是合理的、合乎规律性的要求。既是现实性的、合乎规律性的活动,又体现了进步人类的要求,就是好的、善的活动。由于人的活动,自然得到改造。被人控制和利用的河流,固然还是自然界的河流,但它已合乎规律地改变了某些形态,它被用于航运、发电、灌溉,为人类谋福利。而它的那些违背人类目的、利益、要求的某些形态则得到改造,如除去暗礁、改造急流险滩,以便于航行等等。这种有目的地加以改造,当然总是要依据规律来创造条件,而依据规律创造条件使之合乎人类的要求,这种活动及其结果就具有善的价值。这是第二点。

第三,马克思在《1844年经济学哲学手稿》中讲,人的劳动生产与动物不一样。动物也进行生产,如蜜蜂营巢、海狸造窝等,但动物的生产只是按它所属物种的尺度和需要去进行的,而人却知道怎样按照每个物种的尺度来生产,而且知道怎样把本身固有的(内在的)尺度运用到对象上去。① 马克思在这里讲了两层意思:一是动物只片面地生产,只制造它自己或它的后代直接需要的东西,如蜜蜂酿蜜、造巢,一代一代地重复着,只会进行这种生产,这是由它所属物种的尺度规定了的。而人则普遍地生产,即人能按每个物种的尺度来生产,如按植物品种特性来进行种植,按动物的习性来进行驯养等。二是动物只在肉体直接需要的支配之下才生产,是出于本能,是不自由的。而人则自由地生产,能自由地

---

① 参见马克思:《1844年经济学哲学手稿》,《马克思恩格斯文集》第1卷,人民出版社2009年版,第162—163页。

对待他的产品。自由在于认识必然，在于能把物种固有的规律、内在的尺度运用到对象上去，以实现人的目的，而同时也就把人的本质力量在劳动及其产品中对象化了、形象化了，成了欣赏的对象。庖丁解牛，经过了长期实践，他能自由地劳动，因为他已深刻认识牛的生理结构，能"依乎天理"、"因其固然"，熟练地按照牛的固有的规律、内在的尺度进行劳动。这样的劳动不是受肉体需要的支配，也不是受外在力量的强制。他的劳动已是乐生的要素，他的熟练技巧已达到这样境界："手之所触，肩之所倚，足之所履，膝之所踦，砉然响然，奏刀騞然，莫不中音。合于桑林之舞，乃中经首之会。"（《庄子·养生主》）就是说，一举一动，已完全合乎舞蹈与音乐的节奏，他的劳动就是艺术。在这里，有人的某种本质力量对象化了、形象化了，给人以美感，使得庖丁自己在解完牛时"为之踌躇满志"，得到精神上的满足。"庖丁解牛"这个寓言可以说明自由地劳动和自由地对待产品的特征：首先要熟练，真正能把对象固有的规律运用到对象上去；其次，不受肉体需要的支配和外在力量的强制，不仅劳动产品对劳动者是目的，劳动本身也成了目的，成了生活的第一需要；第三，人的本质力量对象化、形象化了，劳动对象与产品打上了人的印记，成了欣赏的对象。农民种田，总是行列整齐，使人一见稻田就感到心旷神怡，这固然是作物本身和劳动操作的客观要求，但也是打上了人的印记的结果。人们进行农业、工业生产，建筑住宅，把大自然改造成风景区等等，无不打上人的印记，尽可能使之成为美的对象。这样，通过劳动生产，自然界就表现为打上人的印记的作品，成为人化的自然。人的劳动和劳动对象越来越美化了，人在人化的自然中直观自身。

综上所述,自在之物化为为我之物的过程,就是人类在实践基础上获得真理的认识,又转过来用于指导实践,使真理得以实现。实现了的真理即为我之物,当然它仍是自在之物的一部分,只不过是去掉了假象,或者说,现象已被全面地把握了,现实的本质、规律已被揭示出来。同时,为我之物又实现了人的目的,符合于人的利益,所以它既是真理的实现,又具有善的价值。同时,为我之物又是人化的自然,在它的上面投射上人的德性,人的本质力量在人化的自然上面形象化了,使之成为人的美感的对象、欣赏的对象。所以,为我之物可说是真、善、美的统一,人们变自在之物为为我之物的过程是以达到真善美的统一为目标的。这是就人类认识的总体来说的。

人类的全部历史就是一部把自在之物化为为我之物的历史,它所要达到的目标就是真善美,这是就对象方面来说的。而从主体方面来说,这个过程就是从自在到自为、自发到自觉的过程。马克思在《〈政治经济学批判〉导言》中说:"艺术对象创造出懂得艺术和具有审美能力的大众,——任何其他产品也都是这样。因此,生产不仅为主体生产对象,而且也为对象生产主体。"①物质生产、精神生产都如此。一方面是为主体创造对象,如建筑、造型艺术等等都是生产的成果,是人的对象;但同时也就为对象生产主体,这种艺术品又转过来培养出有欣赏能力的主体。人的生产,首先是物质生产(精神生产也一样)都是自然和人、对象和主体的交互作用。通过劳动生产,人的本质力量、德性对象化了,而反过

---

① 马克思:《〈政治经济学批判〉导言》,《马克思恩格斯选集》第 2 卷,第 10 页。

来又凭着人化的自然使人的本质力量发展起来。人的本质力量本来自在于主体，经过对象化成为人化的自然，又转过来促进人的本质力量的发展。这样，人的本质力量就由自在发展为自为。音乐培养了欣赏音乐的耳朵，建筑、雕塑培养了能欣赏形式美的眼睛。人性的感官、社会人的感官不同于动物的感官或野蛮人的感官。就生理构造来说，人的某些感官还不如动物，如人的耳朵不如蝙蝠的耳朵，人耳不能接受超声波。但人类的感官比起动物来，文明社会的人的感官比起野蛮人来，那是大大发展了。它不但具有了越来越发展的人的审美能力，而且人的感觉越来越成为在思维指导下进行的活动，越来越成为观察，即一种能动的、有意识地进行的知觉。人的感性活动与实践活动是统一的，它是渗透着人的感情和意志的活动。文明社会的人的感官，就能进行科学观察，能欣赏美，富于人的感情，体现人的意志，与野蛮人的感官有本质上的不同。马克思说："五种感官的形成是从古到今全部世界史的工作成果。"①这样的感官是通过人的劳动、人化的自然，在化自在之物为为我之物的过程中逐渐发展起来的。

不仅人性的感官要凭人化的自然才能形成，思维器官更是如此。人的思维能力——智力是随着人改造世界的活动而发展起来的。我们说过，思维逻辑是行动逻辑的内化，而行动逻辑又是思维逻辑的表现。思维要用语言的物质外壳来表述，而语言、文字、符号这些物质的外壳又反过来促使思维的发展。这些都说明，

---

① 冯契此处所引系朱光潜译《1844 年经济学哲学手稿》，见《朱光潜全集》第 5 卷，安徽教育出版社 1989 年版，第 458 页。参见《马克思恩格斯文集》第 1 卷，第 191 页。——增订版编者

在思维的发展过程中,都存在着主体和对象、精神和物质的交互作用。如果完全离开对象,思维这一种人的本质力量不对象化,那么思维就无法进行。人的理论思维的主要成果是科学,科学在生产中转化成为生产力,科学随着生产力发展而发展,人的思维能力也随之不断发展。所以,马克思认为"工业的历史和工业已建立的客观(对象性)存在就是一部揭示人的本质力量秘密的书"①。他说人的本质力量就在工业及其所取得的成就中被揭示出来。一般地说,劳动的历史,以及由于劳动而形成人化的自然,逐步地揭示人的本质力量,又回过头来培养人,使人的头脑、人的思维能力不断发展。到了现代,有了电子计算机,人的逻辑思维本身取得了物化的形式,逻辑思维本身对象化了。人工智能是主体的智能的对象化,而在客观上人工智能又同时起了主体的某些作用,所以人工智能对于揭示人的逻辑思维本质和促进人的逻辑思维能力的发展,无疑是具有重大的意义。我们可以从人工智能出发,转过来认识人的逻辑思维本质,并用人工智能来促进人的逻辑思维的发展。

总之,人的感官、思维器官以及人的一切才能、德性都是在实践中培养发展起来的,都是凭借相应的对象——人化的自然而形成的。这就是一个从自在到自为、从自发到自觉的过程。从对象来说,自在之物化为为我之物,达到真善美的统一,而真善美的统一的理想境界正是人的本质的对象化。而从主体来说,真善美统一的理想人格也只有在理想境界中才能实现。这就是说,只有在自在之物化为为我之物达到理想境界时,主体才会具有理想的人格。

① 此处引文出自《朱光潜全集》第 5 卷,第 459 页。参见《马克思恩格斯文集》第 1 卷,第192 页。——增订版编者

第二节　关于异化

　　上面所讲的从自在到自为、从自发到自觉、从自在之物到为我之物的过程，就是全部人类的历史发展过程。但历史的发展是曲折进行的，是通过异化和克服异化来实现的。人在劳动中把自己和自然对立起来，人在劳动中把自己的本质力量对象化了，这就导致在一定历史阶段上产生异化的劳动。"异化"这个词在黑格尔那里和"对象化"、"外化"没有什么区别，异化即概念和精神外化为物质。费尔巴哈用"异化"这个词时主要指人的异化。上帝是人的异化，人按照自己的形象创造上帝，而上帝却成为一种异己的力量来统治人。在费尔巴哈那里外化与异化有区别。马克思使用"异化"一词具有更深刻的意义。马克思把异化与对象化区别开来，这就和黑格尔不同（黑格尔的异化与对象化是一回事）而比较接近费尔巴哈。但费尔巴哈只是从自我异化来批判宗教，他致力把宗教世界归结于它的世俗基础，即用世俗基础来解释宗教世界。但费尔巴哈没有注意到在做完这一工作之后，主要的事情还没有做，因为世俗的基础使自己和自己本身分离并使自己转入云霄，成为一个独立王国。这一事实，只能用世俗基础的自我分裂和自我矛盾来说明。马克思说："因此，对于这个世俗基础本身应当在自身中、从它的矛盾中去理解，并且在实践中使之革命化。"①这个世俗基础是什么？马克思认为就是异化的劳动，

---

① 马克思：《关于费尔巴哈的提纲》，《马克思恩格斯选集》第 1 卷，第 55 页。

即现实的矛盾运动。人类的历史，首先是劳动的历史，而劳动生产以及由它构成的世俗基础包含着自我矛盾和自我分裂，包含着异化的过程。上层建筑包括宗教在内，都应当用现实基础的矛盾运动来说明。我们认识了现实基础的矛盾运动之后，还应该进行革命的改造、革命的变革。

异化理论在西方讨论很多。有一些资产阶级学者、修正主义者借"异化"理论来篡改马克思主义，那是别有用心的；而另一些人出于捍卫马克思主义的动机，反对讲"异化"，认为这是马克思早期的不成熟的著作中的理论。我们这里不去讲这些争论。我认为，主要讲劳动异化问题的《1844年经济学哲学手稿》，确实包含有黑格尔的辩证法术语和费尔巴哈的人本主义因素，但是在马克思学说形成过程中，它仍有其重要地位。"异化"范畴，马克思在《资本论》中也继续使用，所以不能因噎废食，不能因为有人借"异化"理论来篡改马克思主义，于是便抛弃"异化"这个范畴。我们试图根据马克思的学说（不仅是《1844年经济学哲学手稿》，还有《德意志意识形态》、《资本论》等）来作些说明。马克思提出，劳动的异化首先表现在劳动产品成为异己的力量，即成为离开劳动者而独立的，并转而支配劳动者的力量。劳动者生产的财富越多，他们越穷，因为财富被别人占有。劳动的实现就是劳动的对象化，劳动与自然结合才产生财富，给人提供生活资料。劳动的异化就是说劳动者既被夺去生产资料又被夺去了生活资料，在生产资料和生活资料两方面劳动者都成了对象的奴隶。其次，劳动的异化也表现在劳动本身的异化，即成为异化的劳动。本来，劳动是人的本质，是人不同于动物的首要特征，但异化的劳动变成强迫劳动,劳动再不是人的需要的满足,劳动者在劳动中不属于自己而属于别人,即为剥削者劳动。这样,劳动既摧残劳动者的肉体,又摧残他们的精神;不仅劳动产品异化,而且劳动本身也异化了。

上述两点表明,异化的劳动使人丧失了人类的本质特征。人类本来是通过实践、特别是通过劳动生产对自然界进行加工改造,这样来证明自己是一种有意识的生物,能够通过劳动生产化自在之物为为我之物。但由于异化,就使劳动者在肉体和精神两方面的支出都成为反对劳动者、压迫劳动者的异己力量,人就丧失了人的本质。

为什么会产生异化现象? 主要是因为社会生产力水平低,需要社会分工,因此不可避免地要产生私有制,这就使劳动的组织者和管理者有可能占有了生产手段而成为剥削者。于是劳动受剥削者支配,劳动产品为剥削者所占有,成为一种剥削和压迫劳动者的异己力量,转过来支配劳动者。人要进行生产就要结成生产关系,到一定阶段总是要有社会分工,会产生私有制,所以私有制是异化劳动的结果,又是异化劳动的原因。马克思在谈到资本主义生产时指出,在工人进入生产过程以前,"他自己的劳动就同他相异化而为资本家所占有,并入资本中了,所以在过程中这种劳动不断物化在别人产品中"①。所谓"物化在别人产品中",是指工人的产品转化为资本家所有的商品、资本,转化为"同他相异化

---

① 马克思:《资本论》,《马克思恩格斯全集》第 23 卷,人民出版社 1972 年版,第 626 页。这里保留冯契所引的旧版译文,新的译文可参见《马克思恩格斯文集》第 5 卷,人民出版社 2009 年版,第 658—659 页。——增订版编者

的、统治他和剥削他的权力"①。所以，正是劳动异化为资本，而资本又促使劳动异化。一般地说，有异化的劳动就有私有制，而私有制又转过来使劳动异化；私有制是异化劳动的产物，但也是劳动借以自我异化的手段。这是为什么会产生异化劳动的第一个原因。

其次，异化劳动的产生也由于人类的无知。古代人在自然面前软弱无力，不能掌握自己的命运，于是认为有超自然的力量在支配自己。这种超自然力量是人的本质力量的异化，即按照人本身的形象创造出神转过来统治人。同时，由于无知，人不知道社会真相和社会发展的规律，在社会生活中不能掌握自己的命运，因而就产生对金钱、权力的迷信。正是人在劳动生产中创造出商品、货币，但它们反过来又成为一种支配人、控制人的力量，即生产商品拜物教和货币拜物教等等。在剥削制度下，意识形态是头脚倒置的，宗教是人类无知迷妄所造成的。神是人的本质力量的异化，但神又转过来成为制造迷妄的原因，使人处于愚昧状态。宗教如此，唯心论也是如此。唯心论是把人的认识过程中的某个环节、某个阶段加以夸大而出现的，转过来它又成为使人犯错误和继续处于愚昧状态的力量。

要使自在之物化为为我之物，使人的本质能自由、自觉地全面发展，就必须克服异化现象。按马克思的观点，一切异化的现象归根结蒂可归结为劳动的异化。宗教的产生固然是由于人的迷妄造成，但是科学发展了，宗教并未消失，这主要是因为它的世俗基础继续存在着。天国的秘密要用现实的基础来解释，而要革

---

① 马克思：《资本论》，《马克思恩格斯全集》第 23 卷，第 626 页。这里保留冯契所引的旧版译文，新的译文可参见《马克思恩格斯文集》第 5 卷，第 658—659 页。——增订版编者

命地改变现实基础，就必须消灭私有制。马克思在《1844 年经济学哲学手稿》中说："共产主义是对私有财产即人的自我异化的积极的扬弃，因而也是通过人并且为了人而对人的本质的真正占有。"[①]通过人而且为了人而真正占有人的本质，也就是由自在变为自为。到了共产主义，彻底废除私有制，有计划地进行生产和分配，从而使生产力得到全面发展，科学、文化也都得到巨大发展，三大差别趋于消灭，在这种情况下劳动成为人的生活的第一需要，人的个性得到全面发展，这时人才真正自为地占有人的本质。恩格斯说："只有一种有计划地从事生产和分配的自觉的社会生产组织，才能在社会方面把人从其余的动物中提升出来，正像生产一般曾经在物种方面把人从其余的动物中提升出来一样。"[②]共产主义使人类最终地脱离了动物界，从动物的生存条件进入真正人的生存条件，所以是真正自为地占有人的本质。但共产主义本身也是一个发展过程，生产力和社会关系的发展是无止境的，人的知识文化的发展也是无止境的。人类把自在之物化为为我之物是一个螺旋形上升的无限前进过程，人的本质由自在到自为也是一个螺旋形上升的无限前进运动，所以自为或自觉性是相对的。我们不承认有终极的绝对意义的觉悟，不能把人神化。到了共产主义社会，真正克服了劳动的异化，是不是还会发生其他类似异化的现象，这是可以研究讨论的。

　　而在我国来说，取得革命胜利后，虽然所有制基本改变了，但却产生了个人迷信现象，造成极大危害，这也可说是异化现象，也

① 马克思：《1844 年经济学哲学手稿》，《马克思恩格斯文集》第 1 卷，第 185 页。
② 恩格斯：《自然辩证法》，《马克思恩格斯选集》第 4 卷，第 275 页。

要从现实基础来加以解释。应当看到,中国是一个封建历史特别长的国家,封建专制主义不仅是地主经济的产物,也是小农经济的不可避免的异化。小生产者从事分散的、自给自足的自然经济,缺乏全国性的联系,所以它要求有一个站在他们之上的权威、一个支配社会的行政权力来代表他们,来做他们的主宰。但是,这个主宰、封建皇帝却总是帮助地主、官僚来压迫农民,使农民长期处于愚昧落后状态。尽管如此,在我国的封建社会中,正是小农和家庭手工业相结合的自然经济作了地主经济的补充,使封建统治异常巩固持久。虽然我们推翻了地主阶级,实现了农业集体化,但封建专制主义的遗毒远没有肃清。农业生产仍带有分散的、落后的印记。在这样一个以农民为主体的社会主义国家里,客观上有着产生个人迷信的土壤。当然,个人迷信的产生还有其他的条件,但上面所说是最根本的原因,这包含着极为深刻的教训。现在,我们就是要克服这种异化现象,而为了克服这种异化现象,就必须提高生产力、发展科学文化,在制度上进行必要的改革以发展社会主义民主,同时在理论上一定要揭露这种迷信的秘密,加以彻底批判。通过这种努力,科学将战胜迷信,最终克服异化,其结果必将更大地提高人民的觉悟。

第三节　如何培养自觉的人格

如何培养理想的人格,这是哲学史上又一个重大问题。人能否成为圣人? 如何才能成为圣人? 这是古代哲学家一开始就提出的问题。马克思主义不相信有全知全能的圣人,但要求培养自觉的人格、自由的人格。哲学、科学、艺术、道德以及全部人类的文化归根到底是探讨人的问题，是为了使人成为自由的人、觉悟的人。如果我们讲形式逻辑可以忽视这个问题，那么讲辩证逻辑是不能离开这个问题的。人类在实践基础上认识世界和改造世界，把握具体真理，把自在之物化为为我之物，人类的活动也就由自发变为自觉，人也就成为自觉的人。整个人类的历史就是如此。

人的自觉，也就是人性的自觉。如何培养自觉人格问题就是如何培养人的德性以形成理想人格的问题，所以我们这里讲讲人性的问题。

费尔巴哈以及许多旧的唯物论者都把人性看成是人类学、生物学上的抽象的人类的共同性，即把人的本质理解为一种自然的属性。马克思说："人的本质不是单个人所固有的抽象物，在其现实性上，它是一切社会关系的总和。"①又说："整个历史也无非是人类本性的不断改变而已。"②马克思主义要求从具体的社会关系、历史条件来考察人性，这是人性论的根本革命。没有抽象的人性，人性不是固定不变的，而是在社会发展中形成和演化的。人当然也是生物学、人类学上的个体，但人最本质的东西不在于此。人之所以异于禽兽，在于人从事劳动生产，在生产过程中结成生产关系，并在此基础上有了理性，而这一切都是历史地发展的。在阶级社会中，社会最本质的关系是阶级关系，阶级性是人的本质特征，所以我们要用阶级斗争的观点来考察历史发展线

---

① 马克思：《关于费尔巴哈的提纲》，《马克思恩格斯选集》第 1 卷，第 56 页。
② 马克思：《哲学的贫困》，《马克思恩格斯文集》第 1 卷，第 632 页。

索,用阶级分析的方法来考察阶级社会中人的活动。不过,对马克思所说的"一切社会关系的总和"不能简单地看成只是阶级关系,生产过程的社会结合,首先是指劳动组织。和一定的生产力水平相联系的劳动组织,有特定的分工协作的形式,因而要求有一定的劳动纪律。我们把资产阶级推翻了,还是需要近代工业生产的劳动组织。这样的劳动组织与我们生产力水平相适应,并不因为我们改变了所有制就不要了。所以,与这种劳动组织相适应的经营管理的科学、维护大工业生产与近代化交通运输的各种制度与必要的规范,尽管是在资本主义制度之下建立起来的,社会主义生产也还是需要它们,而决不能搞无政府主义。另外,社会关系当然还包括其他的组织或社会集团:家庭、民族、国家等,这些社会组织也影响到人的本质。维护这些社会组织也需要道德规范、法律规范。所以,从共性来说,在阶级社会中阶级性是主要的,阶级关系制约着其他社会关系;但也不能忽视其他方面,包括人的自然的本质方面,即人的生物学的特征、人类学的特征,也是不能忽视的。

　　人性还有它的个性方面。正像生物有物种进化和个体发育两个方面一样,人的本质也有历史发展和个性发展两方面。共性寓于个性之中,离开了个性也就不存在共性了。就生物学来说,离开个体——一个一个的生物也就无所谓物种。而生物的个体发育在某种意义上讲,它重复着系统发育的历史,胚胎发育可以说是物种进化的缩影。这种生物学的规律,人类当然也是遵循的。就人的本质(人不同于其他生物的特点)来说,人性的历史发展和个性发展也是统一的。从认识论来讲,儿童的智力发展在一定意义上说重复着人类的认识史。当然，儿童是在成人指导下发展成长的，但就每个儿童的智力发展来说，都经历了从无知到知、从现象到本质、从低级到高级的发展过程。学数学，总得先学初等数学，后学高等数学。一个人如果能够比较自觉地进行辩证思维，那就能缩短这个过程。

辩证思维的逻辑是人类认识史的总结，但一个辩证思维的头脑总是在个人特殊条件下形成的。每个人都有自己的个性特征，都有一个我（自我意识）。"我"是一个独特的统一整体，人天生并无自我意识，儿童要达到一定阶段才会说"我"。个性有一个形成发展过程。马克思在《资本论》一个注释里写道："人来到世间，既没有带着镜子，也不像费希特派的哲学家那样，说什么我就是我，所以人起初是以别人来反映自己的。"怎样反映自己呢？"名叫彼得的人把自己当做人，只是由于他把名叫保罗的人看做是和自己相同的。因此，对彼得说来，这整个保罗就以他保罗的肉体成为人这个物种的表现形式。"①马克思的意思就是"我"并不如费希特所说的是个精神实体，精神是依存于物质、依赖于肉体的，彼得和保罗都有肉体。人能意识到"我"，是因为存在着"他"，以别人来反映自己。人在彼此交往中，在我和他、彼得和保罗的交往中形成自我意识。人的本质总是通过我和他这些个性来取得表现形式的。在彼得眼中，依存于保罗这个肉体的保罗个性是人这个物种的表现形式。共性是通过许多个性（一个个的"他"）表现出来的，于是彼得也意识到自己是一个人，有了自我意识。

---

① 马克思：《资本论》，《马克思恩格斯文集》第5卷，第67页。

人性问题,多年来在"左"倾思想影响下,只强调阶级性一面,既忽视人的共性的其他方面,又忽视了人的个性发展。不应把阶级性看成是抽象的,只讲抽象的阶级性。其实,阶级意识也要通过自我意识来实现,哪有抽象的阶级意识?自觉的人格要一个个培养,没有抽象的理想人格。每个人都有血有肉,是有个性的人。离开个性怎样培养共产主义战士?怎样培养有社会主义觉悟的劳动者?没有什么抽象的共产主义战士,只有一个一个的共产主义战士。忽视个性甚至达到这样的程度:提出什么要"从小粗知马列",幼儿园也讲马列,连年龄、男女的差别都可以不管,只要千篇一律背诵教条就行了,这怎么能培养德才兼备的人呢?在私有制的条件下,个性不能全面发展。共产主义就是要培养个性全面发展的人,使个性得到真正解放,使人的德性、知识、才能、体魄各方面都得到充分发展,正因此我们说共产主义真正重视个性自由发展。马克思、恩格斯在《共产党宣言》中说:"代替那存在着阶级和阶级对立的资产阶级旧社会的,将是这样一个联合体,在那里,每个人的自由发展是一切人的自由发展的条件。"①

过去的哲学家讲抽象的人性当然是错误的。性善说也好,性恶说也好,都是把善恶看成是先天的,是唯心主义。旧唯物主义者有的把人性归之于自然的禀赋,有的说是环境和教育的结果,不论哪一种看法,不可避免都会陷入唯心论。所以,过去讲抽象人性论确实是错误的,但不能因此就说过去的哲学家没有提出过任何合理的东西。在如何培养自觉的人格、如何培养个性等方

① 马克思、恩格斯:《共产党宣言》,《马克思恩格斯选集》第1卷,第294页。

面，他们也提出过一些合理的见解。中国哲学家过去讲的"性"是有很多意义的，但主要讲的是人性。人性不同于马之性、牛之性，人性就是指人类的本质。而就人性来说，既指天性，又指德性。怎样培养人达到理想人格，就是怎样塑造人的天性使之具有德性的问题。中国哲学家对此问题讲过很多，但关于人性论，成就最高的也是王夫之。他从天和人的交互作用来论述人性，提出"习成而性与成"①。"习"即"习行"，虽然还不能说就是我们所讲的社会实践，但总是指人的活动。通过人和自然的交互作用，通过这样的活动，就逐渐形成人的德性。王夫之以为，人的德性是发展的，每天每日生成着的，即"日生而日成"②，不能把德性看成是一成不变的，人性是变化发展的。人与动物不一样，动物的天性是一生下来就决定了的，天生的本能决定它的一生。人不满足于他的天生的本能，人把自己和自然界（天）对立起来，所以人就有了王夫之所说的"日新之命"③，即每天每日都能从自然界获得新的东西，即人不断与自然界交往，在交往中不断改造自己、提高自己。王夫之认为，人能不断从自然界接受新的东西，以丰富自己，而且人并不是完全被动地接受，人有他的主动性，能"自取而自用"④，能根据自己的习性、爱好进行选择、进行培养。人的视听、思维的发展，才能、德性的培养，固然是被动地、消极地接受物质世界之所予，但也是经过主动地权衡取舍，"自取自用"的结果。

① 王夫之：《尚书引义·太甲二》，《船山全书》第 2 册，第 299 页。
② 同上，第 300 页。
③ 王夫之：《诗广传·大雅》，《船山全书》第 3 册，第 464 页。
④ 王夫之：《尚书引义·太甲二》，《船山全书》第 2 册，第 300 页。

因此,一个人一定要自强不息。像这样一种把人性看成从天性到养成德性的发展过程,看成是人和自然交互作用的过程的理论,显然是有其合理的因素的。这是以中国哲学史上的一个例子来说明。

在西方,法国唯物主义者讲人是环境和教育的产物,这一理论也有其合理因素。正如马克思在《神圣家族》中讲的:"既然是环境造就人,那就必须以合乎人性的方式去造就环境。"①就是说,必须改造环境,必须改造现有的社会,所以法国唯物主义的合乎逻辑的结论是社会主义。马克思指出这一点,说明了唯物主义与社会主义有必然的联系,唯物主义把人看成是环境和教育的产物,必然要导致改变资本主义的所有制这样一个社会主义结论,所以法国唯物主义向前发展就产生了空想社会主义。

马克思当然是更前进了一大步,他提出了革命实践的观点,批判了旧唯物主义的局限性。指出,旧唯物主义者不懂得"环境是由人来改变的,而教育者本人一定是受教育的","环境的改变和人的活动或自我改变的一致,只能被看作是并合理地理解为革命的实践"②。不能靠少数天才人物的教导来改变环境(像空想社会主义者主张的那样),一定要通过革命群众的实践,通过斗争才能改造社会。而把社会改造成为合乎人性的环境,也就使人们在实践斗争中受到教育,也就使人们从自在变为自觉。因此,培养自觉的人格,首先要通过实践,当然也要经过教育。实践本身也是教育,但还得通过学校教育、家庭教育和多种社会教

① 马克思、恩格斯:《神圣家族》,《马克思恩格斯文集》第1卷,第335页。
② 马克思:《关于费尔巴哈的提纲》,《马克思恩格斯选集》第1卷,第55页。

育，包括德育、智育、美育、体育等方面。实践和教育都要依靠集体，依靠社会组织（包括家庭、学校等），但也要靠个人发挥主观能动性。

要使环境成为合乎人性的环境，就需要克服异化，使人的本质对象化，又转过来促使人的个性的健康发展。马克思在《1844年经济学哲学手稿》中说："共产主义就是人在前此发展出来的全部财富的范围之内，全面地自觉地回到他自己，即回到一种社会性的（即人性的）人的地位。这种共产主义，作为完善化的（完全发展的）自然主义，就等于人道主义，作为完善化的人道主义，也就等于自然主义。共产主义就是人与自然和人与人之间的对立冲突的真正解决……"①即是说，共产主义消灭了私有制，就能凭借人类在漫长历史发展中获得的全部物质财富和精神财富（全部人化的自然），使人自觉地回到社会性的人的地位。而共产主义作为人与自然以及人与人之间的对立冲突的真正解决，就是完善化的自然主义和完善化的人道主义的统一。不能把马克思这里所说的理解为卢梭的"回到自然"或先验论者的"恢复本性"。先验论者把精神的自在说成是人天生具有良知良能，只是像明镜积了尘垢一样，变昏了，所以要经过学习和修养以恢复其本体之明；而一旦觉悟，豁然贯通，便获得绝对真理而成圣人了。这种把人性（人的本质）看作是先天的、不变的学说，是显然荒谬的，决不可把马克思这段话曲解为先验论的"人性复归"。至于马克思说的"完善化的自然主义"，我以为，那应理解为彻底的唯物主义；而他

---

① 这里用朱光潜的译文，见《朱光潜全集》第 5 卷，第 450 页；并参见《马克思恩格斯文集》第 1 卷，第 185 页。

说的"完善化的人道主义"，则不同于文艺复兴时代的人道主义。马克思后来不用这样的表述了，但他这里所说的却确实包含着一个非常深刻的思想。马克思主义的唯物主义认为，人类社会是自然界发展到一定阶段的产物，社会始终以自然界为前提，社会本来是一个自然历史过程，它是在人和自然之间进行的物质变换的基础上发展的过程，这样的过程当然是自然界的一部分。然而人们一直不认识社会规律，社会规律作为一种异己力量统治着人们。只有到了共产主义，克服异化，"人们第一次成为自然界的自觉的和真正的主人，因为他们已经成为自身的社会结合的主人了"，从而成为自由的人①。人性是在一定条件下、一定的社会关系中形成和发展的。只有在共产主义制度下，生产力获得充分解放，人类财富达到如此丰富，足以实现"各尽所能，各取所需"的原则，这种客观物质条件才使得人的个性能全面发展，成为自由的人。人通过劳动而对象化，在克服异化后，就使人类的全部财富（包括物质和精神财富）和人类生活的环境成为合乎人性发展的环境。这样，每个人就能从周围环境中和自己的活动中看到人的本质，就能自觉培养人的德性、人的性格，人真正成为自己本身的主人，真正有了人的尊严。这就是马克思所说的完善化的自然主义与完善化的人道主义的实质。

在一个能自由地发展人的个性的环境中，人就意识到人的尊严。人把每个人都看成是目的，而不是像牛马那样供他人使用的手段或工具。剥削者把人看成工具，看成像牛马一样供他使用的

---

① 恩格斯：《社会主义从空想到科学的发展》，《马克思恩格斯选集》第3卷，第758页。

手段，不把劳动者看成人，这就是异化。"一将成名万骨枯"，群众成为英雄的工具，也是一种异化。克服异化，就能真正尊重人，平等待人，把每个人都看成目的而不是手段，这就是人道主义的观点。当然，文艺复兴时代的哲学家讲人道主义是讲全人类的爱，在剥削制度下是不可能实现的。现代资产阶级打着"人道主义"的旗号来反对马克思主义的阶级斗争学说，那是别有用心的。我们不能离开阶级观点来抽象地讲人道主义。对手里拿武器的敌人不能讲爱，不能讲人道主义；但对待自己人，在人民内部，一定要不遗余力地发展爱和信任的关系。个性只有在受到尊重的条件下才能健康发展，如果受到歧视和压制，使人感到不能掌握自己的命运（命运掌握在有权有势的人手里），人的积极性就不可能充分发挥，这时的人性就只能片面地畸形地发展，而不可能得到健康的全面发展。从历史上看，总是比较有民主气氛、有百家争鸣气氛的时代，人们才体会到人的尊严，社会上才会比较容易地形成真实的性格。相反，如果在专制独裁的统治下、在神学统治下，那就不可能形成真实的性格。一定的社会条件，民主空气、尊重学术自由的气氛等等，对于培养个性、培养自觉的人格是很重要的，因为培养人，既要靠集体靠社会，也要靠人的主观能动性。那么，在什么环境下，个人的主观能动性才能充分发挥？什么样的集体、社会组织最有利于个性的发展？这就要有民主空气和百家争鸣的气氛，真正是互相尊重、同志式的互相帮助，也包括批评与自我批评。一句话，就是要发展社会主义民主。社会主义已从根本上提供了培养共产主义人格的优越的社会制度，不过这种优越性要经过人们努力，才能充分发挥出来。在各级组织中发展社会主义民主,在同志间正确地展开批评与自我批评,在科学和艺术领域坚决贯彻双百方针,这些都需要人们自觉的努力。

第四节　理想与现实

化自在之物为为我之物、精神由自在而自为,也就是人们从现实生活中汲取理想,又使理想化为现实的过程。理想是客观现实的反映、概括,又是人格的体现。理想如果实现了,总是现实生活合乎规律的发展(可能性化为现实是合乎规律的),同时又是人的本质力量的对象化,而这种本质力量的统一就是人格。

人格是一个统一体,是知、情、意的统一体。作为逻辑思维的主体,"我"就是"我思"。"我思"这个"我",就是康德所说的统觉。康德说统觉的原理在整个人类知识的范围中是最高的原理。人们用概念来摹写现实、规范现实,对对象作出肯定或否定的判断,都是"我"的活动,就是"我思",我在思。这些逻辑思维的活动统一于"我"。"我思"作为意识的综合统一性,是一切知识的共同的必要条件,只有这个"我"才能把它们统一起来。不过,这个"我"既是逻辑思维的主体,又是感觉的主体、感情的主体、意志的主体、行动的主体,是一个统一的人格。每个人都有他的个性特征,每个人都是一个"我",是意志、感情等等的主体。因此,人的认识、思维一定要受到意志、感情等等的影响,人的思维、认识也是统一的人格的体现。这个统一的人格体现于思维,就集中表现在世界观、人生观上面。哲学是关于世界观的学问,哲学是世界观和人生观的统一,或者用中国哲学的术语来说,是研究人道与天

道的统一。我们上面讲的人性的发展、人格的培养就是人道
问题。

讲形式逻辑我们只需要承认一个形式逻辑的主体、一个"我
思"，而无需去管人格如何培养、人的理想如何实现等问题。辩证
逻辑不同于形式逻辑，它是世界观的一部分、世界观的一个方面。
辩证逻辑就是唯物辩证法作为逻辑学或者作为逻辑学的唯物辩
证法。而作为世界观、人生观，当然也就不能够离开考察人格的
问题，不能不注意到情、意等对思维的影响。辩证逻辑要考察观
点的分析批判问题，而观点不但是概念的结构，而且是社会意识。
社会意识就掺杂着感情、意志等成分。世界观不但是概念的体
系，而且是一定社会关系中人格的体现。而思想作为人格的体
现，就要求取得理想的形态。哲学家的世界观不仅是现实的反
映，同时又是理想的蓝图。马克思主义哲学不仅是关于自然、社
会和人类思维最一般规律的理论，同时也是对共产主义理想的科
学阐明和逻辑论证。理想是人格的主观体现，而人格是理想的客
观化身。一个自觉的或者理想的人格，就是实现了理想的个性。
我们把周恩来总理和老一辈无产阶级革命家说成是共产主义理
想的化身，是因为他们为共产主义理想奋斗终身，可以说他们是
共产主义人格的典型。没有理想、没有为理想而奋斗的活动，就
没有高尚的人格、自觉的人格。

我这里用的"理想"（ideal）这个词，是一个广义的用法，按照
德国哲学家的习惯，把革命理想、社会理想、道德理想、艺术理想、
建筑师的设计、人类改造自然的蓝图等都包括在内。

首先，人类改造自然的蓝图都是理想，如葛洲坝的设计、登月

球的计划,都是科学的理想。这些改造自然的理想方案包含有什么样的特征呢?科学家、工程师们要密切结合实际进行理论思维,把客观规律提供的可能性和人类的要求结合起来,并且用想象力把这种有利于人的可能性构思出来,即这样或那样形象化地构造出来,成为一种蓝图、一种方案、一种设计,从而使概念取得了理想的形态。所以,一个真实的理想、具有现实性的理想,可以说是一个具体概念。科学理想包含有以下要素:第一,它反映了现实发展规律所提供的可能性。如果不反映客观规律提供的可能性,和客观规律相违背,那就是空想,不是真正的理想。第二,一个真实的理想体现人的要求、意志、目的,它为人的行动提供动力。在人的行动中,理想鼓舞人们前进,目的作为法则贯彻于其中。第三,一个真实的理想总是这样那样地形象化。一般概念已在一定程度上寓于具体的形象,具有了感性的特征,而且往往或多或少灌注了人的感情。人的感情总是同感性形象相联系着,而我们构思一个蓝图、拟订一个方案,总是在不同程度上形象化了的。第四,总起来说,人的认识、意愿、感情综合地体现于理想之中,因此我们说理想是人格的主观体现(人格是知、情、意的统一体),也可以说理想是人的本质力量的主观体现。理想得到了实现,就是人的本质力量的对象化。

我们用"理想"这个词是广义的,就是因为凡称作理想的都包含着上述这样一些特征,不只科学理想而已。

其次,理想作为人格的体现,特别是指道德理想。

共产主义道德理想的实现,就是共产主义的德性和共产主义的伦理关系。共产主义的人格,体现在为共产主义理想而奋斗的行动中。在道德领域，精神就是实践、社会行为的主体。人的行为，它的目的性在于利益，在于满足人的物质和精神需要，在于使人获得幸福。而行为总是在人与人之间的关系中进行的，这种关系有其应当遵循的准则。道德的行为就是要符合当然之则，即道德规范。人和人之间应当有的道德规范，就是道德理想的具体化。例如，无产阶级的道德理想在对待祖国、对待人民的关系上，表现为爱祖国、爱人民；在对待劳动的关系上，表现为热爱劳动、各尽所能的劳动态度；在对待公共财物的关系上，表现为爱护集体财产，等等。

　　道德规范和人的利益之间的关系就是中国哲学史上的"义利"之辩。合理的利益即广义的善，即上面讲的"可欲之谓善"（《孟子·尽心下》）。道德的善是狭义的，如后期墨家说："义，利也。"（《墨经·经上》）其实是合乎一定社会集团的利益，即公利，才被这社会集团称为义，即应当做的。从马克思主义的哲学观点看来，义和利是统一的。无产阶级的道德规范和无产阶级的利益，归根到底是统一的，但是也有矛盾。义体现了整个阶级或全民族的集体利益。为了义，在一定条件下要杀身成仁，舍身取义，对个人的利益甚至生命要作出牺牲。但从总体上来讲，义和利都是历史的范畴，都是一定社会历史条件下的产物，都是相对于一定社会关系而言的。在阶级社会中义和利都有阶级性，不过我们不能简单化，不能把一切关系都说成阶级关系。当然，阶级关系是阶级社会中本质的关系，封建纲常礼义是封建制度的产物，是地主阶级统治必不可少的规范。但地主阶级内部的各个不同集团也有差异，僧侣地主和世俗地主就不同，官僚大地主和中小地主也不同，他们之间也有矛盾。从中国历史上来讲,董仲舒为了大地主阶级的利益讲"正其谊不谋其利,明其道不计其功"①,即不讲功利。这当然有其虚伪的一面。而对封建统治集团来说,则必须宣扬这种规范;而地主阶级中的改革派、中小地主为了发展就会不赞成这种说法,就要讲功利主义。地主阶级宣传的纲常礼义当然是适应地主阶级统治的需要而提出来的,所以是建立在封建地主经济基础上的上层建筑。但我们对这样的纲常礼义也不能简单地就看作单纯是地主阶级的产物。小农经济作为封建经济的补充物具有两重性:一方面是封建统治的基础,另一方面又是地主经济的对立物。所以,农民也就具有两重性:革命的农民把地主阶级的纲常礼义——地主阶级的道德规范看成是套在自己身上的四条绳索和枷锁,要求打破它;而保守的农民则维护家长制,要求有一个好皇帝来统治他们,所以支持这种纲常礼义。因此,对于这些封建道德规范要具体分析,要看到同一个阶级里不同集团之间也有不同看法。而且,这种道德规范是占统治地位的地主阶级提出来的,但在被统治阶级中也有基础,对此不能简单化。

　　下面再谈谈理和义的关系,也就是道德规范(义)和客观规律(理)的关系。道德规范如在一定历史条件下是合理的、正当的,它有客观规律作根据,那就是科学的理想的表现。根据革命阶级的阶级利益而提出的道德规范通常是合理的、符合历史发展规律的,但二者并不总是一致的。道德规范是当然之则,是"应当如此",它包括着意志、愿望的成分。道德规范需要用意志力来贯

①　班固:《董仲舒传》,《汉书》第 8 册,中华书局 1962 年版,第 2524 页。

彻，但客观规律是非遵守不可的、不以人们意志为转移的。物理、化学的规律谁也不能违背，但规范是可以破坏的，如打球、下棋的规则可以破坏、改变一样。规范只有当合乎规律的要求时，才真正出于科学的理想。如果道德理想是有科学根据的、符合现实规律要求的，而人们对于这个理想具体化的种种规范又能勉力而行，努力去实践，那么，习之既久，"习成而性与成"①，习惯成自然，就成为人的德性。通过这样的途径就能培养人的道德。

人并没有天生完善的德性，而是通过实践与教育、集体的帮助和个人的主观努力相结合，在使本质力量对象化的过程中，逐步使合理的道德理想变成为现实的伦理关系，化为真实的德性。

又次，我们再讲艺术理想。

在艺术领域中，精神是审美活动的主体。人们把人的本质力量对象化，在人化的自然中直观自身，这就是审美活动。艺术作品本身是人化的自然，都是在自然原料上加工制作，体现艺术理想。艺术理想也是人格的主观体现。我们说诗如其人、文如其人，就是说，诗、文是作者性格的表现，文章的风格代表了作者的人格。艺术主要是以人和人的生活作为对象的。在艺术作品中，人和人的生活的本质反映在典型形象之中。艺术理想的具体化就是意境或典型性格。在一定的意境之中，在艺术所描绘的人的典型形象之中，人的本质力量对象化了。这样的艺术形象是生动的、渗透了人的感情的，体现了人的理想。艺术意境不是一个抽象概念，而是在情景交融中体现出人的本质。一个艺术意境总要

---

① 王夫之：《尚书引义·太甲二》，《船山全书》第 2 册，第 299 页。

有情和景,还要有理,这个理不是一个抽象概念而是一个理想。这个理想体现在形象上面,渗透着人的感情,这样才构成一个艺术意境。

艺术创作是一种精神生产,它从现实生活中提取理想,又使理想在作品中化为现实。艺术创作的过程,就是这样一个化材料为内容和给内容以形式的过程。就物质生产和科学研究来说,人们从实践中获得经验,并把经验提高到科学理论,又把理论通过技术应用于生产,这一过程是可以分为若干阶段,可以由不同的人来进行的。当然,现在的趋势是越来越把这些阶段结合起来进行,但工匠和学者、理论家和技术人员总还是可以分开的。而在艺术领域中,就必须把生活与理想、构思与创作统一于一身,必须由一个人来进行。作家要从事创作,不能让别人去体验生活,也不能让人代替他构思。这是艺术的形象思维不同于逻辑思维的地方。艺术家不能离开形象,他正是运用形象来思维的,这种形象思维亦即我们通常所说的艺术想象。艺术的才能就在于善于从现实生活中提取感性素材,并在这些感性素材中选择足以揭示人的本质的形象,构成艺术理想,用适当的艺术形式把它表达出来。在艺术形象中,人的本质力量对象化了,使人们可以从中直观自身,所以我们说作品是美的。而美的作品转过来又可以培养人的欣赏能力、艺术趣味。艺术对于培养人的自觉的性格有重要的作用,在教育工作中美育绝不能忽视。

艺术理想还有一个重要特点,就在于一个理想可以有许多感性形象来表现它。葛洲坝的设计蓝图,选定一个之后,基本上可以按它来施工,即使施工中再作若干修改,但最后总是一个经过修改的理想蓝图得到了实现。一种科学理论，如果它确实把握了一定条件下的具体真理，达到主观与客观、知和行的具体的历史的统一，那么它必定是独一无二的，不会有其他可能的形态。科学的必然规律、道德的当然准则，固然都要灵活运用，以条件、地方、时间为转移，但是在同类条件下，总是同一规律、同一准则，这是可以用语言、概念作精确的表达，并可以类推到可能经验的同类情况的。然而艺术却贵在创造，切忌雷同。杜甫、高适、岑参、储光羲等同登慈恩寺塔，各人写的诗篇各有特色。《红楼梦》写十二金钗，虽然写同一阶层的女性，但迎春、探春、惜春各有其独特个性。艺术理想也反映生活的本质，但一定要通过独特的形象表现出来。

最后，哲学同科学一样也是以理论思维的方法来掌握世界的，它不同于道德、艺术。作为世界观和人生观，哲学尤其要给人以理想，要给人构想出人类的理想境界和理想人格，而决不能是干巴巴、冷冰冰的。一个概念结构如果是干巴巴的、冷冰冰的、没有取得理想形态的，这样的概念结构是灰色的、无力的、不能感动人的。在历史上曾经发生过持久影响的哲学都是有理想的，都对塑造人的性格起过重要作用。中国先秦诸子主要学派的哲学都勾画了自己的理想社会、理想人格。虽然它们的构想不是科学的，但我们今天从历史唯物论的观点来分析，也可以看到它们反映了一定社会集团在一定历史条件下的要求，有其历史的理由。儒家和道家的哲学在历史上曾发生了很深远的影响，这除了社会历史原因之外，还在于他们的哲学包含着人类认识发展的某个环节，并且还和道德理想、艺术理想有机地结合在一起。如孟子提出"王道"、"仁政"的理想,其中还包括"井田制"那一套构想(当然是虚构的),也提出理想人格——"富贵不能淫,威武不能屈,贫贱不能移"(《孟子·滕文公下》)。庄子提出的理想境界,就是"至德之世",没有君子、小人的分别,实际上是原始社会的理想化,也是虚构。庄子也提出了他的理想人格,那就是《逍遥游》中所描述的绝对逍遥的至人达到"天地与我并生,而万物与我为一"(《庄子·齐物论》)的境界。孟子、庄子所提出的,从总体上来说是空想,是虚构的,但有其历史的理由,它代表当时历史条件下一定社会集团的要求。孟子、庄子所提出的理想后来发生了很大的影响,我们可以从文天祥身上看到孟子所讲的具有"浩然之气"那样的人格;从阮籍、嵇康身上可以看到庄子《逍遥游》的影响。所以,我们不能因为他们提出的是空想,是虚构的,这就认为它没有意思。相反,孟子、庄子的哲学,在一定条件下对培养某种真实的性格起了积极的作用。我们说杜甫是诗圣,李白是诗仙,在李白和杜甫的著作里面,道家、儒家的理想体现在许多艺术意境中,诗人的人格确实在一定程度上是儒家、道家理想的实现。

为什么唯心主义的哲学甚至宗教所提出的理想在培养人的性格中间能够起作用、有影响呢? 这是一个值得深入研究的问题。道德理想与艺术理想都可以说是哲学的理想境界与理想人格的表现,而道德实践和修养以及美育的教育、艺术趣味的培养,对于培养自觉的人格来说都有着重要的意义。孔孟、庄子的哲学有特别值得我们注意之点。孔孟把认识论和伦理学看成是同一的。他们夸大自我意识的作用,认为人通过道德实践和修养,唤醒天赋的道德观念,尽心知性,就可认识到"万物皆备于我"(《孟子·尽心上》)，而"我"达到自觉就与天合一了。这当然是唯心主义，但是在道德实践中，孔孟强调人的意志力和主观能动性，要求人自觉，却有合理之处。孔子提出仁知统一学说，强调了道德与理性认识的联系。孟子讲"舜明于庶物，察于人伦。由仁义行，非行仁义也"(《孟子·离娄下》)。就是说，认识了规律以及人与人之间的伦理关系，把握了应有的道德规范，就能自觉地遵循仁义而行，而不是自发地行仁义了。在此，关键在于"明察"，即要有明确的认识。孔孟的哲学虽然从总体上说是唯心主义的，但我们要看到他们把哲学和道德、认识论和伦理学统一起来，而且有见于意志力量在化理想为现实中的作用，要求仁知统一，人为了从自发到自觉必须"明察"，即要有正确的认识，这些都是合理的因素。

庄子认为逻辑思维无法把握天道，认为天道要靠直觉来把握，逻辑语言无法表达，但用诗的语言、艺术的手法是可以暗示的。庄子还提出要取消自我意识，泯除物我的界限、天人的界限、主观与客观的界限，达到"天地与我并生，而万物与我为一"(《庄子·齐物论》)的境界。当然，这是唯心论的、神秘主义的，但庄子讲可以用诗的语言、艺术的语言来暗示天道，也有一定的道理。如"庖丁解牛"的寓言，哲学思想(人的自由在于主观精神与客观规律相一致)贯注于生动的形象之中，成了艺术理想，表现为诗的意境了。庄子把道比做音乐，以为宇宙就像"大块噫气"的一首交响乐，对道的认识，就像对音乐的欣赏。在艺术的欣赏活动中，我沉浸于对象之中来直观自身，确实把我和物、主观和客观、感性和理性合一了。这正是审美活动、形象思维的特点，但庄子过于夸大了这点，主张回到浑沌状态中去，而这就完全抹杀了理性的作用，导致了唯心论。但在庄子那里,哲学和诗统一了,庄子是哲学家又是文学家。在某种意义上说,理想的实现是人与自然合一,达到物我一体、主客合一的境界。庄子对此也是有所见的。

上面讲的是孔孟、庄子这样的哲学所以能在培养人格中起着深远影响的道理。他们提出的理想,客观上是有它的历史条件(原因)的,这可以从社会发展来说明。而从人类认识史来说,他们都有所见,构成了必经的环节,这可以从哲学发展来说明。我这里着重指出的是:在孔孟那里认识论和伦理学相结合,在庄子那里哲学和诗统一,因此他们的哲学都给人指明人类理想实现的某种途径,给人以启发。这正说明是哲学理论的积极作用。

那么在一定历史条件下起了作用的理想,是不是能原封不动地实现呢?理想能否实现或能实现到什么程度,归根到底取决于现实。先秦诸子提出了形形色色的社会理想,最后达到了如荀子在《王制》、《王霸》、《富国》等篇所描绘的理想社会,可说是一个"王霸杂用、儒道合流"的蓝图。这个蓝图确实也比较符合当时的历史发展趋势和要求,比之孟子的"王道"、庄子的"至德之世"来,是更为合理的。但是不是就能按哲学家的这个蓝图实现呢?事实上不是像荀子所想象的那么美妙,事实上实现的是封建专制主义。统治者施行德教与刑法两手并用的策略,当然可说儒家、法家的理想得到部分实现,但并非全部实现。在专制主义的统治下,人性不可能得到自由发展,而且发展到后来是"其上申韩,其下佛老",即统治者讲申韩的权术,而被统治者讲佛老而厌世。而所谓"儒术独尊",就是儒术为帝王、官僚所利用,这种儒术不能培养真实的人格,只能培养伪君子。这说明,在一定条件下是比较合理的理想，也不一定能完全实现，而且发展到后来，可以变成不合理。归根到底，还是现实最有力。

在西方，文艺复兴以后，资产阶级哲学家提出的理想，其中也有合理的因素，有些学派也起了积极的作用。如法国启蒙学者孟德斯鸠、卢梭、伏尔泰这些人提出的理想，在当时确实是比较符合历史发展的要求的，是比较合理的。但这种理想的实现情况如何呢？恩格斯讲得很清楚，它所实现的实际上是一个资产阶级王国、一个资产阶级专政的国家。①"自由、平等、博爱"口号实现的是什么呢？马克思在《资本论》中已经讲得很清楚，资产阶级发展到后来，就没有什么真正的理想，只能培养利己主义。这也说明，哲学提出的理想在一定条件下可能是合理的，但它的实现却受到历史条件的限制。

马克思主义提出了真正科学的理想——共产主义理想，即共产主义的理想境界和共产主义的理想人格。有了马克思主义，社会主义就由空想变为科学。共产主义理想是科学的世界观的产物，是根据客观事实和科学理论（唯物史观与政治经济学）提出来的，是经过严密的逻辑论证而得出的科学结论，是客观的社会规律提供的可能性，同时也是无产阶级和进步人类的要求，是人性解放的要求。共产主义的理想是马克思主义哲学的组成部分，它也贯穿于共产主义的道德理想和审美理想之中，这对于培养自觉的人格已经起了巨大的作用。一百多年来，多少革命的志士仁人为共产主义理想而奋斗，贡献了自己毕生的精力，甚至牺牲了自

---

① 参见恩格斯：《反杜林论》，《马克思恩格斯选集》第 3 卷，第 356 页。

己的生命。这说明马克思主义的世界观所提供的理想具有极大的力量,具有现实性。一百多年来培养了这么多自觉的共产主义者,这说明马克思主义哲学具有无比的威力,无疑将继续发挥它的威力。

当然,马克思主义理想也不是凝固不变的。它也经历了曲折的发展过程,有前进,也有后退。理想是现实的发展趋势的反映和人的本质力量的体现,所以它归根到底是受现实的人和环境的制约的。我们国家在"左"倾思想指导下,曾提出了工农商学兵一体,要消灭资产阶级法权,消灭货币商品、按劳分配等等理想。为什么会产生这样的"理想"? 当然也可从历史条件来解释,但从总体上来说,它是违背历史发展规律的,是不合理的。这种空想只能起破坏作用,使社会倒退,在群众中滋长了怀疑情绪和虚无主义。所以,理想如果脱离现实而变成空想,那就会造成破坏,但不能因此不要共产主义理想了。我们今天还是科学战胜了空想,科学共产主义的理想无疑会继续发挥它的威力,推动历史前进。

第五节　辩证思维由自发到自觉

现在着重谈一下辩证思维由自发到自觉的问题。

恩格斯在《反杜林论》中指出:"人们远在知道什么是辩证法以前,就已经辩证地思考了,正像人们远在散文这一名词出现以前,就已经用散文讲话一样。"[1]这就是说,人们早就自发地进行辩

---

[1]　恩格斯:《反杜林论》,《马克思恩格斯选集》第 3 卷,第 485 页。

证思维了，后来辩证思维的形式和规律才被人们所逐渐认识，因而才有辩证逻辑科学。也就是说，辩证思维的规律和形式早已在人们的头脑里自发地起着作用，辩证思维有一个从自发到自觉的过程。这个过程是与人类化自在之物为为我之物的过程以及人的精神由自在到自为的过程相一致的。

思维和存在的关系客观上是三项：自然界、人的主观精神以及自然反映在人们头脑里形成的概念、范畴。这三项都有其发展过程：就自然界来说，是由自在之物变为为我之物的过程；就人的精神来说，则是由自在到自为的过程；就人头脑中的概念与范畴来说，则是辩证思维由自发到自觉的过程，三者相互作用而形成一个统一的自在到自为的过程。现在，我们要着重说明：就辩证思维来说，由自发到自觉的过程是怎样进行的？

列宁在《哲学笔记》中，曾根据黑格尔的分析，指明人们对矛盾的认识过程可以分为三个阶段：第一是普通的表象，第二是辩者的机智，第三是思维的理性。[①] 可以认为，这三个阶段就是辩证思维由自发到自觉过程中的三个阶段。下面我们具体说明一下。

辩证法是普通逻辑思维所固有的。一个简单的命题已经包含有同一和差异、肯定与否定等矛盾的要素，或矛盾要素的萌芽。也就是说，一个简单的命题已潜在地包含着辩证法的一切要素。说"潜在地包含"，就是说是自在的。潜在的不等于意识到的，自在不等于自为。矛盾的要素总是一个侧面、一个侧面地被揭露出

---

① 参见列宁：《哲学笔记》，《列宁全集》第 55 卷，第 119 页。

来。起初人并不意识到对立面之间存在着联系、转化。所以，普通的表象——一般人的看法、常识的见解，固然处处以矛盾为内容，可是并未意识到矛盾，并且也不能把握转化，而转化却是最重要的。常识的见解已把握了上和下、左和右、前和后、父和子等等无数的对立，也会说：没有前，无所谓后；没有子，无所谓父；等等。并且许多词（如东西、春秋、是非、善恶等）就是由对立组成的。但对普通表象来说，对立面的内在联系和转化，是没有被把握的。因此，往往以为上就是上，下就是下，前就是前，后就是后，矛盾的各个方面被看成是存在于不同时间、不同地点的不同侧面或个体。这样，对立双方当然就没有转化，实际上也就没有意识到矛盾。但这时的思维是合乎形式逻辑的，思维和对象之间要求形式上有一一对应的关系，要遵守同一律。这是必要的，也是合理的。但由于当时思维不自觉，虽以矛盾为内容而并未意识到矛盾，所以就容易导致把同一律绝对化，把它看成是世界观的基本原则，这样就导致形而上学。从形而上学的观点来看，矛盾双方只是空间上的并存、时间上的循序状态，对立双方互不联系、互不接触地出现在人的意识面前。其结果是实际上取消了矛盾，把世界看成是一个没有矛盾的静止的世界。

关于这种形而上学，我们可以用董仲舒《春秋繁露》里所讲的作为例子。这部书里讲了许多对立：阴阳、男女、父子等都是一对一对的。但是，讲对立并不等于就是辩证法，因为董仲舒是把对立的双方放在不同的时间和空间中来考察的。虽然他也知道"阴与阳，相反之物也"，即是相互对立的，但在他看来，这个阴和阳"或出或入、或右或左"，阴出则阳入，阳左则阴右，二者处于不同时空而互不转化，结论是"一而不二者，天之行也"①。而且他认为天道亲阳而疏阴，所以阳总是居于主要的方面、统治的方面，阴总是处于被统治的方面。这样，他就为"三纲"、"五常"作了论证，把"君为臣纲、父为子纲、夫为妻纲"说成是永恒的秩序，这是典型的形而上学。②

所以，普通表象虽然潜在地包含有辩证法的要素，但没有把握转化，实际上没有把握矛盾。由于盲目、无知、缺乏自觉性，也由于矛盾要素总是一个侧面、一个侧面地被揭露的，人不可能一下子把握事物的全面，因此就容易导致形而上学。普通表象都遵循形式逻辑，但由于其盲目无知而把同一律绝对化，将其作为世界观的基本原则，这样就导致形而上学。在形而上学指导下，形式逻辑也可以成为反对辩证法的工具。

其次是辩者的机智。在中国的先秦和古希腊，都出现了一些辩者。这些人都很机智，例如芝诺提出"飞矢不动"，指出运动中包含静止，揭露了运动与静止的矛盾。公孙龙提出了"白马非马"的命题，它指出一般命题中包含着个别与一般的差异。不过，这些辩者都不知道矛盾就是事物及反映事物的概念的本质。所以，虽然说辩证法开始于辩者，但实际上在辩者那里辩证法是偶然的，还只是如黑格尔所说"属于主体的考察方式"，即从主体来说，可以这样看，也可以那样看。这种"辩证法"并不是客观地把握事物的矛盾运动，把矛盾看成事物的本质。因此，虽然辩者的机智

① 董仲舒：《天道无二》，钟肇鹏主编：《春秋繁露校释》，河北人民出版社 2005 年版，第 776 页。
② 作者后来准备对本书稿作修改时，在此处用铅笔写了两个题目："思想解放，理性直觉"、"庄子的辩证法"。——初版编者

是认识发展的必要环节,它提出了问题,揭露出矛盾,特别是批判了形而上学独断论,因而有其积极作用,但辩者本身也没有超出形而上学的束缚。如芝诺提出"飞矢不动",揭露了运动所包含的矛盾,这是他的贡献,但其目的却是用来论证运动是虚假的,世界是不动的,这是埃里亚学派的形而上学。在他那里,实际上是用静止的观点来描绘运动,也就是把运动描绘成不过是许多静止片断的联结而已。

再如,惠施、庄子、郭象等人则是另一种情况。他们强调运动变化,揭露出静止中包含着运动,"物方生方死,日方中方睨"(《庄子·天下》)。一切事物互相转化,永恒流转。但他们却因此而否定事物有相对稳定状态和本质的规定性。郭象指出:"今交一臂而失之,皆在冥中去矣。故向者之我,非复今我也。我与今俱往,岂常守故哉!"①认为两个人手臂碰一碰就变了,我不是原来的我,你不是原来的你了。"你"、"我"都是没有什么稳定状态,是刹那生灭。这样,即生即灭,没有任何常住的东西,运动变化被归结为虚无——冥。所以,归根到底,也是用虚静观点来描绘运动。在一般人看来变化的地方,辩者看到了静止;一般人看来是静止的地方,辩者看到了运动,这是辩者的功劳。但他们归根到底都没有超出形而上学的观点,因为他们都没有把矛盾看成是运动的源泉,看作是事物的本质。

第三就是思维的理性。思维的理性把握了事物的本质的矛盾,这才是真正的辩证法。而辩证法本身仍还要经历从自发到自

---

① 郭象:《庄子·大宗师》注,郭庆藩著,王孝鱼点校:《庄子集释》上册,中华书局 2004 年版,第 244 页。

觉的运动。古代的辩证法是朴素的、自发的，不是建立在严密的、科学的基础上的。当时还没有进到对自然界进行解剖和分析，所以哲学家总是从总体上来考察自然界，自发地进行辩证思维。显然，这种辩证思维还只是一种对世界的直观。当然，自发和自觉也是相对的。相对于唯物辩证法来说，古代的辩证法是自发的，但是既然当时的哲学家和科学家已经揭示出辩证逻辑的某些原理、方法，当然也就有一定程度上的自觉。恩格斯曾说：亚里士多德这位古代希腊哲学家中最博学的人物"已经研究了辩证思维的最主要的形式"①，既然是对辩证思维的形式作了研究，那当然说明他有了一定程度的自觉。列宁也说过："亚里士多德的逻辑学是探索、寻求，是向黑格尔逻辑学接近。"②所以，古希腊的辩证法总起来说是自发的，但不能因此而认定它没有一点自觉。

在中国，古代朴素辩证法从先秦的荀子、《易传》，到王夫之、黄宗羲等，有一个很长时期的发展。并且中国古代的辩证法和医学、天文、历法、农学、军事学等等有着密切的联系，这是它的优点。不过，中国古代的科学并没有发展到近代实验科学的水平，所以当时的辩证法是缺乏实验科学基础的，因而有很大的局限性。

辩证法的第二种形态，即从康德到黑格尔的德国古典哲学。这已经是在有了近代的实验科学并经历了 17、18 世纪机械唯物论的发展以后的唯心辩证法。法国唯物论者和洛克等人认为世界是可以认识的，思维和存在是能够达到一致的。知识和理论思维

---

① 恩格斯：《反杜林论》，《马克思恩格斯选集》第 3 卷，第 358 页。
② 列宁：《哲学笔记》，《列宁全集》第 55 卷，第 313 页。

的内容都来源于感觉经验，在感觉中没有的东西，在理性中也不存在。但他们都只强调了感觉经验在形成科学知识中的作用的一面，而忽视了对理论思维的形式的研究，所以这种唯物主义是片面的。经过休谟的怀疑、康德的批判，德国古典哲学从形式方面对思维和存在的关系进行了研究。康德揭露出理性的矛盾，认为人的理性要把握自在之物，就不可避免地会陷入"二律背反"。而黑格尔则进一步认为"二律背反"或矛盾就是理性的本质，辩证法就是要研究概念自身的内在矛盾，以及由此而引起的概念的转化、运动和发展。康德认为现象（或外观）同自在之物不是一回事，他认为自在之物不可认识，认识的不过是现象；但他肯定现象世界有客观性，人为自然立法，给自然界以规律，给自然界以范畴，即把自然界安排在范畴模式之中，这些逻辑范畴是有客观性的。只不过在康德那里，逻辑范畴对于自在之物来说只是一种外在的形式，不是自在之物所固有的。而黑格尔把康德的自在之物推倒了，他认为形式是内容的形式，概念就是事物的本质，也即事物运动的内在规律。当然这是头足倒置的，是以他的概念异化（外化）就是事物的本质这一根本观点为出发点的。黑格尔以后，经过费尔巴哈到马克思、恩格斯，他们从德国的唯心主义中拯救了自觉的辩证法，把它转化为唯物主义的自然观和历史观。马、恩对黑格尔的逻辑学作了根本改造，吸取出黑格尔哲学的合理内核，使它摆脱唯心主义的外壳。这样，辩证法就被放到唯物论的基础上，成为真正的科学的世界观和方法论。

　　唯物辩证法作为逻辑学，和黑格尔的逻辑学有着重大的原则的不同。不能像黑格尔那样从概念出发来推出事物，而必须从客观事物出发来形成有关事物的概念。这就是说首先是客观的辩证法，而逻辑是事物辩证法的反映，是思维用来把握事物的形式。辩证思维要求经常把现实事物作为前提浮现在人的眼前。同时，我们也不能像黑格尔那样，把我们已经达到的自觉的辩证法看作是绝对真理，似乎已经是包罗无遗了。必须看到，自觉性也是一个历史的范畴，每一个时代的理论思维都是历史的产物，逻辑学是一门历史的科学，它要随着历史的发展而不断发展，唯物辩证法的自觉性还要不断提高。大体说来，辩证思维从自发到自觉的过程就是这个样子，已经过了三个阶段：古代辩证法是朴素的、自发的，但有一定程度的自觉；后来经过一个曲折的过程，经过唯心主义的阶段；然后是自觉的马克思主义的辩证法。当然，马克思主义辩证法还会有曲折，还要进一步提高自觉性，克服自发性。

这个概念的辩证法即辩证思维由自发到自觉的运动，也就是逻辑思维的主体由自在到自为的发展，同时也是现实世界由自在之物化为为我之物的过程，这三者是互相联系、统一的。为我之物就是人化的自然。人的本质力量通过理想的实现而对象化，主体也就意识到自己的力量。这就使"我"从自在到自为，越来越明确地意识到"我"，越来越明确地意识到思维的辩证法。

辩证思维之所以能从自发到自觉，要从客体和主体、自然和人的交互作用中来加以说明。一方面通过实践和认识的反复，自在之物化为为我之物，随着物质生产和精神生产的不断发展，人化的自然的领域不断地扩大，而科学就用理论思维的方式来进行概括总结。另一方面，人的本质力量通过理想的实现而对象化，投射到对象上面。在实现理想的活动中培养理想的人格，包括依靠实践和教育,依靠集体力量和个人的努力,包括知、情、意各方面的培养,主体就越来越自觉。正是通过一方面概括科学的成就,另一方面由于通过实现理想的"我"而自觉性提高了,因此辩证思维就由自发发展到自觉。

概括地说,即一方面,从对象来说,是人化的自然的扩大,从自在之物转化为为我之物;另方面,从主体来说,通过理想的实现,人的本质力量对象化,主体就不断由自在到自为。就思维和存在关系的三项说:1.自然界作为对象,由自在之物化为为我之物,人化的自然不断扩大;2.主观精神作为主体,通过人的本质的力量对象化而从自在到自为;3.辩证思维作为客观辩证法在精神、头脑中的反映,从自发到自觉。一方面通过概括科学的成就,另一方面通过实现理想的活动,辩证思维就由自发发展到自觉。从自在到自为,要经过异化与克服异化的环节。辩证思维从自发发展到自觉,要进行观点的分析批判,因为在认识过程中,这样那样的异化是不可避免的,精神总要通过异化和克服异化而使矛盾得到解决。认识过程的某些因素、环节如果被夸大,就会导致唯心主义,而被统治阶级用作工具,并和宗教迷信结合起来,这就是异化,就是在劳动异化基础上认识过程中的异化。这种异化,只有通过不同观点的斗争,通过唯物主义对唯心主义的斗争,并且要用现实的矛盾运动来说明,通过革命实践来加以解决,这样才能克服异化,才能使精神达到自觉。所以,辩证思维由自发到自觉的历史发展,要经过辩者的机智的阶段揭露矛盾,然后才能通过观点的斗争达到思维的理性,并由此而逐步提高自觉性。

第六章
形式逻辑与辩证逻辑

第一节　逻辑思维的内容与形式

我们在实践经验的基础上进行逻辑思维,逻辑思维的成果是知识。对知识的既成形态进行分析,可以归结为判断的组合。判断是知识的细胞,对判断的内容和形式进行分析,也就是对逻辑思维的内容与形式进行分析。反之也一样。

形式和内容是相对而言的。就判断是现实的反映而言,判断的内容是事实或道理,而判断就是现实的反映形式;就判断需要用语言文字表达来说,判断的内容是命题或意思,判断的表达形式是句子,通常是陈述句。

我们作判断是一种有意识的活动,是有自我意识的主体的一种活动,每一判断都以"我思"、"我断定"为前提。我作某一判断就是我用一句话表示某一个命题是真的或假的;说一个命题是真的,就是说这个命题合乎事实或道理。我们用一句话陈述了合乎事实或道理的命题,从而对事实或道理有所裁断,这就是作判断,就表示我有知识。

逻辑学的主题是研究思维形式。从上可见，思维形式有两方面的物质前提：一是客观现实世界作为反映对象，另一是语言作为表达思想的物质外壳。如同马克思说的"语言是思想的直接现实"，"无论思想和语言都不能独自组成特殊的王国"。① 因此，判断这种思维形式相对于现实内容来说是形式，相对于语言形式来说是内容（命题、意思）。内容和形式是相对而言的。内容决定形式，形式又有其相对独立性，并反作用于内容，这是形式、内容一般的辩证关系。

从思维形式方面来考察，判断是由概念构成的，判断之间又有一定的逻辑联系，其中某些联系可以构成推理。《墨经》说："以名举实，以辞抒意，以说出故。"（《小取》）荀子说："名也者，所以期累实也；辞也者，兼异实之名以论一意也；辩说也者，不异实名以喻动静之道也。"（《荀子·正名》）都说明人们以概念（名称）来摹写实物，以判断（句子）来表达思想，以推理（论证、驳斥即辩说）来说出理由。古代逻辑学家把思维形式区分为名、辞、说，表明他们一方面看到了思维和语言的联系，懂得概念用名、判断用辞、推理用辩说来表达；另一方面也表明他们看到了思维是现实的反映：概念是摹拟现实的，是用以表示一类事物的；而判断所表明的意思反映不同事物之间的联系；推理则说明事物所以然之故或动静之道。这种分析当然不细密，但从思维与现实的关系、思维与语言的关系来考察逻辑思维形式，基本上是正确的。

我们决不能把思维、语言、现实三者之间关系简单化。研究

---

① 马克思和恩格斯：《德意志意识形态》，《马克思恩格斯全集》第 3 卷，人民出版社 1960 年版，第 525 页。

思维形式的逻辑学不是语言学，也不是研究现实的自然科学和社会科学。就思维形式与语言的关系来说，思维的形式，概念、判断、推理，通常用语言来表达，但也可以用符号来表达，而且符号还更精确。思想没有物质外壳不能表现，语言和文字是最主要的外壳，但并不是唯一的。同时，语言文字不只是表达思想，人们还用以表达感情、意愿等等。而且，语言本质上是民族的，将来或许有一种世界语言，但现今通行的还是民族语言。在一个民族范围内，语言是历史地形成的，语言和民族的形成发展不可分，而且任何民族语言的形成都总有它的约定俗成的成分。荀子在《正名》篇中说："名无固宜，约之以命，约定俗成谓之宜。"而科学的理论思维本质上是全人类的，不能以国界、民族来划分，逻辑学也不例外。亚里士多德的逻辑、《墨经》、因明虽各有特色，但本质上有相通之处。作为逻辑思维形式的概念、判断、推理并非哪一个民族约定俗成的。如"鸟"，由于各国语言不同，在汉语、英语里，其语词形式是约定俗成的；但生物学上"鸟"的概念则不能是约定俗成的，而是对鸟这类对象的本质属性的认识和反映，是生物学发展到一定水平而概括形成的，因此对各民族都是一样的。这些都说明不能把逻辑归结为语法。

就思维形式和现实内容的关系来说，概念、判断、推理都是现实的反映。判断的内容，或者是对经验事实的直接把握，或者是对本质、规律的间接反映，但也要看到判断和事实、道理之间的不一致。例如，说"表在抽屉里"、"表不在桌子上"。就事实说，两个判断只说明一件事实，但判断却是两个，这说明判断和事实不是一对一的。为了说明一个道理，往往既需要正面的论证，又需要反面的驳斥,两方面都是需要的,但正面阐述与反面批判,说明的只是一个道理。所以,不论是特殊的事实还是普遍的道理,用判断来表示时,既有一致,也有不一致。

从主体来说,判断是思维主体的活动,而主体是各种各样的,主体所把握的知识有很大不同。黑格尔曾说过,小孩子和老年人同样说一句话,但意义却有很大的不同。[①] 同样一个判断,说出了真的命题,但小孩子和老年人可以给予不同的信息。就经验事实说,有丰富、贫乏之分;就理论水平说,有高低的不同。所以,不同主体说出同样一个真命题包含有不同信息,也即是有着不同的意义联系。

第二节　事实和理论

判断的内容或是事实,或是理论,或是事实和理论的统一。这一节就分这三点来说。

一、事实

事实用特殊命题表示,理论用普遍命题表示。就事实而言,有当前的和过去的。对当前呈现于我们感官之前的现象,我们对它作判断,如说"这是白的",就是用一个命题来表示一个特殊事实,其实也就是用"白"来摹写"这个"。呈现于人们感官之前的现象为概念所接受,由主体作出了判断,这才是知觉到了一个事实。

---

① 参见黑格尔:《逻辑学》上卷,第41页。——增订版编者

如果视而不见、听而不闻、嗅而不觉，那就表明，有呈现于感官之前的现象，但未为概念所接受，并未被主体所察觉到，这就不能说是有了知觉，就不能说有事实经验。而当主体觉察到了，那就是总是用概念来摹写了呈现，并作出判断。直接经验所获得的感性知识都是由这样的事实判断所构成的。事实是特殊的，有特定的时间、空间，在特定的时间、空间关系之中。当前的"这个"，就不同于处于另一时空关系之中的"那个"。"这个"和"那个"都是特定时空关系中的具体事物。在任何一个特殊时空中的事物，都可以用若干概念去摹写，从而可以作出若干不同的判断，如"这是粉笔"、"这是白的"、"这是圆柱形的"，而每一个判断都表示事物。一个具体事物就是许多事实的统一体。这是讲当前的直接经验。

但大量的是历史事实、间接经验。孔子早就死了，现在谁也没见过，但关于孔子的事实，《史记·孔子世家》中作了详细的记载，如出生在鲁国、身长九尺六寸等等。如果记载可靠，就有了许多关于孔子的事实判断。正如《墨经》所说，这些都是"已然则尝然，不可无也"（《经说下》）。"已然"是过去了的，但是"尝然"，即是曾经有过的，而曾有过的不可说无，但它对当前来说确实是无。历史事实在我们的知识宝库中也是由概念摹写，由特殊判断表述的，这是间接经验。对个人来说，同时代其他人的经验也是间接的，如报上的新闻、得自传闻的事实等，都是用概念摹写了的事实，用特殊命题表示的。而每一概念都是一个概念结构，概念与判断、判断与判断之间有着逻辑的联系、推论的关系。一般地说，直接经验的事实大半无须论证就可断定它是实在的，即这个事实命题是真的。只有在发生问题时才要逻辑论证和驳斥。如远看一所房子，甲说是民房，乙说是医院，丙说是庙宇……后听见从那里传来钟声，丙便据此以论证那一定是庙宇，驳斥了甲、乙。这就是用逻辑推理来肯定或否定关于事实的判断。而关于间接经验中的事实，人们通常只能相信别人的记录、文献的记载，但记载往往有很多不可靠的值得怀疑的地方。要解决这些疑难，就要对事实进行比较、分析，需要借助于逻辑的推理。所以，事实中间有相当一部分是需要我们对它进行逻辑论证的。

事实或是现在的，或是过去的。未来的，就是尚未成为事实的，属于可能经验的领域。对它们可以根据逻辑和科学去进行推测，作出可能性的判断，但这还不是经验的事实。可能经验的领域比实际经验的领域要大得多。自在之物的领域是可能经验的领域，化自在之物为为我之物就是把可能经验的领域变为实际经验的领域。不仅未来的可能经验源源不绝地化为经验的事实，而且随着科学的发展，过去的可能经验，也在转化为当前经验的事实。如天文、地质领域中，许多已经过去了的现象，目前已经为人们所发现，从而为人们的知识宝库增加了内容，这也是使可能经验化为实际经验。如云南发现了腊玛古猿化石，考古学家由直接经验的几块化石，经过逻辑推理而推知几百万年前的腊玛古猿在云南存在的事实。这是通过科学研究和逻辑推理而发现的事实。

我们承认感觉的内容与对象有直接的同一性。例如，红色是波长为 0.76 微米左右的光波呈现于感官之前的现象，也就是自在之物在一定关系中的表现。我们从形形色色的现象中概括出概念，并用概念摹写和规范对象，从而作出判断。经过判断，感性呈现就成为经验事实。感性呈现、经验事实和自在之物，没有原则区别。不过，呈现是呈现于感官之前的自在之物；事实是知识经验中的自在之物，是被判断了的客观事物；自在之物是独立于人们意识而存在的，它不因被人们感知和判断而改变其性质。这是唯物主义的观点。当然，被人认识了的事实界又是为我之物，不是在黑暗中的自在之物。作为知识经验的内容和对象，它是为概念所摹写和规范、为判断所表述了的，它有科学所揭示的秩序，是合乎逻辑的。

二、理论

理论是普遍命题的内容，反映客观事物的普遍联系，这种反映是间接的。感觉内容与对象有直接同一性，但理论内容与对象之间的关系是间接的。理论反映客观事物的本质联系是以经验事实作媒介的，因此是间接的。理论用普遍命题来表示，而普遍命题是概念之间的联系，有着不同的知识内容（规律、规范、观点等）。

理论首先是规律性的知识。一些简单的普遍命题，如"凡人皆有死"、"鲸属哺乳类"，反映了对象的种属包含关系；"$2+2=4$"、"三角形三内角之和等于$180°$"，揭示了客观的数量关系。复杂一点的，如牛顿定律、相对论原理，也都表现着客观对象规律性的联系，都用普遍命题来表示。这些规律性的知识如经过实践检验被确认为是事物内在本质的联系的反映，那就是普遍必然的科学真理——定理、定律；如尚未得到验证，那就称之为假设。根据科学理论与事实，我们可以推测可能经验领域，提出假设。关于事实的判断是实然的，关于科学真理的判断是必然的，关于假设的判断是或然的。这是判断模态上的差别。

其次，道德规范、法律条文、工厂的操作规程、打球规则等也都用普遍命题表示。这是具有规范意义的普遍命题，它不同于科学理论，因为它不是必然之理而是当然之则。规范如果是正当的，自然要以必然之理作根据，并和人的目的要求相结合，用以规定人的行动应当遵循的准则。我们说概念作为规律性知识的反映都有规范现实的作用，这是广义的说法；通常讲的社会规范（包括法律、道德规范等），是狭义用法。当我们运用规律性知识来规范现实、指导行动的时候，就要运用手段组织力量。而这就涉及人与人、人与物的关系，所以要制订行动的规则（即当然之则）以规范人的行动，正确处理人与人之间的关系，以便实现人的目的。社会规范是人制订的，是应当遵守的，但人可以违反它、修改它，这就与规律不一样（规律是不能违背的）。但社会规范总是用普遍命题表示的，所以也是理论性的，而且规范也有逻辑上的模态问题。

第三，理论领域还包括观点、思想体系，它们也用普遍命题来表示，其作用有特殊重要性。各种观点统率着不同的意识领域，如哲学观点统率着理论思维及全部意识领域，美学观点统率着艺术领域，道德观点统率着人的社会行为领域。任何一个理论思维领域、任何一门科学、任何一个人的文化知识，都不能没有作为统率的观点。观点一方面反映人的认识水平，另一方面又具有社会意识性质，反映着人的社会存在。如宗教观点，一方面反映着人的愚昧无知，另方面也反映着劳动者在自然力量和社会力量面前的恐惧和无力，反映着剥削阶级用以巩固自己的统治地位和麻醉人民的需要。再如哲学的唯物主义观点，一方面反映人的科学认识水平，另方面也反映着革命阶级对发展生产和变革社会的要求。科学的理论要求唯物主义来统率，清除唯心观点。以上就是对普遍命题表述的各个领域的简要分析。

　　真正科学的知识反映着事实间的必然的规律性联系、人的活动应当遵循的准则以及概括科学认识和正确地反映社会存在的观点。从理论与事实的关系来看，理论是普遍性的，和事实不一样，不受特殊时空的限制，相互之间有逻辑上的联系、科学上的联系，是四通八达的。因此，每一理论、普遍命题都应当是可以论证的，而且只有经过逻辑论证并以适当的方式经过实践检验即事实的检验，理论或普遍命题才具有真理的意义。

三、事实和理论的统一

　　从总体来说，事实和理论是既有差别而又统一的。知识的总体是事实和理论的统一、直接性和间接性的统一。没有事实根据，理论是空洞僵死的东西；没有理论阐述，事实便成为不可理解的东西。但对经验事实的理解有一个过程，经验到了事实不等于理解了事实的规律性，而理论又可以超越事实，根据理论进行推测，可以提出假设，对可能经验的领域进行推断。理论的真正价值，正在于它不受事实的特殊时空的限制，从暂时中看到永久，从有限中把握无限，从相对中把握绝对。

　　理论和事实的统一是一个矛盾运动的过程、对立统一的过程。认识由具体到抽象，再由抽象上升到具体，这是一般规律。把握了从抽象再上升到具体阶段的具体，就达到事实和理论、主观和客观相统一的具体真理,也就是对实体的把握。我们所说的实体包括个体、作为科学对象的运动形态或发展过程和作为哲学对象的世界统一原理。对事实所依存的这个、那个,即个体,我们往往只用私名来称呼它,从它和人的需要相联系方面来了解其本质属性就满足了。如项羽的马——乌骓是一匹好马;项羽是一个人,称楚霸王……但这样的知识不具体,这只是作了一些特殊判断,并没有具体把握这个个体。但在《项羽本纪》中,不仅有历史事实的记载,而且该文还是一篇传记文学作品,读过它以后就不仅会了解有关项羽的许多事实命题,而且对他这个人物的认识就会比较具体了。文学作品的形象应当是具体的,传记文学(一般地说,叙事作品)要描写典型环境中的典型性格。把握作为实体的个体主要靠艺术的形象思维。真正好的艺术作品给人以典型性格和艺术意境,那一定是理和事的统一,但这个理不是科学理论,而是艺术理想。科学和哲学以理论思维方式掌握世界。就科学来说,对象是各种物质运动的形态和发展过程,如物理学研究各种物理运动形态,地质学研究地壳演变过程,《论持久战》研究抗日战争的矛盾运动等。每一研究领域是具体的,当事实积累到一定丰富程度,理论上作出若干关于本质联系的概括之后,就有可能从抽象上升到具体,比较全面、实际地把握对象,达到主观和客观、事实和理论的具体的历史的统一。这时,被我们所把握的就不是一条条互不联系的规律和一堆堆各自孤立的事实,而是彼此联系着的事实和理论统一的有机整体,即这个研究领域作为实体被比较具体地把握了。至于哲学,其对象是世界统一原理。对辩证唯物主义来说,世界统一原理就是物质实体,物质实体又是辩证发展的,其运动规律就是辩证法。哲学也经历着从具体到抽象,又从抽象到具体的螺旋形发展过程,辩证思维就是要把握世界统一原理的具体真理。这样,具体真理是最一般的规律,同时把握的又是实体。不论是科学、哲学,以理论思维方式把握世界时,主要都运用普遍命题,但理论都是建立在事实的基础上的,并且一定要有事实的验证。科学和哲学的具体真理是事实与理论的统一,而且理论还必须是辩证的,其概念应当是灵活的、生动的、在对立中统一的。

第三节　不能否认辩证逻辑

从逻辑思维的形式与内容的关系而言,有两种逻辑。人们要通过概念、判断、推理等思维形式来把握世界,概念必须与对象相对应,所以思维形式有相对静止状态。在相对静止状态中,撇开具体内容而对思维形式进行考察,这就有了形式逻辑的科学。为了把握现实的变化发展,把握具体真理,概念必须是对立统一的、灵活的、能动的。而密切结合认识的辩证法和现实的辩证法来考察概念的辩证运动,就有了辩证逻辑的科学。这是我们对形式逻辑和辩证逻辑的基本看法。我们不同意否认辩证逻辑和否认形式逻辑(要把形式逻辑辩证化)这两种看法。

只承认形式逻辑不承认辩证逻辑的人都不同意具体真理的学说。他们认为知识只有两种:历史事实知识是由特殊命题构成的,科学理论知识是由普遍命题构成的。按照形式逻辑观点,命题与事理有对应关系,人只能把世界分割开来把握,发现了一条条规律、一个个事实，而不能把握实体，不能把握具体真理。这种逻辑理论不可避免要导致唯心论或不可知论，因为如果科学不是关于实体的认识，那么事实和理论依存什么就成了问题，事实是否是真正的客观实在也成了问题，科学的事实和理论是否是有机的统一体也成了问题，科学理论以及逻辑本身是否具有客观真理性也成了问题。如果只有形式逻辑，只有被分割开来把握的一个个事、一条条理，那么这些都成了问题。逻辑思维能否把握具体真理是辩证逻辑的根本问题，这问题也即是：通过对事和理的把握能否获得实体的认识？如果承认形式逻辑是唯一的逻辑，就要对这问题作出否定的答复。

在只承认形式逻辑的条件下，能否有对实体的认识？出路不外三种：（1）承认有实体，但把实体看作只有通过神秘的直觉或信仰才能获得，即把实体看成不可思议的、不可说的。可说的、可以思议的是遵守形式逻辑的现象界，那是科学的对象。这样便贬低了科学，使哲学成为神学的婢女。如欧洲经院哲学讲形式逻辑，中国的佛教法相宗讲因明，它们都把实体归之于信仰和神秘主义的领域。康德哲学也有这种倾向。（2）把形式逻辑的同一律看作世界观的基本原则，建立形而上学的体系。按此，世界就被描绘为许多孤立、静止的项目集合。公孙龙是个代表，冯友兰先生的《新理学》也是。冯友兰先生在写这本书时，认为形式逻辑是唯一的逻辑。《新理学》是程朱理学和新实在论的混血儿。在它看来，对任何事物进行逻辑分析，都可归结为"理"与"气"两个原理。如当前一个雕像，可以作"这是雕像"、"这是石头"、"这是一堆原子"等许多事实判断，把雕像、石头、原子等形式（理）都抽去，最后剩下无形的料，即气。事物是理与气的结合，而气不可言说，可说的是理。理在事先，理用普遍概念、普遍命题表示，所有的理潜存于形而上的世界之中。逻辑是最一般的理，它为任何理所蕴涵。由于事由理气结合而产生，所以事都遵循形式逻辑，但逻辑是先天的，事之所以要遵循形式逻辑是因理而构成，形式逻辑对事实本身无所肯定。这样，和普遍概念相对应的理，包括形式逻辑在内，都成了永恒不变的、形而上学的实体，这是先验论的观点。（3）在西方，新实在论演变成逻辑实证论，罗素就经历了这一变化。逻辑实证论不再承认潜存的共相，只承认一个经验的世界。经验的事实和特殊命题相对应，普遍命题是经验事实的概括，没有必然性。逻辑实证主义者只承认逻辑的必然性，逻辑命题不过是推理形式，对事实无所断定。逻辑不涉及事实，只涉及符号。在他们看来，陈述经验的命题（无论是特殊的还是普遍的），可以用经验来证实或否证，而逻辑命题既不能被证实也不能被否证，只能在逻辑系统内作逻辑证明，完全不涉及对象。在实证论者看来，逻辑是约定俗成的，逻辑就是语法。思维之所以要遵守逻辑，就如同要遵守语法、遵守人们互相约定的规则（如下棋、打牌的规则）一样，而这是与事实经验无关的。因此，形式逻辑不是对客观对象某种关系的反映，逻辑是没有客观基础的。这种逻辑理论打着反对"形而上学"的旗号，宣扬哲学命题是没有什么意义的；思维与存在关系之类的问题是无法诉诸经验事实的证明，也无法诉诸逻辑的证明的；知识只限于事实和理论，而哲学不是知识，所以他们提出要把哲学从知识宝库中排除出去。然而，这种要"取消形而上学"的观点其实也是变相的形而上学。谁想把哲学排除出去,只能陷于荒谬的哲学观点而已。综上所述,如果只承认有一种形式逻辑而否认辩证逻辑,那么其出路无非就是这几条:1.神秘主义;2.构造形而上学体系;3.实证论。这也说明,单靠形式逻辑的确不能把握具体真理,因而庄子提出的责难是有一定道理的,不过不能因此得出怀疑论的结论。

我们认为科学是能把握具体真理的,科学到一定阶段能够具体地把握它的对象(即一定的物质运动形态或发展过程),哲学也是能够具体地把握世界统一原理和发展法则的。这里所说的"具体地把握"即全面地、实际地、历史地把握。之所以能具体地把握,是因为不仅有形式逻辑,而且还有辩证逻辑。有些人不承认辩证逻辑,是因为对它缺乏理解。辩证逻辑虽早已具有雏形,到黑格尔、马克思已进入自觉阶段,但后来却未获充分发展,因此难免引起人家怀疑。我们应当使辩证逻辑迅速发展起来,作出成绩,就能使人去掉怀疑。以上我们从反面说明,否认辩证逻辑就要否定逻辑思维能把握具体真理,将导致到荒谬的结论。这也是对辩证逻辑作了辩护,但更重要的是要积极地发展辩证逻辑的科学。那么,辩证逻辑应该包括哪些内容?除前几章从认识论来阐明辩证逻辑的地位和作用以外,辩证逻辑还要研究:①关于概念、判断、推理的学说;②逻辑范畴和规律;③方法论基本原理。这些问题的研究,都需要和形式逻辑作比较,和科学方法论作比较。

第四节 不能贬低形式逻辑

另一种观点认为,真正的逻辑是辩证逻辑,因而只承认辩证逻辑，主张把形式逻辑辩证化。这种看法也是不对的。苏联过去有过这种错误观点，我们国家中有些同志也曾有过这种错误观点。黑格尔和马列主义经典作家对形式逻辑提出过批评。一百多年前，逻辑学主要是亚里士多德逻辑和归纳法。对此，康德、黑格尔、马克思主义者都提出过批评，这些批评主要有三点：

1. 黑格尔说：形式逻辑把思维形式看成是不同于内容，仅仅附着于内容的外在形式，这样的形式不能把握客观真理（当然，黑格尔说的是具体真理）。虽然形式逻辑有其自己的领域，在此领域中是必然有效的，但形式逻辑把思维形式看作是一视同仁的形式，它们就会成为谬误和诡辩的工具，而不是真理的工具。① 如三段论，不管前提是否真实，只管形式是否正确。例如，"所有金属是固体，水银是金属，因此水银是固体"这一三段论，前提是错的，但推理形式却是正确的，所以单靠这样推理不能把握真理。逻辑的形式、范畴都具有工具的意义，因为概念有双重作用，用来规范现实时就起着方法、工具的作用。但是，如把形式与内容割裂开来，把逻辑范畴、推理形式只看作人的用具，不看作是客观规律性的表现，是有客观基础的，这些形式也可以导致谬误、诡辩。

形式逻辑也要求前提真。如果有真的前提，并正确运用逻辑规律于这些前提，那结论就必然是正确的，即可得到和现实相符的真实的结论。但也正如恩格斯在《反杜林论》的准备资料中所指出的："遗憾的是，这种情形几乎从来没有，或者只是在非常简单的运算中才有。"②即当处理复杂、重大问题时，就不见得有这个

① 参见列宁：《哲学笔记》，《列宁全集》第 55 卷，第 77—78 页。
② 恩格斯：《反杜林论》，《马克思恩格斯文集》第 9 卷，人民出版社 2009 年版，第 345 页。

保证。结论还得靠实践去检验，单靠三段论是无法解决的。正如列宁批判普列汉诺夫时所指出的，用三段论怎么能解决俄国革命的问题呢？

2. 旧形式逻辑只满足于把各种思维运动形式列举出来，将它们毫无关联地排列起来，而不是把握了它们有机的辩证联系（恩格斯对旧形式逻辑的这个批评也是根据黑格尔的有关思想）。旧逻辑教科书中就是把概念、判断、推理分成若干的种类，把这些思维形式简单列举出来，而并未考察它们之间的内在联系。当然，把思维运动的各种形式列举出来也是必要的。黑格尔在《哲学史讲演录》中说，分类是可贵的工作，对研究动植物变化规律是必要的，而研究思维活动的种类当然更重要。但生物学不能停留在分类的阶段，要进而把握个体发育、物种进化的规律；逻辑学也不能停留在分类的阶段，仅仅列举思维形式，而不去把握它们的内在联系。当然，把思维形式列举出来，分别加以考察也是必要的，但这样的结果，思维整体的有机联系就被忽视了。①

3. 第三个批评是与旧形式逻辑的上述两个缺点不可分的，这就是旧形式逻辑不可避免地要导致形而上学。不管内容只管形式，就会导致二者割裂；不注意思维形式之间的联系，就会把某种思维形式过分夸大、绝对化，从而导致形而上学。如同一律，是形式逻辑基本规律，但把形式的真理绝对化，当作世界观的基本原则，就是形而上学。把演绎法与归纳法加以割裂、分析与综合加以割裂，片面地强调一个方面，都会导致形而上学。而形而上学

---

① 参见黑格尔：《哲学史讲演录》第 2 卷，第 375—376 页。

也不可避免地要陷入唯心论。

　　黑格尔和马克思主义者对旧形式逻辑的主要批判就是这三条。当然，形式逻辑本身是有价值的，是科学，马克思和恩格斯从未否认过这一点，但认为其中掺杂有形而上学的东西，必须加以清除。在黑格尔和马克思的时代，形式逻辑是研究思维形式结构和初级逻辑方法的混合物。他们的批评是针对那个时代的形式逻辑，这对今天是否还适用呢？黑格尔曾说形式逻辑理应受到"蔑视"、"嘲笑"，说它像用碎片拼成图画的儿戏。[①]这样一些挖苦的话，显然是过分了。现代数理逻辑有了很大的发展，形式逻辑成了一个严密的系统，本身是一个有机整体，不是碎片拼成的图画，决不是儿戏。黑格尔的批评显然是不切合当前形式逻辑的实际的。我们还必须把形式逻辑和科学逻辑（或科学研究的方法论）区别开来。我们把形式逻辑看作是研究思维形式结构的科学，因此上述第一点批评，即形式逻辑不能把握具体真理，应该说是对的。形式逻辑的确不管内容，其任务是研究思维形式的结构，它有自己独特的研究对象。在这个领域中，它还将会随着实践和科学的发展而发展。但如果离开唯物辩证法指导，把同一律绝对化，就会导致形而上学，但这并非形式逻辑自身的过错。任何一门科学，如果将其中某个原理绝对化，都会导致形而上学。

　　对于形式逻辑的第二条批评，即批评旧形式逻辑满足于把各种思维运动形式列举出来，而没有把握其间的内在联系，这个批

————————

① 参见黑格尔：《逻辑学》上卷，第35页。——增订版编者

评可以说是对初级阶段的逻辑学,即从具体到抽象阶段的知性逻辑的批评。一方面,逻辑学本身处于初级阶段时,要对思维形式进行分门别类的考察,经历相当于分类的那个阶段;另一方面,从各门科学的发展来说,当科学还处在从具体到抽象阶段时,科学研究方法难免有片面性。一门科学在特定条件下需要用某种特定的方法和某些特定的范畴,这些方法、范畴难免有片面性。但这不是形式与内容的割裂问题,而是部分和整体分离的问题,即在一定条件下只研究了某些部分或只把各部分分别考察,而没有把握有机联系的整体。这样当然容易导致形而上学,但科学总要经过这样的阶段。恩格斯在《反杜林论》中说得很清楚:分门别类的研究正是近代自然科学得到巨大发展的条件,但培根和洛克将这种方法移到哲学中去,因而造成了形而上学的思维方式。[①] 培根、洛克的方法是要求把握内容的,笛卡儿也是要求把握内容的,他们都不满足亚里士多德的逻辑。他们要求通过观察、实验以归纳或演绎地进行科学研究,发现事物的规律。归纳派和演绎派、经验论和唯理论之间的争论不是要不要内容的争论,而是用什么方法把握内容的争论。当科学处于从具体到抽象阶段时,总要运用适当的方法去进行分门别类的考察,这是初级的科学逻辑。如果缺乏辩证唯物论作指导,把适合于某种科学领域的方法绝对化,如把数学中的演绎法、生物学中的分类法绝对化,看作唯一的方法,就会导致形而上学。但这也不是科学逻辑本身的罪过。过去经典作家的批评是有道理的,但要具体分析。今天,旧的形式

---

① 参见恩格斯:《反杜林论》,《马克思恩格斯选集》第 3 卷,第 359—360 页。

逻辑已经有了很大的变化，我们把思维处于相对静止状态的逻辑叫做形式逻辑，把探讨适合于特定条件的科学思维的形式的逻辑叫科学逻辑（或者叫科学方法论）。科学逻辑不研究一般逻辑思维形式，而着重研究适合于特定范围的科学方法。研究一般逻辑思维形式的逻辑科学只能有两种：形式逻辑和辩证逻辑，相对主义不可能有逻辑。

由于科学发展不平衡，各门科学都有适应它特定阶段的方法，所以科学逻辑的范围是变动的。科学逻辑或科学方法论是一些（若干）边缘科学，它们总结科学认识发展规律，着重研究科学方法，其中包括一些初级的逻辑方法，也包括形式逻辑和辩证逻辑在科学中的应用。现在讲科学逻辑，通常是指自然科学的方法论，当然还可以有历史科学的方法论，各门科学都有它的方法论问题。科学逻辑为辩证逻辑提供进一步概括的思想资料，它们是哲学与科学的交接点，有广阔的发展前途。

旧的形式逻辑当然还要改造。必须在唯物辩证法指导下清除其唯心主义和形而上学的杂质，但不是如有些人所设想的那样，搞什么形式逻辑的辩证化。形式逻辑是不同于辩证逻辑的科学，它有自己的独特对象，不能用辩证逻辑去代替。形式逻辑要现代化，要吸取现代科学的资料，特别是数理逻辑的成就，也要吸取中国古代逻辑学的成就。目前，普通逻辑的教科书还是适合教学需要的，但仍然是混合物，它并不等于逻辑学发展的现代水平。

附带讲两个问题：第一，现在有不少同志引恩格斯的话："两个哲学派别：具有固定范畴的形而上学派，具有流动范畴的辩证法派(亚里士多德、特别是黑格尔)。"①认为固定范畴与流动范畴的对应就是形式逻辑和辩证逻辑的区别。这种说法我认为是不正确的,因为用固定范畴和流动范畴来区分形式逻辑和辩证逻辑,就把形式逻辑与形而上学等同起来了。其实,形式逻辑是考察概念、范畴的相对稳定状态,而相对稳定状态并不等于固定。如果把相对稳定绝对化了,才是固定。"固定范畴"是形而上学的特征,清除形而上学之后,仍然有相对稳定的东西。没有相对静止,也没有辩证运动。辩证思维也有相对稳定状态的一面,所以也要遵守形式逻辑。

　　第二,关于恩格斯提出的"初等数学"和"高等数学"的比喻。在恩格斯的时代,这样的比喻是可以的,那时形式逻辑确实是初等的逻辑(形式逻辑处于初级阶段,它还包括一些初级的科学方法)。但按今天逻辑科学所达到的水平来说,这个比喻就不恰当了。因为形式逻辑已经分化了,不能说达到了现代水平的形式逻辑是初等数学;也不能说现代科学逻辑是初等数学,因为它固然有一些初级的科学方法,但还包括形式逻辑和辩证逻辑在科学中的应用。我们所说的"初级"与"高级"有一个特定的含义:初级是指科学发展由具体到抽象的阶段,高级是指科学发展由抽象再上升到具体的阶段(我们吸取了黑格尔关于知性与理性的区分的合理内核,作这样区分)。就思维形式来说,就是抽象概念和具体概念两个阶段。抽象概念是把现实分解开来把握,缺乏有机联系,难免有片面性;具体概念则全面地把握了现实。把范畴(如实体

---

① 恩格斯:《自然辩证法》,《马克思恩格斯选集》第 4 卷,第 302 页。

与作用、质与量等）分解开来，把方法（如归纳与演绎、分析与综合等）分解开来，都可以导致形而上学。在清除了形而上学之后，把这些范畴、方法有机联系起来，就有了具体概念。辩证逻辑是从具体到抽象，又从抽象再上升到具体的认识史的总结，初级阶段的逻辑方法与范畴已被作为从属因素包括在内了。但无论是从具体到抽象，还是从抽象再上升到具体，都有其相对静止状态，因而都要遵守形式逻辑，都要遵守同一律。

第五节　形式逻辑的客观基础

形式逻辑是研究思维的形式结构和规律的科学。它抽象出形式结构撇开了具体内容，因而形式逻辑有无客观基础的问题也就成了争论的问题。按辩证唯物主义观点来看，逻辑形式及规律总是客观存在的反映，不论形式逻辑还是辩证逻辑都只能建立在唯物论的反映论基础上面。但形式逻辑的客观基础到底是什么？需要有明确的回答。

首先，考察一下形式逻辑的同一律。同一律是说同一概念有同一含义，$A = A$。同一律是形式逻辑最根本的规律，其客观基础是什么？一般认为是事物处于相对稳定状态时各类事物所具有的质的规定性。各类事物都有其相对稳定状态，静止是运动分化的条件；人的思维、概念也有相对稳定状态，概念也有质的规定性，这是思维运动分化的根本条件。在一定论域中，每一个概念都有其确定的含义，都有其相应的对象，并有一一对应的关系。人们在使用概念、运用语词交流思想时，不得偷换概念，不得随意更改语词含义把概念和对象之间的对应关系搞乱。所以，遵守同一律是正确思维的必要条件；不遵守同一律，人们就无法交流思想。当然，这不等于说概念的相对静止和对象的相对静止是对等的（注意，这里用的是"对等"，而不是"对应"），即不是说某概念的相对静止就是某一事物的相对静止。事物的相对静止状态只是同一律的客观基础，这不等于说概念就不能反映变化，不能说形式逻辑在反映事物发展变化时就不起作用。很显然，我们是用"变化"的概念来表达变化，用"矛盾运动"的概念来反映事物的矛盾运动。当我们这样使用概念时，概念和对象之间就有对应关系，即"变化"、"矛盾运动"这些概念在使用时，也有它的相对静止状态，也要遵守同一律，在一定论域中不能偷换概念。因而，思维在把握发展变化的过程中，形式逻辑也起着作用。

从客观世界的发展过程来说，规律是事物之间的稳固的联系，这种稳固的联系反映到人的头脑中可说是静止的反映。但是，当我们要表述事物矛盾运动的规律时，概念必须是灵活的、生动的，所以不仅概念的静态反映运动，而且规律的静态也要求用概念的运动来表示。规律反映到头脑中尽管是静止的反映，但规律是辩证的规律，要用概念的运动来表述它，不能说辩证思维在把握事物稳定的规律性联系时不起作用。此外，有的概念根本没有对应的外界对象，但有确切的含义，如一般所说的空类概念。这些概念我们经常使用，如"鬼是不存在的"，是真命题。它们作为判断对象只存在于思维中，而不存在于客观现实中，但也有对应关系，即概念和某种作为对象的思想有对应关系。同一律要求思想有确定性，如果一个思想反映和代表某个对象，那么它就和这个对象相对应，这就是思想的相对稳定状态。思维过程也是一个自然历史过程，它与一切自然过程一样，也是相对静止和绝对运动的统一。同一律的客观基础就在于客观事物有相对静止状态，但不能把概念的相对静止与客观事物的相对静止看作是直接等同或相对等同。

其次，矛盾律和排中律（排中律是从二值逻辑来说的）这两条规律也表现了思维确定性的要求，说明某个思想不能既反映某对象又不反映这个对象。思想如果是自相矛盾的，便是没有确定内容的；任何思想或反映某对象或不反映该对象；两个互相矛盾的判断不能都是假的，其中必有一个是真的。这两个规律就一定意义上说乃是同一律的另一种表述，所以其客观基础也是客观世界的相对稳定状态，它们从不同角度反映了事物相对稳定状态时质的规定性。

不过，如用布尔代数表述，它们就是：

$$A + \overline{A} = 1（排中律）$$

$$A \times \overline{A} = 0（矛盾律）$$

我们便可以看出其中还反映了事物处于相对稳定状态时的数量关系，即整体是部分的总和的公理，因为 A 和 $\overline{A}$ 的析取等于全类，A 和 $\overline{A}$ 的合取就是空类。形式逻辑研究各种思维形式之间的真假关系，首要任务是找出永真式，排除逻辑矛盾。一切永真的永真式都可以用由简单析取组成的合取范式来表达，一切永假的矛盾式则可以变成由简单合取组成的析取范式。矛盾律和排中律就体现在这些范式之中，而形式逻辑的析取与合取也体现整体和部分的关系,体现了整体是其各部分的总和的公理。古典的三段论公理说:凡是对一类事物的全部作了肯定,那么对这一类事物的部分也应作肯定;凡是对一类事物的全部作了否定,那么对这一类事物的部分也应作否定。形式逻辑的三段论就是根据整体是部分的总和、整体大于部分这个公理的。在传统逻辑中,整体和部分的关系主要被理解为种属包含关系。三段论的公理,概念的定义划分,限定与概括,A、E、I、O 的对当关系,在推理时前提中不周延的词结论中不得周延,等等,都反映了这种种属包含关系。这是事物处于相对稳定状态中的一种数量关系。对于变化发展的有机整体来说,就不能简单地说整体是部分的总和,如婴儿就是由部分发展而为整体。同时,跟上面讲同一律的情况一样,也不能把三段论的公理等等与事物处于相对稳定状态时的整体是部分的总和的关系,看作是直接对等的。

第三,我们进行推理时,形式逻辑只管形式,不能判定前提的真或假。不过,它可以要求前提是真的,即可从形式上提出一个推论原则:"真命题所蕴涵的命题是真命题"(如罗素和怀特海所提出的)。三段论的 AAA 式:$MAP \wedge SAM \to SAP$。在这个推论式中,$MAP \wedge SAM$ 必然地蕴涵着 SAP,只要肯定其前提是真的,就必然要肯定其结论是真的。作为推论形式,三段论各格的正确式,都是前提必然地蕴涵着结论,因而我们可据此进行推论,从前提的真得出结论的真。这说明推论所依据的是蕴涵关系,而蕴涵关系实际上是判断之间一种真假值的关系。如根据 $(p \to q) \wedge p \to q$ 这一个重言式,可以作出一个承认前件的假言推理:

$$\vdash p \to q$$

$$\vdash p$$
$$\therefore\ \vdash q$$

此即命题演算的分离规则。"⊢"表示断定为真,而"∴"表示"所以"。它是依据蕴涵关系运用分离规则而进行的,那么它的现实的客观的根据是什么?

《墨经》说:"以说出故"(《小取》),并分析了大故、小故。客观上有"故",推理、论证就是要阐明"故"(理由),这是客观因果关系的反映。逻辑上的理由是指充分条件和必要条件。推理的客观根据是客观事物之间的充分条件、必要条件关系,这是最广义的因果关系,是事物处于相对稳定状态的最普遍、最常见的一种关系。当然,也不能简单地把逻辑上的理由和客观世界的因果关系等同起来。

数理逻辑有不同蕴涵,就有不同的逻辑系统。就拿实质蕴涵来说,任何命题蕴涵真命题:$p \to (q \to p)$;假命题蕴涵任何命题:$\bar{p} \to (p \to q)$;任何两个命题或者 p 蕴涵 q,或者 q 蕴涵 p,二者必居其一:$(p \to q) \lor (q \to p)$。这些在逻辑中都是永真式,但与我们感性直观不相符合。因此,我们不能简单地说推理中所根据的蕴涵关系和客观事物的互为条件的关系是对等的。

总起来说,形式逻辑有其客观基础。整个世界不仅有运动,也有相对稳定状态,形式逻辑的客观基础就是事物的相对稳定状态。事物在相对稳定时有其质的规定性,有整体是其部分的总和的数量关系,而且事物的存在是有条件的,这些都是静止的关系。但形式逻辑也有其相对独立性,因此不能将形式逻辑的真假关系和现实中的某种关系简单对等。形式逻辑的相对独立性表现为它独立于特殊经验,所以先验论者陷入幻觉,说它是先天的、天赋的。在先验论者看来,逻辑用不着后天的经验,它是理性中先天就具有的,只要唤醒它就行。从柏拉图的"回忆说"到笛卡尔讲"天赋观念",康德讲"先天形式",一脉相承。这些先验论都是唯理论的学说。现代逻辑实证论继承休谟的经验论,他们用约定论来代替先验论,以为逻辑命题是约定俗成的,与事实无关,只是语言符号的规则,所以它独立于经验。这与先验论说法一样,都是认为形式逻辑是没有客观基础的。过去的唯物论者大都肯定感觉能给予客观实在,感觉中没有的东西,理性中也不可能有。费尔巴哈讲整体大于部分时说感觉用实例告诉我们,手指比手掌小,说明整体大于部分的公理,有其感性方面的来源。但为什么这个公理又独立于感性经验呢?它依赖于什么呢?费尔巴哈说:"依赖整体这个词。"整体这个词的意思就是说整体是部分的集合。[①] 这样一来,费尔巴哈就把问题简单化了,而由此也可引导到语义学派的约定论去。辩证唯物论认为,思维的逻辑是行动的逻辑的内化,公理是人们亿万次实践重复才在人脑中固定下来的,因此它有独立于个别人的经验的性质。当然,实践重复如何在人的意识中取得公理式的问题需要进一步研究。恩格斯在《自然辩证法》中把它归结为获得性状的遗传[②],这已经是一百多年前的事了。现在遗传学已大大前进,但现在也不能说已经把这个问题搞得很清楚了,仍然需要深入研究。不过,大体上可以这样说:人的

---

① 这里保留了冯契所引 1959 年版《列宁全集》第 38 卷第 436 页的译文;亦可参见 1990 年版《列宁全集》第 55 卷,第 67 页。——增订版编者
② 参见恩格斯:《自然辩证法》,《马克思恩格斯选集》第 4 卷,第 365 页。

头脑中并没有天赋的观念，人的头脑在生下来时确如洛克所说的白板一样，但如恩格斯所说，有一种遗传下来的自然赋予的能力，这种能力经过经验的启发，就能把握一些自明的公理（如整体大于部分）。当然，究竟是如何遗传的，还需要研究再研究。恩格斯关于获得性状的遗传的说法，现代遗传学家不大会同意，但有一种自然赋予的能力是可以说的。

第六节　辩证逻辑关于具体概念的学说

这问题，我们已讲过不止一次。我们认为，逻辑思维是能够把握具体真理的，而把握具体真理的思维形式就是具体概念。现在，我们从辩证逻辑和形式逻辑相比较的角度，来说明一下具体概念的特征。具体概念作为辩证思维形式有什么特点？下面讲四点。

第一个特点，辩证逻辑与形式逻辑不同，它在研究思维形式时并不像形式逻辑那样撇开内容来抽象地考察形式结构。辩证逻辑把思维形式看作是与内容不可分割地联系着的形式，思维形式被看作是活生生的内容所固有的形式，思维形式不是外在的、附加的，而是内容的本质、内容所固有的内在结构。王夫之表达过这个思想，他说："天下无象外之道"；"言、象、意、道，固合而无畛"[1]。"象"即我们所说的范畴，道与象不是两个，在象之外并无另外的道，宇宙发展规律就体现在范畴推演之中。因此，可以用语言来表达意，用范畴来把握道。当我们真正把握"道"时，形式

---

[1] 王夫之：《周易外传·系辞下传第三章》，《船山全书》第 1 册，第 1038、1040 页。

与内容是不能分割的，所以按王夫之的说法，"汇象以成易，举易而皆象"①。所说的"易"就是宇宙发展规律，就是道；"汇象"就是把范畴联系起来。他以为把范畴联系起来就体现宇宙变化发展的规律；作为变化发展规律的易，就是范畴的体系。象与易、逻辑范畴与变化法则、形式与内容，是不可分割的。用王夫之的话说，即不是"相与为两"，而是"相与为一"②，也就是结合为一，不是两个。尽管中国古代辩证逻辑是朴素的，不是建立在实证科学基础之上的，但"天下无象外之道"、"汇象以成易，举易而皆象"这一基本观点是正确的。黑格尔的逻辑也就是这个看法。

　　有许多哲学家对这一命题提出责难，以为这个说法是形而上学的。一切思维只有与感觉材料联系，才能得到物质内容，反映物质世界，这是我们与经验论者都承认的。但是，经验论者从这点引申出去，认为人的知识只限于经验内容。谁要说人的思维能够把握现象领域之后的本质、把握它的内在结构，那就是形而上学。休谟以及后来的实证论者都是这样的观点。按照这个观点，辩证逻辑就是形而上学，因为辩证逻辑承认思维能够把握现象之后的本质以及本质固有的形式。在实证论者看来，辩证逻辑不是逻辑，辩证逻辑提出的是一些形而上学的命题，而形而上学命题是无意义的，是应予取消的。正如爱因斯坦在一篇批评罗素的认识论的文章中所讲到的那样："休谟由于他的清晰的批判，不仅决定性地推进了哲学，而且也为哲学造成了一种危险，虽然这并不是他的过失，但是，随着他的批判，就产生了一种致命的'对形而

---

① 王夫之：《周易外传·系辞下传第三章》，《船山全书》第1册，第1039页。
② 同上书，第1038页。

上学的恐惧'。"[①]我们同意爱因斯坦的看法,认为这种"恐惧"是不必要的。只要坚持实践标准,坚持荀子说的"辨合"、"符验",进行正确的分析综合,而且不断地用实践来检验理论,就会使一个概念体系或理论体系包含有足够的命题,它们与感觉经验有足够的巩固的联系,这样我们通过概念或范畴的辩证的推演(每一步推演都用事实检验),就能够把握具体真理。这就是说,用不着恐惧,不要害怕思维深入到现象之后去把握本质固有的形式时,就会成为形而上学。我们把握本质联系,确实在一定意义上是独立于经验的,但只要我们用实践经验不断地加以检验,正确地进行分析和综合,那么我们是可以借思索而得一个概念的体系,并使之与感觉经验有足够巩固的联系的,这样我们就可以把握具体真理。而这样的概念,作为一个体系的概念,也就是具体概念。事实上,现代科学的许多领域都是这样的概念结构。从一方面说,这些科学理论离经验很远,都很抽象,如原子、电子、相对论公式等等,确实离现象或经验领域很远;但另一方面,又都和经验保持足够巩固的联系,从理论推导出来的论断,可以设计实验进行验证。所以,它们确实反映了这些现象之后的本质,也就是说,这样的概念结构,确实能反映事物的本质联系和矛盾运动。现代科学知识体系及其规律,就是通过范畴的推演、联系而表达出来的。

关于形式和内容,另外还有一个问题,就是辩证逻辑是否可能形式化?辩证逻辑也研究思维形式,但是它是否可以成为一个形式系统?我们说,辩证逻辑作为一种理论,当然要有一定的系

---

① 爱因斯坦:《论伯特兰·罗素的认识论》,许良英等编译:《爱因斯坦文集(增补本)》第1卷,商务印书馆2009年版,第558页。

统,但是辩证逻辑不可能成为完全形式化的公理系统,即不能成为像数理逻辑那样的形式系统。数理逻辑的形式系统是从一些初始符号、形成规则、公理以及变形规则出发,推演出一个个定理,从而构成一个公理系统的。这是形式逻辑的研究方法。我们现在研究形式逻辑,把它形式化,就是用的这样的方法。辩证逻辑由于它是密切结合内容来考察思维形式的,因此不可能用这样的形式化的方法。辩证逻辑是要有一定的系统的,而且要求逻辑和历史的统一,也需要从基本原始关系出发,一步步地推演,但是这样的系统不可能由形式化方法构成。现在有人试图把所谓辩证概念、辩证判断分成若干类,然后探讨它们的形式结构,照我看意义不大。哲学不能从它的从属的科学去取得研究方法,这一点黑格尔早就说明过。形式逻辑只是一门从属的科学,尽管哲学思维也不能离开形式逻辑,但不能用形式化的方法来解决哲学问题。辩证法、认识论和逻辑的统一是我们的基本观点,所以对思维的辩证运动进行反思、考察时,一定要把它作为客观辩证法的反映和认识史的总结来研究。就是说,一定要把思维形式看作思维内容矛盾运动的形式,而思维内容矛盾运动就是客观辩证法的反映、认识辩证法的总结。研究概念的本性,不能只看到形式不看内容;当然对形式研究时,着重考察形式,但不能不管内容。同样是一句话,真正把握了辩证法的人和没有把握辩证法的人,对它的理解是不同的。如《黄帝内经》所说"从阴引阳,从阳引阴,以右治左,以左治右"(《素问·阴阳应象大论》),说明在针灸时要这样来把握对象的辩证关系。这对有经验的医生,是一种辩证思维的形式,是医疗实践的经验总结;但对于一个只会背诵教条的庸医来说，这就是空洞的概念游戏。如果只会讲这些话，只把握这种形式，算不算懂得了医学的辩证法？当然不算。所以，真正讲辩证逻辑决不能离开内容考察形式，否则虽然也可以说上许多貌似辩证的话，但都不过是空洞的概念游戏。

第二个特点，形式逻辑是研究思维处于相对稳定状态中的形式，而辩证逻辑是研究思维的辩证运动的形式。形式逻辑从概念与对象的对应关系，从同一律来把握概念、研究概念，它对运动的描述，也总是从这种角度进行的，这样就把运动描绘成一种静止状态的总和。当然，这种描绘也是必要的。如我们用函数 $y = f(x)$，也描绘了运动变化。因为这表示 x、y 这样的变元有一种对应关系：y 是 x 的函数，y 和 x 有对应变化。正如拍电影，把活的对象分解成许多静止的分镜头，但将其连续放映时，它也就反映出对象的运动。所以，不能说形式逻辑不能描绘运动，而应承认它对运动变化的这种描绘也是必要的。但如果因此而把同一律说成是世界观的基本原则，就把世界看成一个静止的世界了。僧肇说："事各性住于一世"[①]，他把变化运动看作是许多静止片断的总和，以为按事物的本性来说，每一个事物都在它所在的时间、地点上静止着，所以古和今不相往来，因和果没有关系。如果把同一律作为世界的基本原则，就会导致这么一种形而上学观点，这当然是错误的。克服了这种形而上学，思维还是要从相对静止状态来把握世界、描绘运动，但这够不够呢？不够，因为这种描绘不能揭示运动的本质。思维要怎样才能揭示出运动的本质，把运动的

---

① 僧肇：《物不迁论》，张春波校释：《肇论校释》，中华书局 2010 年版，第 27 页。

可能性、源泉揭示出来呢？这就需要王夫之讲的"克念"[①]，"克念"就是能够正确地思维的意思。王夫之把概念看成一个流、一个过程，过去是流的源，过去的过去了，但又保存在现在之中；未来是流之归，未来的尚未到来，但从现在可以推知未来。如果用静止的观点描绘概念的运动，会说它是刹那生灭的，于是便达到"无念"的结论。王夫之用"克念"来反对"无念"，认为对能正确地思维的人来说，现在所把握的概念并不是刹那生灭的，而是"通已往将来之在念中者，皆其现在"[②]，现在的概念通向已往、通向将来，对已往和未来，都通过现在的概念去把握。他说："前古有已成之迹，后今有必开之先。"[③]过去的流也有其陈迹包含在现在的概念之中，而在未来才会出现的某些必然性的东西，现在可预测到。这话实际上是说，在辩证思维的头脑之中，概念是认识史的总结，把以往的认识总结在现在的概念之中，把过去了的批判地包含在自身之内；同时它也包含对未来的预测，所以对于实践有指导意义。

例如，在中国近代史中，贯穿着古今中西之争，它经历了若干阶段，在毛泽东的《新民主主义论》中作了总结，提出了"民族的科学的大众的文化"这个概念。这是在文化上对过去的古今中西之争的一个比较全面比较正确的总结，也可以说一百多年来的论争被总结在这个概念里，而它又为今后中国文化的发展指明了方向。这就是"前古有已成之迹，后今有必开之先"。这样来看概

---

① 王夫之：《尚书引义·多方一》，《船山全书》第 2 册，第 388 页。
② 同上书，第 390 页。
③ 同上书，第 391 页。

念,概念与对象的关系就不单纯是与对象的一一对应关系,现在的概念包含着认识史的总结,而且对未来又有所预测。思维有它的静止状态,要遵守同一律,这是概念有明确含义的条件,但是同一律并没有揭示出思维运动的可能性。思维是现实的反映,而现实是矛盾运动的,所以思维也是矛盾发展的。转过来说,正是因为概念是矛盾的,是对立中统一的,所以它能把握现实的矛盾运动。因此,具体概念是包含区别和对立于自身的概念,是不同规定的统一。《易经》说"一阴一阳之谓道"(《系辞上》),马克思讲商品的二重性,毛泽东在《论持久战》中讲"防御中的进攻,持久中的速决,内线中的外线"①等,这些概念都是对立统一的。这样的概念能把握运动的本质,揭示出运动的可能性和源泉。当然,这也没有违背同一律的要求,因为在一定的领域里,它都有确定的涵义,但这样的概念都是生动的、灵活的、在对立中统一的。

第三个特点,形式逻辑在研究思维形式时,着重把握它的静态的关系,如包含关系、蕴涵关系等等,这些关系从辩证法看来当然也有辩证的因素,但形式逻辑只把它看作静态的关系。形式逻辑考察了概念的内涵与外延关系,提出了概念的内涵与外延的反比规律(从彼此有种属关系的概念来说,概念的外延越广,内涵越浅;外延越窄,内涵越深);并根据概念的反比关系,对概念进行限定和概括、划分和定义,这是大家都熟悉的。这种关系是一种静态关系,是一种种属包含关系,当然它在实际上也包括个别、特殊和一般之间的辩证推移。荀子已正确指出这一点:所谓"别名"和

---

① 毛泽东:《论持久战》,《毛泽东选集》第2卷,人民出版社1991年版,第484页。

"共名"，相对地从别名来考察，"别则有别，至于无别"，达到个体；从共名来考察，"共则有共，至于无共"，达到"大共名"（《荀子·正名》）。所以，概念的限定和概括本身是一种辩证关系。在普通逻辑思维中，一般与个别、具体与抽象之间也有着辩证的推移关系。不过，形式逻辑不是把这种关系看作辩证的，而只是把概念看作是有确定含义的，即概念与对象有对应的关系，种属概念间有反比关系。而这种关系是一种静态关系，是遵循着整体是各部分的总和这样的公理的。

形式逻辑以为概念都是抽象的，只有个体是具体的，这样就容易导致具体和抽象、个别和一般互相割裂开来。在公孙龙那里，个别和一般、具体和抽象割裂了开来，那是一种形而上学。在我们克服了这种形而上学以后，用形式逻辑是否能把握具体真理呢？还是不能。因为正如列宁所说："自然界既是具体的又是抽象的，既是现象又是本质，既是瞬间又是关系。人的概念就其抽象性、分隔性来说是主观的，可是就整体、过程、总和、趋势、来源来说却是客观的。"[1]列宁的意思是说，人的概念就它的抽象形式来说，有它的主观方面；当它全面把握现实的整体、过程、来源，才真正达到与客观一致。概念总有抽象性，总是把事物分隔开来加以把握。从形式来说，分隔开来把握是主观的。当然，抽象形式的概念也反映事物的属性，反比规律也是客观事物之间的关系的反映，但如果停留在概念的抽象形式上，那么就没有把握客观整体，所以列宁说它是"主观的"。只有当认识由抽象上升到具体，

---

[1] 列宁：《哲学笔记》，《列宁全集》第 55 卷，第 178 页。

科学概念真正反映了事物的整体、过程、总和、趋势、来源时，才达到了具体与抽象、主观与客观的统一，而形成具体概念。形式逻辑内涵与外延的反比规律对具体概念是否还适用呢？具体概念还有它的抽象性，就这方面来说，当然还是正确的、适用的。我们说马克思主义与中国革命实践相结合，就成为中国化的马克思主义。中国化的马克思主义较一般马克思主义内涵要深一些，外延要窄一些，所以也可以说这是符合内涵与外延的反比规律。但是，马克思主义在中国土地上特殊地发展，使马克思主义一般原理更丰富了。马克思主义的具体化，同时也是科学抽象的提高，所以不能停留在形式逻辑的观点看待具体概念，不能简单地讲内涵与外延的反比规律。所谓科学的抽象，是更深刻、更正确、更全面地反映自然，也就是既抽象又具体的概念。如唯物辩证法的范畴，经济学的价值规律，物理学的基本粒子、场等等，这样的概念都是内涵极深、外延极广的，它们是抽象的，又是具体的，深入到了事物的本质，全面地、深刻地反映了现实。这就是黑格尔所说的"具体的一般"。这样的"具体的一般"，即自身包含着个别与特殊的丰富性的一般。这种概念是具体和抽象、个别和一般相统一的概念。

　　第四个特点，形式逻辑由于只管形式结构，所以不去考察概念的理想形态。当然，思维总要寄托于语言，语言掺杂着情感、意愿这些成分，理论的阐述都要举例来说明，而举例就是诉诸感性直观，所以也不是说形式逻辑思维就没有一点理想成分。而且还应当说，一个人逻辑思维严密，思想有一贯性，思路很清楚，这也是人的本质力量的表现。不过，应该说形式逻辑确实不把概念的理想形态作为对象来考察,因为它撇开了理想。即使是研究规范逻辑的一些模态,也只从形式结构上去考察,也不是考察具有规范意义的那些判断的内容,所以即使规范逻辑也不考察概念的理想形态。

哲学作为世界观、人生观,要给人们指明理想境界、理想人格是什么样的,所以它的概念是有理想形态的。但不仅哲学,一切具体真理都具有理想形态。爱因斯坦有一篇著作,题名《物理学和实在》(还有他的《物理学的进化》,其中也有一部分内容讲到"物理学和实在")。在这一著作中,讲到了科学体系的层次,说明科学体系要描绘世界图景、把握客观实在,是一个发展过程。实际上就是我们所说的科学由具体到抽象、由抽象再上升到具体的运动。爱因斯坦把物理学看作是一种处在不断进化过程中的思想的逻辑体系。[①] 他说科学并不是一些定律的汇集,也不是许多各不相关的事实的目录。科学在于体系,物理学"试图作出一幅实在的图像,并建立起它同广阔的感觉印象世界的联系"[②]。怎样来建立作为实在图像的理论体系呢? 他以为物理学的理论体系应是从少数具有最大的统一性的基本概念(范畴)推导出来的完整的体系,而这些基本概念不是归纳能得到的,用爱因斯坦的话来讲,它是"人类头脑的一种自由创造"、"自由发明"。[③] 不过,这些基本概念的根源还是经验,并且从它推导出来的命题是可以用感觉经验来证实的。这样,物理学的理论就可能找出一条道路以

[①] 参见爱因斯坦:《物理学和实在》,《爱因斯坦文集(增补本)》第 1 卷,第 511 页。
[②] 同上书,第 518—519 页。
[③] 同上书,第 478、511 页。

通过观察到的事实的迷宫。他说："我们希望观察到的事实能从我们的实在概念逻辑地推论出来。要是不相信我们的理论构造能够掌握实在，要是不相信我们世界的内在和谐，那就不可能有科学。这种信念是，并且永远是一切科学创造的根本动力。"[1]爱因斯坦所说的物理学的理论体系，是比较全面的系统理论，而它又是与感觉经验相联系的，它的基本概念来源于经验，而且推导出来的命题可以从实践中得到验证。不过，他认为基本概念是理性的自由创造或自由发明，这种说法不够确切；他说基本范畴不是归纳所得，却是对的。单凭归纳不可能得到基本范畴，因为这里包含飞跃。他认为这样的理论体系能够掌握客观实在，它就是一定层次上的物理世界的图景。同时他认为，在这样的理论构造中，体现着人的信念，这就是关于理论与现实、思维与存在可以达到一致的信念。相信理论构造能掌握实在、人具有把握世界内在和谐即内在规律的能力这种信念，就体现在物理学的概念结构中。所以，现代物理学的理论并不是一些事实与定律的机械总和，它在一定意义上取得了理想形态。这样的理论体系在一定层次上达到了理论与实在、主观与客观的统一。它是一个有机联系的整体；它从一些基本范畴推导出完整的体系，和感觉经验保持着足够的巩固联系；它所提供的可能性，就是它所推导出来的命题可以诉之于感性直观；它体现了人的理性力量和人的信念。这些正是理想形态的特征。但是，说一个理论体系体现了人的理性力量、人的信念，这不等于说理论体系的基

---

[1] 爱因斯坦：《物理学和实在》，《爱因斯坦文集（增补本）》第 1 卷，第 520 页。

本范畴是人的自由创造、自由发明。如果夸大了人的自由，就会导致唯心主义。爱因斯坦的表述有不够确切的地方。在我们看来，人的理性力量、人的理论上的信念是在长期实践中、在人与世界的交往中逐渐发展起来的。这种人的理性力量在科学体系中、在技术中对象化了，因而它又可以转过来促进人的理性力量的发展。

这里，再对哲学与诗或科学与文学之间作一点比较。哲学和科学的理论体系、文学或诗的语言艺术都给人提供理想形态，但这是两种不同的理想形态。文学是通过艺术方式来把握具体对象，运用语言来表达的。所谓以艺术方式来把握具体，就是用形象思维而不是概念来揭示客观世界的本质。而形象思维要遵守联想律即形象结合的方式，通常的联想律包含时空上的接近联想、现象上的相似联想、事件之间的因果联想和各种对立面的对比联想。艺术就是通过这些形象结合的方式，揭示人物和生活的本质。为要揭示社会的人们及其生活的本质，就要运用想象力，选取最足以揭示本质的形象，用联想律来把握形象内在的联系，形成具体的诗的意境，或构想出典型环境的典型性格，这就叫做艺术理想。在艺术理想中，不论是意境或典型人物，形象都倾注了感情。抒情诗的意境要求情景交融，景色（形象）通常体现了作者本人的感情；叙事诗或小说中人物形象及有关情节，总是倾注了所描写的那个人物的感情。中国哲学家讲情是性的表现，人的性格、德性、本质就体现在情感和情态之中，所以在艺术形象或艺术理想中，总有人的本质力量的对象化。人的本质力量表现于人的情，贯注于生动的形象，从而取得艺术理想的形态。有的哲学家认为，哲学应当用诗的语言来表达，因为在他们看来，逻辑思维无法掌握宇宙规律、具体真理，而认为只有诗才可以做到。庄子就持这种观点，他认为用寓言、重言、卮言可以表达具体。庄子的哲学确实也近乎诗，所以应当承认有的哲学著作是用诗的语言写成的。但一般说来，哲学不能满足于诗，哲学应以理论思维方式来把握具体真理。在历史上，诗比哲学更早成熟，文学比科学更成熟。有不少作品（诗、小说等）成功地揭示了真理，成功地用具体形象表现了理想形态。

就揭示具体真理这点来说，诗和哲学有共同之处。它们都要求一般和个别、具体和抽象的统一，都要求把握整体、把握内在的本质，都要运用想象力以取得理想形态。不过，文学是用形象，哲学是用概念，因而在运用想象力方面，艺术想象与哲学思维就存在着区别；在取得理想形态时，形象结合的方式和概念的逻辑联系方式有不同规律。在艺术理想和哲学理想中都有人的本质力量的对象化：艺术理想（意境或典型人物）体现人的感情；哲学理想（理想境界或理想人格，或一个理论体系具有理想形态）也总是体现着人的信念、意愿。哲学要取得理想形态，才能鼓舞人，成为人们前进的动力，而为要取得理想形态，就要求哲学家本人在言行中贯彻自己的信念。孔子说，"吾道一以贯之"（《论语·里仁》），不仅在理论上一贯，而且在行动上一贯。这样言行一致，哲学就成为人格的体现，也即人的本质力量在哲学中对象化了。这一点，过去很多哲学家是意识到了，某些大科学家也意识到了。但这一点也使许多哲学家陷入了幻觉，以为哲学是人的自由创造，因而陷入唯心主义。所以，一定要坚持唯物主义观点,在唯物主义基础上理解现实与理想的关系问题。但在言行中一贯地贯彻自己的理想,这对于哲学家来说,始终是一个严肃的要求。如果一个哲学家不能在自己的言行中贯彻自己的理想、信念,那么他的哲学也不可能取得理想形态,不可能鼓舞人们前进。

综上所述,和形式逻辑不同,辩证逻辑把概念作为思维内容固有的形式、思维的辩证运动的形式来考察,辩证思维的概念是具体的一般,是具有理想形态的。这些就是具体概念的基本特征。

第七节　概念展开为判断、推理的运动

我们上面讲了辩证逻辑与形式逻辑关于概念学说的区别。当然,辩证思维也遵守形式逻辑,在一定论域中也不能偷换概念,也可按属加种差的形式下定义,用二分法进行划分,等等。但这只是外在的形式结构,还有更重要的内在形式,即思维的本质内容和矛盾运动的形式,这就是具体概念。而具体概念是不能离开科学的理论体系来把握的。我们为通俗起见,也可举例讲商品的两重性,讲光的微粒和波动二象性,但这样的概念实际上是存在于一定体系中的概念,所以讲商品两重性,不能离开《资本论》的体系来理解。在理论体系中,概念彼此有机地联系着,其中最一般的联系是逻辑联系,可用逻辑范畴、逻辑方法来加以概括。这种具体概念之间的逻辑联系,就是辩证逻辑的对象,而这种逻辑联系实际上也即是概念展开为判断、推理的运动。

　　我们再通过辩证逻辑与形式逻辑的比较来对此加以说明。传统形式逻辑把判断看作概念的结合，一般逻辑教科书先讨论概念，然后讨论判断或命题，而且着重讨论主宾词式的命题。现代数理逻辑通常是命题演算在前，谓词演算在后。在命题演算中，命题是未解析的，进入到谓词演算，才对命题进行解析。如"个体 x 具有性质 a"、"个体 x、y 具有关系 R"等等，并引进了全称量词、存在量词。但不论概念在前还是命题在前，形式逻辑总是把概念与命题的关系看作一种静态关系。如"个体 x 具有性质 a"就被了解为个体 x 包含在 a 类之中，个体和类之间的关系是一种静态的包含关系。而从辩证逻辑来看，"x 是 a"或"x、y 有关系 R"这种命题本身就包含着矛盾。"张三是人"、"白马是马"、"甲和乙是朋友"、"a 大于 b"，这些命题都在同一中包含着差异，都是一般与个别相结合。所以我们说，辩证法是普通逻辑思维所固有的，是任何一个命题所固有的。不过，这是从辩证逻辑角度来说的话，而形式逻辑只是把它作为一种静态关系来考察。

　　形式逻辑的判断，论质，分肯定和否定；论量，分单称、特称和全称。而论量，就遵守着整体是各个部分的总和这一公理；论质，则肯定和否定是不相容的，所以要排除逻辑矛盾，要遵守排中律。这些当然都是必要的，但如果把这种不相容关系、"非此即彼"关系绝对化，就会导致形而上学。恩格斯讲过，辩证逻辑除在一定条件下承认"非此即彼"外，还要在适当地方承认"亦此亦彼"。只有这样，才能把握具体真理。① 这是因为任何事物都有这种矛盾

————————

① 参见恩格斯：《自然辩证法》，《马克思恩格斯选集》第 4 卷，第 318 页。

关系,因此往往既是自身又是它物。正如黑格尔所说,对任何对象都既要指明它固有的某个规定,又要指明它必然有着相反的规定。① 黑格尔举例说明了这一点,如运动,就要指明物体在一个时候在某一个地方,同时又不在这个地方;又如几何学上的点,没有长、宽、高三维线,这是对空间的否定,但同时它在空间中又有一定的位置,有它的空间关系,因此又得承认具有空间性;再如,就经验所及的世界说,总是在时间、空间上有限的,但同时又须承认世界必然是无限的。这样的判断,显然超出了形式逻辑的狭隘界限。正如黑格尔所说:"这个既是分析的、又是综合的判断环节,通过它,那开始的普遍的东西从自身中把自身规定为自己的他物,它应该叫做辩证的环节。"② 这就是说,普遍的东西即概念从自身中把自己规定为自己的否定。例如,"运动是连续性和间断性的统一",运动概念从本身中规定为它物,运动中有静止,连续中有间断。连续性和间断性是运动的分析规定,而运动乃是两者的统一,亦即两者的综合,所以这样的判断是既分析又综合的。以上是讲概念展开为判断。

　　判断又展开为推理。形式逻辑讲判断结合成推理,如三段论是由三个命题构成,但从论证和反驳来说,也可以说推理从属于论题。但形式逻辑考察判断与推理之间的这种关系,不论哪种情况,总是静态的关系。形式逻辑考察命题之中的真假关系主要是两种:一种是不相容关系,一种是蕴涵关系。不相容关系指矛盾、反对关系。不相容关系就是说,肯定一个命题就意味着否定另一

---

① 参见黑格尔:《逻辑学》下卷,第 538 页。
② 同上书,第 537 页。

命题，两命题不能同时真；蕴涵关系是说，肯定一个命题，必然也肯定另一命题，一个命题真是另一命题真的理由。通常讲蕴涵关系是形式逻辑进行推理、论证的根据，不相容关系是进行反驳的基础。不过，不相容关系也可转化为蕴涵关系，所以形式逻辑的推理就是依据蕴涵关系来运用分离规则。从辩证逻辑来看，形式逻辑讲推理，也包含有辩证法因素。各蕴涵关系是连续的，而运用分离规则就是间断的；每一个推理都是连续与间断的对立统一，这是辩证关系。不过，形式逻辑仍然是从静态关系来考察推理的，我们从辩证法来看，才揭示它也包含有辩证因素。通常讲的演绎推理，是由一般到个别的推理，其前提与结论之间有必然联系；而归纳推理是由个别到一般的推理，其前提与结论之间只有或然联系。这是形式逻辑的说法。从辩证法看来，演绎推理与归纳推理也是辩证的统一。演绎推理的大前提由归纳而来，所以演绎离不开归纳。印度的因明三支式，很好地体现了这种关系。

宗：声是无常（SAP）。

因：所作性故（SAM）。

喻：凡诸所作，见彼无常，譬如瓶等（MAP）。

因明的三支式，当然基本上是演绎推理，但它从"瓶等"得出推理的前提 MAP，这就是归纳，所以它这个演绎推理又包含了归纳推理。而归纳推理也要借助演绎推理。我们从 a_1，a_2，a_3……a_n 归纳得出一个一般结论 A 后，就再从它推导出一个命题 a_p 来进行验证：

$$a_1 \qquad (A \to a_p) \wedge a_p \xrightarrow{\text{或然}} A \qquad (1)$$

$$a_2 \qquad (A \to a_p) \wedge \overline{a_p} \xrightarrow{\quad \text{必然} \quad} \overline{A} \qquad (2)$$

$$\vdots$$

$$a_n$$

$$\therefore A$$

(1)式表示证实,(2)式表示否证,显然此种验证就运用了演绎推理。因此,归纳与演绎、个别与一般,在辩证法看来是统一的,普通逻辑的推理中也有它的固有的辩证法因素。

不过,辩证逻辑讲推理,还有更深刻的意义。王夫之在《张子正蒙注·天道篇》中提出关于推理的理论,说:"推其情之所必至,势之所必反,行于此者可通于彼而不滞于一隅之识,则夏之葛可通于冬之裘,昼之作可通于夜之息,……惟豫有以知其相通之理而存之,故行于此而不碍于彼;当其变必存其通,当其通必存其变。"①他讲的"推"既是推理,又是推行。这就是说,要求把实践包括在推理之内。从推理来说,就是要从相通之理推出"情之所必至",又推出"势之所必反"。从推行来说,要"存其通",又要"存其变"。"通"是掌握一般相通之理,"变"是说一般相通之理要以时间、地点和条件为转移,要灵活应用。冬夏都要穿衣,这是相通的道理,但夏葛而冬裘,则有所不同;昼和夜在时间上是一贯的,但人类有节奏的生活表现为白天工作,晚上睡觉。这样的推,就是推理和推行的统一,是"情之所必至"与"势之所必反"的统一,是

———————————

① 王夫之:《张子正蒙注·天道篇》,《船山全书》第 12 册,第 72 页。

"通"与"变"的统一，这是辩证逻辑的推理观。这样的推理作为概念、判断的展开来说，实际上是一个分析矛盾和解决矛盾的过程。

恩格斯在《卡尔·马克思〈政治经济学批判〉》一文中论述马克思的方法时指出："我们采用这种方法，是从历史上和实际上摆在我们面前的、最初的和最简单的关系出发，……我们来分析这种关系。既然这是一种关系，这就表示其中包含着两个相互关联的方面。我们分别考察每一个方面；由此得出它们相互关联的性质，它们的相互作用。于是出现了需要解决的矛盾。但是，因为我们这里考察的不是只在我们头脑中发生的抽象的思想过程，而是在某个时候确实发生过或者还在发生的现实过程，因此这些矛盾也是在实践中发展着的，并且可能已经得到了解决。我们考察这种解决的方式，发现这是由建立新关系来解决的，而这个新关系的两个对立面我们现在又需要展开说明，等等。"[①]恩格斯这段话讲的是马克思在研究《资本论》时所运用的逻辑方法，即从最初的、最简单的关系出发，分别考察相互关联的两个方面；又综合起来，把握两个方面的作用和矛盾解决的方式，看它建立了什么新的关系，于是进一步对这种新关系进行分析，等等。通过这样的反复过程，思维就能达到对具体的把握。这是黑格尔已作了阐明的辩证方法，不过他却陷入了幻觉。他以为实在是思维自我运动的产物；他以为最初原始的概念已经自在地具有一切，通过分析和综合运动，展开为判断、推理，就可达到自在而又自为，这就是具体的总体。

---

① 恩格斯：《卡尔·马克思〈政治经济学〉》，《马克思恩格斯选集》第2卷，第43—44页。

　　唯物辩证法批判了黑格尔的唯心论。我们认为,研究客观事物必须首先详细地占有材料,探索现象之间的内在本质联系,然后才能弄清一个领域里原始的基本的关系,从而才能从这种关系出发,把现实运动适当地叙述出来。而在这一叙述过程中,还需要不断地接触实际,每一步都要用事实来进行验证。关于这一点,马克思在《资本论》的"跋"中讲得很清楚。但这里还有一个问题:为什么从原始的基本关系出发,通过矛盾分析可以把握具体呢? 我们这里讲的是一个具体的运动形态或者发展过程,如资本主义经济是一个具体的经济形态,中日战争是一个具体的发展过程。这些具体运动形态或发展过程,都有它规定全过程的基本矛盾。它的矛盾运动(或者说基本矛盾展开过程)的各方面,尽管复杂多样,但在原始的基本关系中已具体而微。一个胚胎能发展成为一个生物,它已潜在地具体而微地具有生物全过程的矛盾因素,所以我们从一个胚胎出发来考察生物全过程,这是正确的途径。当然,一个过程的原始基本关系,也是在一定条件下从先行的过程中演变出来的。例如,商品在原始社会末期已经开始出现,它也是前面过程即原始社会中产生发展的结果。又如哲学的基本问题,即思维与存在的关系问题,是在人类劳动生产基础上有了理性思维时,才有了这个基本矛盾的出现,它也是从前面的先行过程即从猿到人的转变过程中演变出来的。同时,原始的基本关系的展开,是以条件、地点、时间为转移的,它有一个发展过程。一个胚胎尽管潜在地具有生物全过程的矛盾的因素,但这些矛盾因素的展开还是以条件为转移而表现为丰富多样、曲折发展的运动。再如商品,尽管有马克思所说的那么多的矛盾因素,但它的展开为历史发展过程，因条件不同而非常多样，不考察这些条件是不行的。所以，我们不能得出先验论的结论。我之所以这样说，是因为辩证法认为可以从原始基本关系出发来推演全过程，这一点竟被有的人误解为是一种先验论，以为这就是说，在这个原始关系中已经先验地把什么都规定了。当然不是如此。因为，所考察对象的全过程的基本矛盾确实在原始基本关系中具体而微了，但这原始基本关系也还是由先行过程发展而来的，并非是先天产生出来的；而且它也决非一成不变，它的展开为历史过程还要以条件为转移，而并非如唯心论者所说那样，发展只是简单的复归。唯物辩证法以为发展是螺旋形的无限前进运动，每一个螺旋有其先行者，有其后续者，它的基本关系是先行者演变出来的，而在这基本关系得到充分发展，达到矛盾解决时，便又为后续者准备了某种新的基本关系，另一个螺旋又开始了。

关于概念、判断、推理的学说，总起来讲，一方面我们要指明形式逻辑的概念、判断、推理有它的辩证法因素；另一方面，又要揭示出作为辩证思维的形式还有它更深刻的意义。我们刚才就是从这两方面讲的。第一方面我们讲得简单了些，例如，概念的内涵与外延的反比关系，限定和概括互相推移，判断包括同一和差异的矛盾，判断是个别和一般的结合，推理是间断和连续的统一，归纳推理和演绎推理是不可分割的，等等，这些都是辩证法因素。揭示辩证法是普通逻辑思维所固有的，荀子已开始这样做了。现在我们还有许多工作可做，特别是对数理逻辑的一些基本概念，如"变元"、"函数"、"公理系统"等，要研究它们的辩证因素是什么？但只做这方面工作还不够，停留在这一步就会得出这样的结论,认为形式逻辑和辩证逻辑只是观点不同、眼界不同,所考察的是同样的思维形式。这样甚至可能导致辩证逻辑没有存在必要的结论,所以这方面工作要做,并且有许多工作要做,但却不能停留在这一步。辩证逻辑还要进一步研究概念、判断、推理的辩证法。我们已讲了具体概念是在对立中统一的,概念展开为判断、推理是矛盾运动过程。这个概念、判断、推理的矛盾运动贯穿或体现了对立统一规律,并且表现为逻辑范畴的辩证推移和方法论环节的辩证展开。这就是我们以下各章所讲的内容。

我们对概念、判断、推理本身说得不多,没有像黑格尔那样,把概念、判断、推理各分成若干类,来说明其间的辩证关系。黑格尔《逻辑学》第三编的第一部分,详细论述了各种概念、判断、推理形式之间的辩证关系。黑格尔这样做固然也是一条研究的途径,但我认为意义不大。《逻辑学》这一部分有它的合理成分,但有许多削足适履之处,显得很牵强的。恩格斯说,"个别性、特殊性、普遍性,这就是贯穿全部'概念论'的三个规定。在这里,从个别到特殊并从特殊到普遍的递进,并不是在一种样式中,而是在许多种样式中实现的。"① 所以,我们阐明个别、特殊、一般这三个逻辑范畴的辩证关系,大体就可概括黑格尔的"概念论"中关于概念、判断、推理的学说的合理因素。我们采取另一种办法,那就是从概念、判断、推理概括出逻辑范畴,从逻辑范畴的辩证推移来阐明概念、判断、推理的矛盾运动。这是下面讲范畴论这一部分所运

---

① 恩格斯:《自然辩证法》,《马克思恩格斯文集》第 9 卷,第 489—490 页。

用的方法。范畴、规律的运用，即以客观现实之道，还治客观现实之身，就是方法论。所以，方法论环节的辩证联系，也体现了概念展开为判断、推理的运动。

第七章
对立统一规律是辩证思维的根本规律

第一节　概念的对立统一与判断的矛盾运动

对立统一规律是宇宙的根本规律，不论在自然界、人类社会和思维中都是普遍存在的。现在我们要讲的是：作为逻辑思维的根本规律，它有些什么特点？概念、范畴按其本性来说是对立统一的；概念展开为判断、推理的运动，就是概念的对立统一的展开，是矛盾的运动。这就是说，对立统一规律贯穿于辩证思维过程的始终。

辩证的思维就是在对立面的统一中把握对立面，具体概念的根本特点就是在对立中统一，这是辩证逻辑的基本观点。古代朴素辩证论者已经猜测到这一点。老子提出"正言若反"（《老子·七十八章》）说明正与反是对立统一的。《易传》提出"一阴一阳之谓道"，"乾坤成列，而易立乎其中矣"（《系辞上》）。即道是阴阳或乾坤对立的统一，因而必须用这样对立的范畴才能把握道和易。赫拉克利特也说："因为统一物是由两个对立面组成的，所以在把它分为两半时，这两个对立面就显露出来。"①这是赫拉克利特引以为

---

① 参见列宁：《哲学笔记》，《列宁全集》第 55 卷，第 300 页。

自豪的中心原理。这个原理表明，从客观辩证法来说，客观对象作为统一物是由两个对立面所组成的；从主观辩证法来说，思维要把握对象就必须对它进行分析，使它的两个对立面暴露出来，而从对立面的联系中来把握它，就能获得真理的认识。

形式逻辑的根本规律是同一律，同一律是思维处于相对静止状态的逻辑思维的根本规律。但人的思维不仅有相对静止状态，而且是永恒运动的；概念不仅各有确定涵义，而且是互相联系、互相转化的。因此，思维不仅需要遵守同一律，而且需要遵守对立统一规律。只有如此，它才能够反映活生生的生活，才能够把握具体真理。所以，概念的对立统一是辩证逻辑的主要内容。

概念的对立统一包含哪些方面呢？列宁在《哲学笔记》中指出："黑格尔在概念的辩证法中天才地猜测到了事物（现象、世界、自然界）的辩证法。"[1]并把概念辩证法的主要含义归纳为如下三点：

（1）"概念的相互依赖。一切概念的毫无例外的相互依赖。"

（2）"一个概念向另一个概念的转化。一切概念的毫无例外的转化。"

（3）"概念之间对立的相对性……概念之间对立面的同一。"[2]

这三点完整地说明了"对立统一"的含义。对立统一就是矛盾，矛盾这个范畴要完整地把握，不能把"对立"和"统一"两者分割开来，即矛盾的范畴应当包含上述三点内容，不能把这三点割

---

① 列宁：《哲学笔记》，《列宁全集》第 55 卷，第 166 页。

② 参见列宁：《哲学笔记》，《列宁全集》第 55 卷，第 167 页。这里保留了冯契所引 1959 年版《列宁全集》第 38 卷第 210 页的译文。新版将"转化"改译为"过渡"。——增订版编者

裂开来。在马克思的《资本论》中，一切概念都体现出这三点含义。其中的每一个概念都不仅有确定的意义，而且一切概念还毫无例外地相互依赖，毫无例外地一个向另一个转化，并达到概念之间的对立面的同一，因而它们就能够反映和把握现实世界运动变化的法则。

下面，再对列宁提出的概念辩证法的主要含义，作较具体的解释。

关于第一点，"一切概念的毫无例外的相互依赖"。这是说明，具体概念不能离开科学理论体系来把握，不能离开概念之间的有机联系来把握。从形式逻辑考察，概念之间当然也彼此联系着，但那种联系只是静态的联系。从辩证逻辑来看，这种静态关系中也包含着辩证法的因素，但辩证逻辑则要求更深入、更全面地来把握概念间的内在联系，并从概念的内在联系中来具体地把握概念。比如，唯物辩证法的诸范畴之间就相互联系、相互依赖着，我们只有从其相互联系和相互依赖中，才能把握唯物辩证法的每一个范畴。再如，现代物理学中，爱因斯坦的时间与空间的概念相互联系和依赖着，而且还与物质运动的概念有着不可分割的联系。因此，要把握这些概念，就必须从整个相对论物理学理论体系入手。

关于第二点，"一切概念的毫无例外的转化"。形式逻辑把概念间的对立理解为不相容的关系，即反对关系或矛盾关系，如"有限"与"无限"不相容、"主观"与"客观"不相容等等。辩证逻辑则认为，这些概念不仅是相互对立、相互排斥的，而且是相互依赖和互相转化的。如有限是有限，但正因为有限，所以可分割（无限，就很难说分割）；一分割就无止境，有限就转化为无限。无限是无限，但你一作这一判断，便意味着你把握了无限；而人的经验总是有限的，故人所把握的无限也总是有限的，所以可以说，无限又转化为有限。主观是主观，但主观之为主观，在于掌握了现实的客观内容；概念有摹写现实的作用，概念如无客观内容，只凭主观空想，无中生有，就失去概念的意义，丧失其为主观形式的作用。客观是客观，客观之为客观就在于与主观相对立，是"能知"之"所知"，观者之所观；没有主观，客观也不能成立。当然，这并不是说现实的客观世界依赖于主观，这里讲的是概念辩证法，是说"客观"的概念和"主观"的概念是互相依赖、互相转化的。而概念之间的互相依赖与转化，则是主体与对象、主观与客观之间的互相作用的运动的反映。

关于第三点，"概念之间对立面的同一"。概念之间的对立是相对的，一切概念互相联系、互相转化，达到对立面的统一。我们应该把概念间的联系、转化和达到对立面的统一理解为一个过程，即对立的统一不是静止的统一，不是简单的中和、折衷，而是矛盾运动的过程。概念的对立统一是客观辩证法的反映，是认识史的总结。就客观运动过程来说，有的矛盾达到"物极必反"、"极其至而后反"，如社会主义战胜资本主义，扬弃了阶级矛盾；在认识史上，科学克服迷信、唯物主义克服唯心主义，也都是扬弃了一定历史阶段上的思想矛盾。但大量矛盾不是采取这种形式，而是在对立面保持动态平衡的情况下实现转化的，如商品的发展就是如此。《资本论》指出："我们看到，商品的交换过程包含着矛盾的和互相排斥的关系。商品的发展并没有扬弃这些矛盾，而是创造这些矛盾能在其中运动的形式。一般说来,这就是实际矛盾赖以得到解决的方法。"①商品的发展并未扬弃价值与使用价值的矛盾,而是造成了商品分为商品与货币这种二重化。商品转化为货币,货币转化为商品,在这种动态平衡下实现了矛盾的相互转化,这就是商品的矛盾能在其中运动的实际形式。许多矛盾都是通过这种方式解决的,概念的对立统一通常也是如此。概念的矛盾发展创造出矛盾能在其中运动的形式,这就是解决矛盾的方法。虽然在客观运动过程中,有的矛盾是"极其至而后反"的,但它反映到人脑里,也表现为处于动态平衡中互相转化。"我"是个统一的整体,"我"的思维是一个统一的领域,不像客观过程那样,矛盾的解决有时一个消灭另一个。就客观过程说,社会主义消灭了资本主义,唯物主义克服了唯心主义,而在辩证思维的头脑里,"社会主义"和"资本主义"、"唯物主义"和"唯心主义"都是科学概念,没有谁被消灭的问题。而正是通过这些对立概念的矛盾运动,如实反映了社会主义消灭资本主义、唯物主义克服唯心主义的客观过程。

概念的对立统一作为一个过程,表现为判断的肯定、否定的矛盾运动。肯定和否定在思维领域里经常是就判断、论题来说的。形式逻辑中,判断论质,分为肯定的或否定的,二者不相容,这是就命题的真假关系来说的。如"P"表示肯定命题,"$\overline{P}$"表示否定命题,那么 $P \vee \overline{P}$(或者 P 或者非 P)必然是真的,而 $P \wedge \overline{P}$(P 和非 P 同真)则必然是假的。但讲判断、讲推理中的论题就还要讲

---

① 马克思:《资本论》,《马克思恩格斯文集》第 5 卷,第 124 页。

对错。断定一个真命题为真、一个假命题为假是对的，反之断定一个假命题为真、一个真命题为假则是错的。这样讲真假、对错，是静态的关系。当然，从辩证逻辑来看，这种静态的关系中，也包含有辩证法的因素。比如，就一个三段论来说，其前提蕴涵着结论，这种蕴涵关系是一种连续活动。而为了由前提推出结论，就必须对大前提作断定、对小前提作断定；并且只有断定了前提，才能断定结论，因而这推理活动又是间断的。我们在思维过程中，正是基于这种又连续又间断的关系而进行推理活动的。推理就是根据判断间的蕴涵关系来运用分离规则。

　　辩证逻辑讲肯定和否定，有更深刻的意义。当然，辩证逻辑也认为否定和肯定都是一种断定，但它不是像形式逻辑那样仅仅根据某种形式结构来作出断定和推论，而是根据其内容本身的辩证运动来作出肯定和否定。马克思说："辩证法在对现存事物的肯定的理解中同时包含对现存事物的否定的理解。"[1]列宁说："一般说来，辩证法就在于否定第一个论点，用第二个论点去代替它（就在于前者转化为后者，在于指出前者和后者之间的联系等等）。"[2]这段话的意思是说，辩证思维一般是否定第一个论点（即肯定的论点），而代之以第二个论点（即否定的论点）。概念的对立统一展开为判断的运动，就表现为肯定的论点向否定的论点的转化和运动。接着列宁对此作了更详细的阐明。

　　列宁指出："对于简单的和最初的'第一个'肯定的论断、论点

---

① 马克思：《资本论》，《马克思恩格斯文集》第 5 卷，第 22 页。
② 参见列宁：《哲学笔记》，《列宁全集》第 55 卷，第 195 页。这里保留了冯契所引 1959 年版《列宁全集》第 38 卷第 244 页的译文。新版将"转化"改译为"过渡"。——增订版编者

等等,'辩证的环节',即科学的考察,要求指出差别、联系、转化。否则,简单的、肯定的论断就是不完全的、无生命的、僵死的。"①为什么对第一个肯定的论断,科学的考察要求指出差别、联系、转化? 因为客观事物在自身同一中包含有差别,肯定中包含有否定。一切事物都有其固有的矛盾,事物在一定条件下产生,都有其肯定的存在理由,同时又孕育着否定自己的因素,因而一切现存事物总是暂时的、相对的、有条件的存在。所谓固有矛盾,即事物在肯定中孕育着否定自己的因素。这否定因素同现存事物是有差别的,而又同事物有着内在的联系,因此当事物由于必然的自己运动达到一定阶段,条件发生变化时,就会实现肯定向否定的转化。例如,资本主义社会包含着否定自己的因素:生产的社会性和与资产阶级对立的无产阶级,这些因素既和资本主义存在着差别,但又有着内在联系,到了一定阶段,经过无产阶级革命,最后必将实现资本主义向社会主义的转化。正因为客观过程是这样,所以概念的辩证法要求对第一个肯定论断要指出差别、联系、转化。如果只说肯定就是肯定,看不到肯定中的否定,那么对这个事物的简单的肯定的论断就会是不完全的、僵死的、无生命的。

列宁接着说:"对于'第二个'否定的论点,'辩证的环节'要求指出'统一',也就是指出否定的东西和肯定的东西的联系,指出这个肯定的东西存在于否定的东西之中。"②辩证法的否定不是单

---

① 参见列宁:《哲学笔记》,《列宁全集》第 55 卷,第 196 页。这里保留了冯契所引 1959 年版《列宁全集》第 38 卷第 244—245 页的译文。——增订版编者
② 参见列宁:《哲学笔记》,《列宁全集》第 55 卷,第 196 页。这里保留了冯契所引 1959 年版《列宁全集》第 38 卷第 245 页的译文。——增订版编者

纯的否定，更不同于怀疑论的否定，而是作为联系的环节、发展的环节的否定，是在否定中保持着肯定东西的否定。就客观过程说，当事物达到一定阶段时，由于内部否定因素的增长而导致否定自己，这是合乎规律的发展。旧事物虽被否定，其中的合理因素却被保存下来。旧事物不是被简单地抛弃，而是被克服了、被扬弃了，新事物吸取了其中的积极成果，达到了一个更高的发展阶段。例如，小鸡破壳而出，鸡蛋被否定了，但小鸡却正是鸡蛋的合乎规律的发展，所以是肯定的东西存在于否定的东西之中。生物进化史上的新物种代替旧物种，科学认识史上的新学说克服旧学说，都是如此。正因为客观事物的发展过程、认识的发展过程是这样，所以概念的辩证法也是这样。对第二个否定的论断，科学的考察要求指出否定中有肯定，要求指出统一。如果不是这样，只说否定就是否定，看不到否定论点中保持着肯定的东西，那么否定的论断就会导致怀疑论，导致虚无主义。

　　总起来看，列宁所说的判断的肯定、否定的矛盾运动就是"从肯定到否定——从否定到与肯定的东西的'统一'"[①]，这是肯定与否定的矛盾运动的总过程。这一过程其实就是上面所说的概念的对立统一，只不过在这里是展开为论断的推移了。否定就是转化。肯定论断和它的否定相联系，肯定论断向否定论断转化，达到否定与肯定的统一。可见，判断的肯定、否定的运动就是概念互相联系、互相转化，达到对立面同一的过程。所以，判断的矛盾

---

① 参见列宁：《哲学笔记》，《列宁全集》第 55 卷，第 196 页。这里保留了冯契所引 1959 年版《列宁全集》第 38 卷第 245 页的译文。新版译文为"从肯定到否定——从否定到保存着肯定东西的'统一'"。——增订版编者

运动也可以看作为三项:肯定——否定——否定之否定。这个第三项不是静止的第三项,它就是对立面的统一。客观过程是辩证发展的,认识过程是辩证发展的,所以概念必须是对立中统一的,判断要"从肯定到否定——从否定到与肯定的东西的'统一'"。只有这样,才能把握客观辩证法和认识辩证法。

当马克思运用事物肯定中包含着否定的原理,去分析资本主义社会,得出资本主义社会必然为社会主义社会代替时,这不是用概念的对立统一、判断的肯定否定的矛盾运动作为模式去套客观现实,而是具体研究了客观过程和认识过程的矛盾运动而得出的结论。这种研究获得的结论,用概念、判断表述出来,就取得概念在对立中统一的形式、判断"从肯定到否定——从否定到与肯定的东西的'统一'"的形式;而对于这一运动过程达到的结论来说,这个"从肯定到否定——从否定到与肯定的东西的'统一'"也就是一个推理,也就是作了论证。辩证法的推理就是根据判断的肯定否定的矛盾运动"推其情之所必至,势之所必反"[①]。这个过程作为方法就是分析与综合相结合。

第二节　分析和综合的结合

一切概念都有摹写现实和规范现实的双重作用,科学领域的概念、范畴、规律只要正确地摹写现实,就能有效地规范现实。这样,概念、范畴、规律就具有方法论的意义。对立统一规律作为概

----

① 王夫之:《张子正蒙注·天道篇》,《船山全书》第 12 册,第 72 页。

念的辩证法也具有这样的双重作用,既是对现实和认识过程的辩证法的摹写,又是对现实和认识过程的规范,从而转化为方法。概念的对立统一作为辩证思维的方法就是分析和综合相结合。分析和综合相结合是辩证方法的核心。

所谓分析,就是在思维中把作为对象的统一的具体事物分解为各个要素、部分或特性,而对其分别加以考察。所谓综合,则是在思维中把客观事物的各个要素、部分、特性结合起来作为一个统一整体来把握。形式逻辑也讲分析、综合,是静态的关系,遵循整体是各个部分的总和的公理。因此,在形式逻辑中,分析命题和综合命题不能混同,分析方法和综合方法被看成是两种方法。当然,即使形式逻辑的分析与综合也是互为条件的,两者相辅相成,具有辩证法的因素。

辩证逻辑所讲的分析和综合相结合,有更深刻的意义。所谓"相结合",是指分析与综合乃是同一方法的不可分割的环节。要把"对立统一"作为一个完整的范畴来理解和把握,不是有一个"对立",另外还有一个"统一"。对分析和综合的理解也应如此。辩证法就是从对立面的统一中把握对立面,既要分别地考察矛盾的各个方面——分析,又要全面把握矛盾的统一的整体——综合。所以,分析和综合是同一方法的不同环节。

列宁曾引用黑格尔的话说:"这个既是分析的又是综合的判断的环节,——由于它(环节),最初的一般性[一般概念]从自身中把自己规定为自己的他者,——应当叫作辩证的环节。"①分析、

① 列宁:《哲学笔记》,《列宁全集》第 55 卷,第 190 页。参见黑格尔:《逻辑学》下卷,第 537 页。

综合作为判断的环节,就是说辩证方法从最初的一般概念找到它以后的规定。"一般说来辩证法就在于否定第一个论点,用第二个论点去代替它"①。由于差别、对立的因素潜在地包含于第一个论点之中,第二个论点是从第一个论点中分析出来的,所以由肯定到否定是辩证法的分析。另一方面,肯定转化为否定,否定之中有肯定的东西,即达到肯定与否定的统一,则是辩证法的综合。所以,判断的肯定与否定的辩证运动,即"从肯定到否定——从否定到与肯定的东西的'统一'"是既分析又综合的运动。不能把分析和综合的结合看成是两种方法的交替使用,不能把二者并列起来,辩证方法的每一步都是既分析又综合的。由肯定到否定是分析的环节,对肯定论点指出差别、转化固然是分析,但既然是肯定与否定联系着,当然也是综合的。对否定论断指出统一,当然可说是综合的环节,但既然否定也包含对自身的否定,所以自身也包含差别和转化,所以综合中也就有分析。在辩证思维的过程中,我们所得到的一切论断都是经过这种既分析又综合的推理过程而达到的。

运用分析与综合相结合的方法,就其实质来说,无非是以客观现实之道,还治客观现实之身,即不是把从现实之外取得的思维规定强加给现实,而是从对象本身的矛盾运动来把握对象自身的内在脉搏。但人们对对象的本质矛盾的揭露要经历一个认识过程,反映现实的概念、判断、推理等思维形式乃是认识的历史总结。认识的过程同样是一个自然历史的过程。方法既然是以客

---

① 参见列宁:《哲学笔记》,《列宁全集》第 55 卷,第 195 页。这里保留了冯契所引 1959 年版《列宁全集》第 38 卷第 244 页的译文。——增订版编者

观现实之道，还治客观现实之身，也是以认识过程之道，还治认识过程之身。

黑格尔指出分析和综合的方法包含有三个环节：开始、进展、目的。① 这三个环节是就概念辩证法作为客观辩证法的反映，又是认识史的总结而言的。这三个环节实际上也是《论持久战》所运用的方法。第一，客观地全面地考察全部基本要素，提出问题的根据；第二，分析发展的两种可能性，指出哪一种可能性占优势，条件是什么；第三，如何准备条件，变有利于自己的可能性为现实性，以实现目的。这就是把如实地摹写现实和有效地规范现实看作是一个统一的认识过程所包含的环节，其中每一个环节都是分析和综合相结合。

第一个环节，即辩证思维的"开始"。现实的开始也即是思维的开始，如何开始？不是依据零碎的事实，不是出于主观的想法，而是要求对思维所要研究的领域进行客观的全面的考察，把握基本的、原始的关系，把问题的根据或发展的根据提出来。如《资本论》一开始把商品作为社会关系来考察，《论持久战》一开始就考察中日双方战争的基本要素，提出问题的依据。这是通过分析和综合达到的。辩证方法的开始，一方面要对感性直观进行分析，客观地考察对象自己的运动，让对象自然地无阻碍地运动，不附加任何主观的成分。另一方面，思维要把握反映对象的本质的概念，用概念来全面地把对象的基本要素、关系联系起来，因此又是综合的。只有经过客观的观察，或实验，或调查，占有大量材料进

① 参见黑格尔：《小逻辑》，第 424—427 页。

行周密的分析，"去粗取精，去伪存真，由此及彼，由表及里"①，才能综合起来指明问题之所在，才能把握基本的、原始的关系。写一篇文章，总要明确地提出问题来进行讨论；写一本书、建立一门学科，更要把所研究领域的根据提出来。为此，就要客观地考察对象，排除种种假象和主观的成分，把个别的偶然的意见排除掉，把基本要素全面加以掌握，这样才能把握基本矛盾，把握对象或过程的发展根据。

第二个环节——"进展"。这就要求对占统治地位的基本关系分别考察其矛盾的方面，又进行综合，把握其相互作用，研究其矛盾解决的方式。如《资本论》从商品开始，不是把它单纯地看作为物，而是看作人与人之间的关系的体现，即把商品作为一种社会关系来进行分析。把商品交换作为开端是马克思进行大量调查、详细占有材料后，再经过分析、综合而提出来的。开端既然是一种关系，便包含着相互关联的各个方面，首先是价值与使用价值两个方面。马克思对这两个方面，从劳动的二重性进行分别考察；又综合起来，一方面，商品只有在实现为交换价值时才能变成使用价值，另一方面，商品也只有在其转移中证实它具有使用价值时才能实现为交换价值。商品的价值和使用价值是对立的统一，表现为商品交换的运动即过程，而这个过程既是矛盾的展开又是矛盾的解决。马克思就是用这样的方法对商品的各个方面进行了分析。一个矛盾解决了，又产生了一个新的关系、新的矛盾。商品转化为货币，就建立了新关系，于是又需要进一步对货

---

① 毛泽东：《中国革命战争的战略问题》，《毛泽东选集》第 1 卷，人民出版社 1991 年版，第 180 页。——增订版编者

币进行矛盾分析；而货币又转化为资本，于是又要进一步对资本进行分析。可见，这个方法就是分析与综合多次反复的矛盾前进运动。辩证法的进展表现为这样一种状况：开端是矛盾的开始，然后分别对矛盾的两方面进行考察，再综合起来，看矛盾双方如何相互作用、相互转化，达到矛盾的解决，又建立新的矛盾关系，然后又再对其分析综合。但这种方法的运用不是单纯的抽象思维的运动，而是客观现实矛盾运动的反映。必须把现实过程作为前提，使思维过程不断接触现实，每一步都用事实材料来验证。

第三个环节——"目的"。辩证思维把握矛盾运动是为了促成事物的转化，实现人的目的，而目的的实现也是一个分析和综合相结合的过程。人的有意识的目的活动，是运用所把握的规律性的知识来指导行动，以物质手段为中介，创设条件，使主客观获得统一，达到目的的实现。我们改造自然要遵循自然规律，用物质手段对自然对象进行分析，去掉假象、外在性，使不利于人的可能性受到限制，使有利于人的可能性变为现实，使主观意向与客观现实达到统一（综合），所以这也是一个分析和综合的过程。不论与自然斗争还是社会领域的斗争，理论思维要考虑如何实现人的目的，就必须进行分析和综合。

总起来说，辩证思维的运动过程，从把握问题的根据开始，考察进展过程，达到目的实现，每一步都是分析和综合的结合，每一步都是对立统一规律的运用。这也就是辩证法的推理过程。接下去要考察的逻辑范畴和方法论基本原理，也都体现了开始、进展到目的的辩证运动。

第三节　观点的批判和实践的检验

"辩证法不崇拜任何东西，按其本质来说，它是批判的和革命的。"①理论的批判性和与革命实践的紧密联系，是辩证法的固有特征，因此上面所说的分析与综合相结合过程的每一步都要进行观点的批判和实践的检验。形式逻辑也讲论证、反驳。论证要求论题明确、论据真实、论证正确；反驳要遵守矛盾律、排中律的要求。然而形式逻辑的论证、反驳讲的都是静态的关系，虽然两者相辅相成，也有辩证法因素。辩证逻辑承认形式逻辑的论证、反驳是必要的，但要求更深入一步，通过判断的矛盾运动达到肯定和否定的统一，通过分析与综合达到主客观统一的具体真理。这个判断的矛盾运动或"辨合"过程，对于所达到的结论来说，就是辩证法的论证。比如，在辩证思维的头脑里，经过历史的考察，总结人们对帝国主义斗争的经验，以"帝国主义是真老虎"为第一个论点，"帝国主义是纸老虎"是第二个论点，"帝国主义既是真老虎又是纸老虎，是真老虎和纸老虎的统一，所以我们在战略上要藐视它，在战术上要重视它"则是结论。从论断的辩证推移反映了人们总结斗争经验而获得这一结论来说，这就是一个论证，这个论证也体现了分析和综合相结合。

具体概念总是在科学理论体系之中。辩证逻辑对一个论题的论证，要依据这一领域的科学理论（如关于帝国主义的科学理

---

① 马克思：《资本论》，《马克思恩格斯文集》第5卷，第22页。

论），并且要求每一步用事实即实践验证。科学的理论体系是正确的观点，与之对立的则是谬误的观点。辩证法的论证就是对正确观点的阐明，同时也是对错误观点的批判或反驳，并且正面的阐明和反面的批判都要诉之于实践的验证。显然，这种阐明和批判，比之形式逻辑的论证和反驳要复杂得多。

古代哲学家已经提出"别囿"、"解蔽"，就是要求对观点进行分析批判。逻辑思维是矛盾发展的，而矛盾的任何一个方面被绝对化都会导致形而上学、唯心论。以判断的肯定和否定的矛盾运动来说，如对第一个肯定论点没有指出差别、联系和转化，这个肯定论断就是无生命的、僵死的；只见肯定是肯定，看不到肯定中有否定，就是片面、静止的观点。因此，辩证逻辑在阐明肯定之中有否定的同时，要批判形而上学的片面、静止观点。对第二个否定论点，如不指出它是联系、发展的环节，不指出否定中有肯定，就会导致怀疑论、虚无主义。因此，辩证逻辑在论证否定的东西与肯定的东西相联系的同时，要批判怀疑论和虚无主义。对于肯定和否定的对立统一、否定之否定，如果仅仅看作是思维自身的活动过程，不强调指出它是客观矛盾的反映，那就是黑格尔的观点。当然，黑格尔也反对形式主义，他也说"三分法"只是"认识方式完全表面的、外在的方面"[①]，他反对把正、反、合作为公式到处去套。但黑格尔是唯心主义者，他认为世界上的一切事物是逻辑范畴的外在化，是思维底布上的花样。这是唯心论的先验论。辩证逻辑在论证肯定否定对立统一的同时，也要批判这种唯心主义观点，

---

① 黑格尔：《逻辑学》下卷，第 544 页。

否则就不能通过概念的对立统一来把握现实的矛盾运动。

　　关于分析与综合的结合，正如王夫之早就批评了的："或曰，抟聚而合一之也；或曰，分析而各一之也。呜呼！此微言之所以绝也。"①或片面强调分析（如道家、程朱理学），或片面强调综合（如佛教、陆王心学），分析与综合的结合遭到破坏，就不可能有关于宇宙变化法则的"微言"。因此，在辩证地运用分析与综合的同时，就必须批判在分析与综合问题上的片面观点。

　　对形式逻辑所说的谬误进行驳斥是比较容易的，指出它犯了偷换论题、虚假论据、推不出、循环论证等错误就行了，但对观点或理论体系进行辩证的分析就要复杂得多。对各种观点既要看到其社会历史的根源，又要看到其认识论的根源；既要看到它具有社会意识的性质，又要看到各个领域各有其专门的特点。而且，问题的复杂性还在于：我们要"解蔽"，而蔽与见常常联系在一起。荀子已指出这一点：有人偏于分析而不注意综合，有人偏于综合而不注意分析，各有所蔽，各有所见。如科学理论上光的微粒说、波动说也是各有所蔽，各有所见，所以要对这些观点作具体分析。对各种作为发展的必要环节的理论体系进行分析时，一定要善于克服错误观点，挽救出其中合理的因素。正是通过这样的分析综合，进行了比较全面、比较正确的批判总结，我们才能够把握具体真理。而实践是检验真理的唯一标准，每一步这样的分析和综合都要诉之于实践，都要用实践经验来检验。

　　概念的辩证法不是用来作为单纯证明的工具，而是如实反映

---

① 王夫之：《周易外传·系辞上传第五章》，《船山全书》第1册，第1002页。

客观现实的矛盾运动的方法。恩格斯在《反杜林论》中说：马克思从未想用"否定之否定"来证明什么，而是用历史事实证明了资本主义私有制是对以个体劳动为基础的小私有制的否定，又从历史的发展证明了资本主义由于其自身的内在矛盾而必将否定自己，然后指出，这是一个否定之否定的过程。这样的阐述表现了判断的肯定和否定的矛盾运动，是分析与综合相结合方法的运用，但并不是如杜林所说的那样，是用否定之否定的公式一套就证明了的。① 就是说，这是资本主义本身现实历史的矛盾运动，而思维的辩证运动只是如实地反映了现实的这个矛盾运动，并未附加任何主观成分。为要如实地反映，那就要求论证的每一步都用事实进行验证，所以需要不断接触现实或举出历史的例证。而不论是当前的事实材料，或反映在文献中的历史事实，都是有观点统率着的，所以验证决不能离开观点的分析批判。辩证逻辑要求观点的分析与事实的验证相结合。

这里包含着三个层次：一、事实（实践经验）；二、科学理论（包括规律与观点）；三、辩证逻辑。对科学理论的论证和谬误观点的驳斥，固然是运用了逻辑，但辩证逻辑的论证无非是现实历史本身的肯定否定的矛盾运动的反映，同时结合着对各种观点的分析批判，而且进行分析和综合的每一步都要用事实来检验。通过这样论证和检验的科学理论，达到肯定和否定的统一、事实与理论的统一，也就是达到了比较全面、比较正确的结论，把握了具体真理。

---

① 参见恩格斯：《反杜林论》，《马克思恩格斯选集》第 3 卷，第 476—477 页。

第八章
逻辑范畴

第一节　范畴的一般涵义

这一节里讲三个问题：一、范畴是哲学和科学的基本概念；二、范畴的辩证本性；三、逻辑范畴的特点。

一、范畴是哲学和科学的基本概念

每一门科学都有一些基本概念，这些基本概念我们就称它们为范畴。例如，生物学里的同化、异化、遗传、变异、物种、自然选择等等；政治经济学中的生产关系、生产力、所有制、商品交换、价值等等；哲学中的物质和意识、现象和本质、矛盾等等。这些，我们都称之为范畴。一门科学的理论体系，作为一个概念结构，它的骨干就是由一些范畴组成的。

在中国哲学史上，逻辑学说首先是围绕"名实"之辩展开的，这就是关于名称（概念）和实在关系问题的争论。这个"名实"之辩，后来就演变为言、象、意、道关系的争论。《易传》里所说的"象"，大体相当于我们现在所说的范畴或类概念。后来的许多哲学家，如张载、王夫之等也是这样用"象"这个术语的。《易传》说："书不尽言、言不尽意，然则圣人之意，其不可见乎?"（《系辞上》）"书"并未把话说完备，语言、判断并未能把"意"即关于真理的认识完全表达出来，那么圣人的"意"是否就无法表现了呢?《易传》接着回答说："圣人立象以尽意，设卦以尽情伪，系辞焉以尽其言。"（《系辞上》）以为通过"象"，也就是我们所说的范畴体系，是可以把"意"（即真理）全面地表达出来的。《易传》承认言和意、名和实是有矛盾的，但是它不赞成老庄那种无名论的学说，而肯定逻辑思维能把握道，用象即范畴的联系以及对这些象所作的说明，是可以把真理表达出来的。它认为每一个卦象都是"其称名也小，其取类也大"（《系辞下》），每一个卦代表一个范围或类概念，取名虽小，所代表的类却范围广阔。在《易传》的作者看来，《易经》所列六十四个卦即六十四个类概念或范畴，把握了它们之间的联系也就是把握了道，把握了易，这就是所谓"立象以尽意"。后来的张载、王夫之等人也都是这样的看法。王夫之说："汇象以成易，举易而皆象。"①把象汇集、结合起来，把握它们之间的联系就是易、道，就是宇宙变化法则;转过来说，宇宙变化法则内在于这个范畴体系之中，没有这些象，就不足以完备地表达宇宙发展法则。尽管《易传》的形式是神秘的，即使是张载、王夫之提出的也是一种思辩的形式，缺乏实证科学的论证，但其中包含着一个合理的思想，这就是:范畴的联系足以表达客观现实变化的法则。在西方，比如黑格尔，其实也就是这么一个观点，他认为绝对概念

---

① 王夫之:《周易外传·系辞下传第三章》，《船山全书》第1册，第1039页。

的逻辑结构就是范畴的体系。

唯物辩证法也认为科学的具体真理必须通过范畴的联系才能把握。科学的理论体系的骨干就是范畴的联系，所以要把握科学的真理就要通过范畴的各个环节。列宁指出："在人面前是自然现象之网。本能的人，即野蛮人没有把自己同自然界区分开来，自觉的人则区分开来了。范畴是区分过程中的一些小阶段，即认识世界的过程中的一些小阶段，是帮助我们认识和掌握自然现象之网的网上纽结。"[①]列宁的意思是说，人处在野蛮状态的时候，只有本能活动，还没有自觉的理性，没有意识到主体和对象的区分。而人一有了意识，就开始有自觉的活动，就把主体和自然界区分开来。自然现象之网本来是一个混成之物，没有剖析开来。出现了意识主体，就有了"我"，世界就一分为二，有"能"有"所"，有主体、有对象。"能"、"所"，主、客就对立起来了。但是，"我"（主体）并不能一下子把握物质世界的全部丰富内容，并不能一下子把握自然现象之网，而必须把这个网区分开来，一个纽结、一个纽结地把握。这些纽结或者说交错点、关节点，就是哲学和科学的范畴。所以，范畴也就成为认识过程的一些小阶段。

就具体科学来说，一个新的范畴的提出，往往标志着科学发展的新阶段。数学提出变数这个范畴就表示数学发展到新阶段；物理学提出场的范畴，生物学提出基因的范畴，也分别地标志着这些科学发展的新阶段。这些范畴都是自然现象之网的网上纽结，即客观现象存在的一般形式的反映。如变数和常数、实物和

---

① 参见列宁：《哲学笔记》，《列宁全集》第 55 卷，第 78 页。这里保留了冯契所引 1959 年版《列宁全集》第 38 卷第 90 页的译文。新版将"小阶段"改译为"梯级"。——增订版编者

场、遗传基因及其变异，这些都是在各个科学领域中客观现实存在的一般形式，它们又都是各门科学里的基本概念，在科学理论思维中起着骨干的作用，并且有方法论的意义。

哲学范畴不同于科学范畴，就在于它是最一般的概念。各门科学的范畴在自己科学领域里是一般概念，而哲学范畴却是最一般的概念，是为各门科学所共同应用的。科学离不开哲学理论的指导，当然哲学也离不开具体科学，因为哲学范畴本来就是从具体科学中概括出来的。但哲学范畴是最一般的，它标志着人类认识世界总过程的一些阶段，即整个人类认识发展过程以及个体认识发展过程的一些阶段。例如，从现象深入到本质、从知其然到知其所以然，都标志着认识发展（全人类以及各个人的认识发展）进入到更高的阶段。同时，这些范畴也是客观实在最一般的形式。无论哪一个科学领域，无论哪一种运动形式，都有现象与本质、自然和所以然这样的存在形式。而作为逻辑思维的形式来说，哲学范畴是思维把握真理的必要环节，是各门科学都共同需要的骨干。如现象和本质、因果性、规律性等等逻辑范畴，各门科学都需要运用，因为科学都离不开逻辑思维，要进行逻辑思维就必须要有逻辑范畴。无论哪个科学领域的科学家，当其进行思维时，总会自觉或不自觉地、正确或不正确地运用这些范畴，因而这些范畴对各门科学都具有方法论的意义。总之，不论就科学来说还是就哲学来说，范畴乃是一些基本概念，是人类认识世界的一些环节，是客观存在的一般形式的反映，在理论思维中起着骨干作用和具有重要的方法论意义。因此，每一组概念都体现了客观辩证法、认识论和逻辑的统一。这是我要讲的第一点意思。

二、范畴的辩证本性

范畴既然是客观现实的反映和标志着认识过程的小阶段,它们当然随着现实的发展和科学的进步而变化发展。在社会历史领域中,范畴的变化发展是显而易见的。社会的人们按照物质生产的发展建立起相应的生产关系,又按照自己的社会关系创造了相应的原理、观念、范畴,所以具有社会意识性质的范畴和它们所表现的社会关系一样不是永恒的,而是历史的暂时的产物。至于关于自然界的许多范畴,也不是一成不变的。随着实践和科学的发展,新的范畴总是不断被提出,而旧的范畴则被改造、被加深,甚至被抛弃。例如,燃素这样的范畴就被抛弃,原子这样的范畴就被改造和加深了。至于哲学范畴也不是永恒不变的,也要不断地提出新范畴,改造旧范畴。有些哲学范畴曾经被广泛运用,但后来却被新的范畴所代替了。例如,中国哲学里的"元气"就是中国哲学史上朴素唯物论者用以表示物质的范畴,有其合理的因素,这是和当时的科学发展水平相适应的。我们现在已经不用"元气"这个范畴了,但它所包含的合理因素是被吸取了。我们现在用"物质"这个范畴,这是建立在现代科学基础之上的。又如"阴"和"阳",作为朴素辩证法的范畴,当然也有它的合理因素,但我们现在确实也用得很少了。虽然我们现在讲对立统一时仍然可用"一阴一阳之谓道"来说明古代已有两点论,但是我们现在可以采用更精确更科学的语言和术语了。例如,我们讲对立统一规律作为逻辑思维的根本规律时,就讲概念的对立统一、判断的肯定与否定的矛盾运动以及分析与综合的结合等等,这显然是较之《易传》更精确更科学的表述。至于如五行说、八卦说中所包含的范畴，它们在中国哲学史上曾广泛使用过（不仅哲学，而且许多具体科学，如医学、天文、历法、历史、道德等领域都曾广泛运用），其中当然有其合理的东西，但也包含着不少的胡说八道。因此，尽管那些合理成分也被现代科学、哲学所吸取，但我们现在已基本上不使用"五行"、"八卦"这些范畴，基本上把它们抛弃了。这是从认识发展的角度来说。无论是哲学还是科学，它们的范畴都是历史地发展变化的，不是凝固不变的，所以范畴具有辩证的本性。

逻辑范畴是认识史的总结和现实矛盾的反映，它不仅要经历认识论意义上的新陈代谢，而且从逻辑学的意义上来讲，必须是流动的、灵活的、在对立中统一的，这样才能把握具体真理。我们前面所讲辩证逻辑关于具体概念的学说当然也完全适用于具体范畴，因为范畴无非就是基本概念。范畴都遵守同一律而有相对稳定状态，但范畴不能是固定的、绝对静止的，而必须是流动的、互相转化的。

恩格斯讲有两个哲学派别："具有固定范畴的形而上学派，具有流动范畴的辩证法派（亚里士多德、特别是黑格尔）；后一派证明：根据和后果、原因和结果、同一和差异、映象和本质这些固定的对立是站不住脚的，经分析证明，一极已经作为核内的东西存在于另一极之中，到达一定点一极就转化为另一极，整个逻辑只是在前进着的各种对立之上展开。"①形而上学把范畴看成是固定不变的、不能转化的。例如董仲舒讲"阳尊阴卑"的地位不可改易，以此来论证"三纲"、论证封建等级制度是永恒的，这是一种形

_____

① 恩格斯：《自然辩证法》，《马克思恩格斯选集》第4卷，第302页。

而上学的观点。在我们国家的十年浩劫期间,由于"左"的思想指导,提出以什么"为纲"、"突出政治"、"路线决定一切"等等口号,把某一片面绝对化,实际上也是认为范畴不能转化,是固定不变的,这当然是违背辩证逻辑的。恩格斯所说的意思,就是讲概念、范畴是对立统一的,逻辑思维是肯定否定的矛盾运动。推论由理由和推断构成,推论要有理由,推论的结果又推出一个论断,这两者是对立统一的。即使是形式逻辑的推论,也体现了理由和推断的对立统一。例如归纳推理:

$$a_1 \qquad (A \to a_p) \wedge a_p \longrightarrow A$$
$$a_2 \qquad (A \to a_p) \wedge \overline{a_p} \longrightarrow \overline{A}$$
$$\vdots$$
$$a_n$$
$$\therefore A$$

在这里,我们从 $a_1 \cdots a_n$ 归纳出 A, $a_1 \cdots a_n$ 是理由,A 是个推断,但我们还要进一步从 A 推导出 a_p 来加以验证。在这样进行推导、验证的时候,A 成了理由,a_p 成了推断。在这样一个简单的归纳推论里边,就包含着理由和推断的对立统一。理由化为推断,推断化为理由,二者互相转化。当然,这是我们从辩证的观点来看归纳逻辑说的话。

整个辩证逻辑是"在前进着的各种对立之上展开"。[①] 也就是说,逻辑就是各种对立范畴的互相联结、转化和达到对立的同一

---

① 恩格斯:《自然辩证法》,《马克思恩格斯选集》第 4 卷,第 302 页。

的运动。对立统一规律是逻辑思维的根本规律，它贯穿于一切逻辑范畴之中。黑格尔批评康德说："康德有四种'二律背反'。事实上每个概念、每个范畴也都是二律背反的。"①康德讲二律背反揭露了范畴的矛盾性，但他不知道矛盾就是范畴的本质、本性。黑格尔则进了一步，他明确指出范畴的矛盾本性，研究了范畴的矛盾运动。但黑格尔认为，范畴是先天存在的，是绝对观念的逻辑结构，现实关系只是范畴的表现。这是一种客观唯心论的观点，这种观点当然是谬误的。而那些主观唯心论者就认为范畴是人随意制造出来的假设，是供人使用的工具，这就是实用主义者的说法。我们要反对这些唯心论的谬论，考察逻辑范畴时一定要坚持唯物主义。我们是在对哲学基本问题作唯物主义解决的前提下面来阐述范畴的辩证本性，来阐明如何通过一系列范畴的矛盾运动以揭示出宇宙发展的法则的。这是就哲学来说的。至于对具体科学来说，就是要在唯物辩证法指导下，通过一系列范畴的矛盾运动，来揭示出这一科学领域的基本法则。对范畴的辩证本性就简单说这一些，这是第二点。

三、逻辑范畴的特点

刚才已经说过，每一组范畴都体现了客观辩证法、认识论和逻辑的统一，因为范畴是客观存在的一般形式的反映，是认识过程的一些阶段，又是逻辑思维的一些基本环节。有人想把范畴区分为本体论、认识论和逻辑三个部分，这样做行不行？当然可以

---

① 参见列宁：《哲学笔记》，《列宁全集》第55卷，第98页。

而且应该从不同的侧面来研究,即应该从客观辩证法、认识论和逻辑不同的侧面来研究范畴,但要把它们截然分割开来,却是办不到的。某一些范畴首先在认识论上具有特别重要的意义,如"能"和"所",感性和理性,意见、观点和真理等,首先是认识论的范畴。但逻辑范畴是认识史的总结,因此在考察逻辑范畴时也不能不涉及上述范畴。比如,我们考察具体和抽象这样的逻辑范畴时,那就不能不同时讲到感性、理性、观点的批判等等。中国哲学史上讲性和天道,这当然首先是本体论上的重要范畴,但逻辑范畴是客观逻辑的反映,全部的逻辑范畴无非是思维用来把握性和天道的一些环节,所以在考察逻辑范畴的时候也不能不涉及到它们。

我们这一章是侧重于考察逻辑范畴,但并不是说这些范畴只有逻辑的意义。必须同时看到,这些逻辑范畴是客观存在的一般形式的反映,是认识过程的一些阶段。我们下面讲"类"、"故"、"理",是将它们主要作为逻辑范畴来考察的,但"类"、"故"、"理"本身当然都是客观存在的一般形式,都是认识过程的阶段。分析和综合是重要的逻辑范畴,而且是方法论最基本的原理,但它们也是科学认识发展的阶段,也是客观现实矛盾的反映。所以,要把范畴分成本体论、认识论和逻辑学三个部分是办不到的,不能把它们割裂开来。不过,从逻辑这个侧面来研究范畴当然还是有它自身的特点的。

首先,逻辑范畴是从思维形式,即从概念、判断、推理中概括出来的。正如列宁所说,任何一个简单的命题都包含着个别和一般、现象和本质、必然和偶然的矛盾,说明这些范畴就是从命题中概括出来的。逻辑范畴很多已为形式逻辑提出来了，所以在考察这些范畴的时候，我们需要从形式逻辑与辩证逻辑二者的关系加以研究；而且总要给范畴安排一个体系，因为具体概念总是要在体系中把握的。从客观辩证法、认识论和逻辑的不同侧面来研究范畴的时候，体系可以有不同的特点。我们下面讲范畴的推移、联系、秩序，是从其作为逻辑体系而提出来的，即并不是将其作为客观辩证法和认识论的体系而提出来的。

其次，逻辑是正确思维的规律，逻辑范畴的推移体现了正确思维的结构和运动法则。自然界无所谓正确与错误，因为自然界无所谓主观与客观的对立。离开了意识主体、离开了人，就无所谓主观和客观的对立，当然也就无所谓正确与错误。认识过程有正确与错误，那是客观事实，可以从认识的条件和认识的矛盾运动来加以说明。从认识论来讲，各式各样的错误都有它的原因，都受客观世界因果律以及认识过程中因果律的支配，但逻辑要讲正确思维的形式和规律，它要求排除错误。形式逻辑要求排除逻辑矛盾，而辩证逻辑则要求通过观点的批判和实践的检验来克服理论思维的错误。所以，我们在考察逻辑范畴的时候就需要考察它们在进行逻辑论证和观点批判方面的意义，要讲逻辑范畴的推移如何体现了正确思维（正确地进行推理、论证）的规律，并结合逻辑范畴推移的每一步论述如何进行观点的分析批判。

第三，虽然一切的概念、范畴都有方法论的意义，但方法在本质上是思维形式的运用。一切科学范畴都蕴涵着逻辑范畴。在运用科学概念、科学理论作为方法的时候，即运用科学概念来规范现实时，总是蕴涵着运用了逻辑范畴。举个例子说，门捷列夫在发现了元素周期律以后,就运用元素周期律来预测新的元素。他曾经预测了好几种元素,其预测相当正确,后来都在实验中被逐一发现了。显然,在这一运用元素周期律来预测元素的过程中,元素周期律就转化成方法,当然这主要是化学家所运用的方法。而当元素周期律作为方法的同时,就蕴涵着归纳与演绎方法的运用,也就是个别与一般、现象与本质这些逻辑范畴的运用。因此,科学方法如果是正确的,就总是蕴涵着逻辑范畴的运用。

第二节　认识的辩证运动与逻辑范畴的体系

我们考察逻辑范畴应当以辩证唯物主义认识论作为前提。从认识论来说,逻辑范畴无非是认识的辩证运动的一些阶段,而人的认识运动是通过实践和认识的反复而进行的,是一个由现象到本质、由感性到理性,并进而由不甚深刻的本质到更加深刻的本质、由不很全面的理解到更加全面的理解这样一个不断深化、不断扩展,以至无穷的过程,而逻辑范畴就是这个运动过程的一些阶段(环节或交错点)。所以,我们的基本观点是:逻辑范畴体系和认识的辩证运动是一致的。

这里,我们先讲一下黑格尔的逻辑范畴体系包含着一些什么合理的成分,然后再来讲唯物辩证法如何来建立逻辑范畴体系。在马克思主义诞生之前,黑格尔的逻辑学提供了一个最完备的范畴体系。列宁在《哲学笔记》中,摘录了《小逻辑》的目录,然后指出:"概念(认识)在存在中(在直接的现象中)揭露本质(因果、同一、差别等等规律)——整个人类认识(全部科学)的一般进程确实如此。自然科学和政治经济学［以及历史］的进程也是如此。所以，黑格尔的辩证法是思想史的概括。从各门科学的历史来更具体地更详尽地研究这点，会是一个极有裨益的任务。总的说来，在逻辑中思想史应当和思维规律相吻合。"①列宁这段话的意思是说，黑格尔逻辑范畴体系体现了人类认识的一般进程，这个一般进程就是从现象中揭露出本质的过程。逻辑学是认识史的概括，在逻辑中认识史和逻辑思维是统一的，所以认识过程与逻辑范畴体系是统一的。列宁接着又说："起初有一些印象闪现，而后有某个东西分出，——然后质（物或现象的规定）和量的概念发展起来。然后研究和思索使思想去认识同一——差别——根据——本质对现象的关系——因果性等等。所有这些认识的环节（步骤、阶段、过程）都是从主体走向客体，受实践检验，并通过这个检验达到真理（＝绝对观念）。"②在这里，列宁说明黑格尔的逻辑范畴体系体现了认识的辩证运动。《逻辑学》的第一部分是"存在论"。黑格尔从"存在"开始，最初的存在即直接的现象，也就是列宁说的"起初有一些印象闪现"。把握了直接现象，接着就要把握现象的规定，考察质和量的关系。但认识并不停留于直接存在及其规定上，认识要透过现象深入到本质，于是就要进一步去把握有关本质联系的一系列的范畴，这就是同一、差别、根据、因果性等等，而这正是黑格尔《逻辑学》的第二部分——"本质论"所讲的。第三部分是"概念论"，它所讲的是绝对观念，也就是讲的真理。以上说明，黑格尔《逻辑学》中的范畴就是认识的环节，

---

① 列宁：《哲学笔记》，《列宁全集》第 55 卷，第 289 页。
② 同上书，第 290 页。

通过这些范畴的辩证的推移,认识逐步从主体走向客体,即主体逐步深入到客体,并通过实践的检验达到真理。整个黑格尔《逻辑学》正体现了逻辑范畴体系与人的认识过程的一致。这是列宁从黑格尔的《逻辑学》中概括出来的合理的东西,是列宁的表述,黑格尔本人并不见得那么明确。列宁说这些认识的环节都要受实践的检验,这是马克思主义的观点。黑格尔是个唯心论者,他以为逻辑范畴是先天存在的,并不是人们在实践中概括出来的。因此,我们不能原封不动地搬用黑格尔的范畴体系,而必须打破他的体系,在唯物主义基础上给以根本改造。

　　同时,黑格尔整个体系是独断的。在他看来,他的范畴体系就是绝对真理,范畴就是绝对观念自我发展的各个阶段,他的《逻辑学》已包罗无遗地完成了绝对真理。这显然是独断论,是违背辩证法的。一定历史条件下的人都受特定历史条件的限制,总有许多逻辑范畴还没有把握(自然现象之网是无限丰富的),而且已经揭露的逻辑范畴总有待于研究再研究,所以我们不应该要求建立一个包罗无遗的范畴体系。如果一定要这样做,那就要陷入形而上学。虽然黑格尔正确地指出了现象世界和自在之物是统一的,他的范畴体系是按照现象深入到本质这个过程来构成的,但是他没有看到从现象到本质、从不甚深刻的本质到更深刻的本质、从不很全面的理解到更全面的理解是一个无限前进的运动。他没有认识是一个无限前进的运动的观念,他认为认识到他手里已经完成了。我们和黑格尔不同,我们不仅要把逻辑范畴体系建立在唯物主义基础上,而且我们还要把认识运动看作是一个无限前进的运动,是一个从现象到本质、感性到理性、从不甚深刻的本质到更深刻的本质、从不很全面的理解到更全面的理解的无限前进的运动，而逻辑范畴就是这个运动的环节。把逻辑范畴安排为一个体系，这是必要的，但不应当是一个封闭的体系。如果要建立起一个逻辑范畴的封闭体系，那就会陷入形而上学。

那么，我们应该怎样来建立逻辑范畴体系呢？这是一个有待解决的问题。正如恩格斯所说，体系是暂时性的东西[①]，一切体系都或迟或早会被克服（保留其合理环节），被超过（达到更高层次），不然认识就成了凝固的、不再进步的了。不过，具体概念、哲学范畴又必须体系化，不体系化就无所谓具体。我们说逻辑思维能把握具体真理，也就是说哲学和科学的理论能够客观地、全面地把握一定层次上的实在，而这种理论一定是体系化了的。当然，这种体系是有条件的、相对的，是一定层次上的体系。但体系化还是必要的，因而我们应该对逻辑范畴体系有一个安排。

首先的问题是，应从什么开始？

我们的基本观点是：坚持认识的辩证运动和逻辑范畴体系的统一，因此认识从哪里开始，逻辑也就从那里开始。我们知道，知识开始于对当前的呈现（"这个"）有所知觉和作出判断，因此黑格尔的范畴体系从"存在"开始是有道理的。不过，应该作唯物主义的解释。我们把从"存在"开始了解为从客观实在开始，从实际出发。归根到底，概念所摹写和规范的对象、判断的对象是实在。一个简单的判断："这是白马"，其中"这"是个实在的物；"白"是概念，归属于性质的范畴；"马"也是概念，揭示了这实物的本质。一

---

① 参见恩格斯：《路德维希·费尔巴哈和德国古典哲学的终结》，《马克思恩格斯选集》第 4 卷，第 219 页。

切的事实判断,它的主词都是实在,一切概念、范畴都可以看成是实在的谓词(宾词)。质和量、现象和本质,这些范畴也是摹写实在的形式。实践是认识的基础,是检验真理的唯一标准。而实践所把握的、实践所接触的都是一个个实在的物。比如,我们用手抓住一个东西、打击一个对象,对付的都是实物。在实践中,脚之所履、手之所触都给人以实在感,而实践就是人的感性活动。在实践中,感觉给予客观实在,有所见、有所闻,这就是呈现于感官的现象。形形色色的呈现依存于客观实在,是实在的表现,也就是自在之物的表现,是实有的。但是,呈现也就是康德所说的外观,它是现象,是实在的一个规定。就像斯宾诺莎所说的,"一切规定都是否定"[①]。对实在的任何规定都包含着对自身的否定,就是说,呈现具有有和无、肯定和否定这样的两重性。一切的色彩、声音、温凉的感觉、各种嗅味,都是实有的,但都是在一定条件、一定关系中的呈现,因此这都包含着自身的否定,离开了这些关系和条件就无法呈现。比如,你说这水是温暖的,这是它在一定条件下的呈现。当手比较凉,去摸它时就会有这个感觉;而如果手是很热的话,去摸它时就不是温暖的,而变成凉的了。又比如,色彩都是在眼睛的接触和有光线的条件下才呈现出来的。如果没有光线这个条件而是在黑暗中,色彩就呈现不出来;如果没有眼睛接触这种关系,如果眼睛是全色盲,那光波也不呈现色彩。所以,呈现是实有的又是非实有的,它包含着矛盾。要解决这个矛盾,认识就不能停留在感性直观上,而要通过现象深入到本质中

---

① 参见黑格尔:《哲学史讲演录》第 4 卷,第 100 页;恩格斯:《反杜林论》,《马克思恩格斯选集》第 3 卷,第 484 页。——增订版编者

去。现象背后的本质，或者更确切地说，内在于现象的本质，才构成现象的真理。要从本质的角度来看，才能判定外观的真实性质。如天空出现了虹，那是外观，它是存在的、实有的，但也可说是非实有的。科学告诉我们，这是太阳光射入到弥漫在空气中间的小水滴，经过折射、反射而形成的现象。这个科学的解释说明了虹的本质，使我们对虹的真实的性质有了正确理解。所以，只有把握了本质，才能真正理解现象。

关于本质的认识是间接的认识。要认识本质必须把握感性材料，而对感性材料要有如实的了解就必须深入到本质。在哲学史上，关于思维是以现象为基础还是以本质为基础的问题，引起了各种学派：经验论、唯理论、休谟、康德、马赫以至现在的实证论者，争论不休。黑格尔肯定现象和本质是不可分割的，自在之物和经验的领域是不可分割的，给我们指出了逻辑范畴就是认识从现象深入到本质的一些环节，这是黑格尔的贡献。但是，黑格尔是个唯心论者，他以为现象和本质是绝对理念的形式，而我们是从客观实在出发，把实在理解为现象和本质的统一。以上所讲是关于建立范畴体系从什么开始（出发）的问题。

其次，关于范畴如何展开的问题。

黑格尔从"存在"开始，他的"存在论"是直接性范畴，"本质论"是间接性范畴，"概念论"是直接性和间接性统一的范畴。这样的体系，把存在与本质两部分分开来加以考察，实际上是把直接性和间接性分割开来。黑格尔自己当然也承认直接性和间接性是不能分割的。他说："不论在天上，在自然界，在精神中，不论在哪个地方,没有什么东西不是同时包含着直接性和间接性的。"①黑格尔认为现象和本质是不能分割的,但他在考察范畴是怎样展开时,却实际上把现象的范畴和本质的范畴分割开来,这样的分割是不妥当的。单纯的直观而不具有判断的形式不能叫作知识,也无所谓逻辑思维。"这个是白的"、"张三是人"这样的简单事实判断已经包含直接性和间接性的统一。"这个是白的"中的"这个"就是直观所把握的,是直接的;而"白"是个概念,它不仅摹写"这个",而且摹写"那个",是对"这个"、"那个"许多个白的东西的概括。感性知识、事实判断都离不开概念,没有一般性的概念就不能构成判断。只有我们用概念来摹写、规范这个、那个的时候,才有关于这个、那个的事实判断。所以,现象和本质、个别和一般、感性和理性都是不可分割地联系着的,我们不能把逻辑范畴分为直接性范畴和间接性范畴,而应该把它们联系起来考察。被黑格尔自己归入直接性范畴的是"存在论"中的范畴:有和无、质和量等等。这些范畴固然有直接性,但也都具有间接性。因为很明显,虽然在知觉中间已经有质和量,如关于色觉的觉、空间知觉的量,但真正要把握质和量就必须把握类,不把握类就不能说真正把握了质和量。就色觉说,"这是白的",而"白"就是个类;就空间知觉说,"这是方的",而"方"就是个类。"类"是关于本质的范畴、关于一般的范畴,所以没有单纯的只是直接性的"质"和"量","质"和"量"必然既是直接的又是间接的。

黑格尔《逻辑学》的第一篇、第二篇是客观逻辑,第三篇"概念

---

① 转引自列宁:《哲学笔记》,《列宁全集》第 55 卷,第 85 页。参见黑格尔:《逻辑学》上卷,第 52 页。——增订版编者

论"是主观逻辑。他从先验论出发，先讲存在和本质的范畴，然后再讲"概念论"，讲概念、判断、推理的形式，讲精神认识真理的过程。这样一个体系是客观唯心论的构造，我们则采取不同的方式。我们先讲唯物主义认识论作为逻辑学的前提，我们从实在出发，并且把实在了解为现象和本质的统一（这一点前面已说了）。接着，我们再从概念、判断、推理来概括出逻辑范畴，又从范畴的矛盾运动来说明思维形式的辩证法。这样，基本上把黑格尔的体系颠倒过来了。那么，我们怎样从概念、判断、推理来概括出逻辑范畴来？ 主要的范畴是什么？ 西方哲学史上亚里士多德、康德都是从对命题的分析和分类来概括出逻辑范畴的。恩格斯在《自然辩证法》中根据康德、黑格尔对判断的分类概括出个别、特殊、普遍等一组范畴。恩格斯又概括黑格尔"本质论"中的范畴说："同一和差异——必然性和偶然性——原因和结果——这是两个主要的对立。"[①]恩格斯先写了"同一和差异、原因和结果，这是两个主要的对立"，然后他又加上一个"必然性和偶然性"，所以他在这里实际上是说黑格尔"本质论"的范畴包括三个主要的对立。恩格斯这个概括对我们很有启发。中国古代哲学家认为主要的逻辑范畴是三组或三个，就是"类"、"故"、"理"。《墨经·大取》提出："夫辞以故生，以理长，以类行。"说明提出一个论断要有根据、理由，这就是"故"；要遵循逻辑规律和规则，这就是"理"；要按照客观的种属包含关系来进行推理，这就是"类"。所以，任何一个逻辑推论都是"三物必具"，即一定包含有"类"、"故"、"理"三个逻

---

① 恩格斯：《自然辩证法》，《马克思恩格斯选集》第 4 卷，第 321 页。

辑范畴。简单的形式逻辑都是"三物必具"。在三段论式中,大前提和小前提是得出结论的根据即"故";S、M、P 之间的关系就是一个"类"的包含关系;而任何三段论的式都必须遵守三段论的公理和规则,即"理"。再如印度新因明的三支作法:

宗:声是无常。

因:所作性故。

喻:凡诸所作,见彼无常,譬如瓶等。

"因"就是"故","喻"是表示按类的关系来进行推理,而宗、因、喻三者构成推理也是有其必须遵守的规则的。所以,任何一个推理都要求"三物必具",《墨经·大取》的概括("夫辞以故生,以理长,以类行")是很完整的,中国哲学史上讲逻辑推理主要是这三组范畴。荀子在《正名》中说:"辨异而不过,推类而不悖;听则合文,辨(辩)则尽故;以正道而辨奸,犹引绳以持曲直。"主要也是讲的三组范畴:类、故、道。不过,荀子有更多的辩证法思想,他强调要正确地辨同异来把握类概念,依据类关系来进行推理;在论证和驳斥的时候,立论的根据要全面,对别人的意见要虚心听取;而他所谓的"正道",当然包括逻辑规律,但也指客观规律和社会规范,意义比较广。但不论是墨子还是荀子,都肯定主要的逻辑范畴是三组,这和恩格斯所概括的基本上一致。因为,恩格斯所讲的个别和一般、同一和差异实际上是关于"类"的范畴,原因和结果是关于"故"的范畴,必然和偶然是关于"理"的范畴。

康德把范畴分成四组①,一组关于质的范畴即肯定与否定,我

① 参见邓晓芒译:《纯粹理性批判》,第 64—65 页。

们已经把它作为规律，在讲判断的肯定否定运动时讲过了。剩下的也就是三组范畴：一组是关于个别与一般的范畴，一组是关于因果性联系的范畴，还有一组是关于模态即必然性与偶然性的范畴，也分别相应于"类"、"故"、"理"的范畴。可见把逻辑范畴分成三组，是中国哲学和西方哲学共同的观点。

在中国哲学史上，"类"、"故"、"理"是由墨子提出来的，后来的哲学家、逻辑学家又作了反复的考察。被考察的方面越来越多，内容越来越深入、越来越丰富。范畴体系不能是封闭的体系。范畴的数目不断增加，每个范畴的内涵、范畴间的联系都是不可穷尽的。不过，古人既然已提出"类"、"故"、"理"的范畴，说明古人也已经具体而微地把握了逻辑范畴的体系。一个初生的婴儿已经具有成人的雏形，甚至一个胚胎也应该承认它完整地具备了一切发展要素的萌芽。达到发展的高级阶段进行批判总结的时候，往往好像是出发点的复归，正如老子所说的"复归于婴儿"（《老子·二十八章》）。我们用"类"、"故"、"理"作为逻辑范畴的骨架，这好像也是出发点的复归。

从认识论来说，察类、明故、达理，是认识过程的必经环节。察类就是知其然，明故是知其所以然，达理则是知其必然（与当然）。"类"、"故"、"理"都是关于本质的范畴。当然，本质与现象是统一的，所以不是说这三组范畴不涉及现象。一般与个别、根据与条件、必然与偶然，都体现了本质与现象的联系。这三组范畴是人们的认识从现象到本质，并对本质的认识不断深化和扩大所必经的一些环节。由然到所以然，再到必然和当然，是一个认识深化扩展的进程，但三者又是不可分割的。真正要把握事物类的本质,那就一定要知其所以然之故、必然之理;而要把握事物发展的必然规律,那当然需要察类、明故。从逻辑学来讲,任何形式逻辑的推理、辩证逻辑的论证都要"三物必具",逻辑思维也就是通过这些环节去把握事物的本质,形成概念,作出正确的判断和推理的。形式逻辑的思维"以故生,以理长,以类行",上面已经说了。从辩证逻辑来说,对立统一规律是思维的根本规律,矛盾是最基本的范畴,它贯穿于逻辑范畴之中,也就是内在于"类"、"故"、"理"这些范畴之中。矛盾是类概念的本质,是论断的根据,是推理的法则。正是通过"类"、"故"、"理"的矛盾运动,思维就越来越全面、越来越深刻地揭露出客观实在的本质。当然,不能把"对立统一"作为公式往范畴上去套,而是要把逻辑范畴作为认识史的总结去具体考察。我们也不试图像黑格尔那样用正、反、合一贯到底,看起来很整齐,什么都是三分法,但许多地方不免削足就履,牵强附会。正如王夫之讲过的,自然界不是一个印板印出来的,假使我们用概念的对立统一和判断的肯定否定的矛盾运动作为一个印板去套,那也成了形而上学。我们也不强求完备,因为我们的范畴体系不是一个封闭的体系,我们只要求能揭示出一组组范畴的矛盾运动,并对整个的范畴体系有一个安排,这样就能给人们提供观点和方法。如果这组范畴和那组范畴之间的联系讲不清楚,我们就不说,以后的人会超过我们,他们会提出更好的见解,会克服我们的弱点,超过我们的体系。而且我们这样来展开范畴的时候,还一定要坚持荀子所提出的"辨合"、"符验"、"解蔽"的要求。所谓"辨合"即分析与综合,"符验"即用实践检验,"解蔽"即进行观点的批判,即每一步都要具体分析,要进行观点的批判，要用实践来检验，让思维与感觉经验有足够的巩固的联系。从哲学来说，逻辑与认识论、客观辩证法统一，逻辑思维的矛盾运动正是通过"类"、"故"、"理"这样一些范畴（环节），揭示出具体真理，把握中国哲学家所谓"性与天道"（所谓性与天道，指宇宙变化法则以及培养人的德性的途径，亦即世界观和人生观的内容）。

总起来说，我们这样来安排范畴体系：从客观实在出发，把实在了解为现象与本质的统一。认识从现象到本质，以及对本质的认识不断深化、不断扩展的前进运动，也就是逻辑思维通过"类"、"故"、"理"等主要范畴的矛盾运动来把握性与天道的过程。

下面我们就来分别考察"类"、"故"、"理"这三组范畴。

第三节　关于"类"的主要范畴

前面讲过，逻辑思维要从客观实际出发，所有的范畴都是对实在的摹写，而实在是现象与本质的统一。"类"、"故"、"理"都是关于本质的范畴，但不能把它们和现象割裂开来。这些范畴的辩证推移正体现了从现象到本质、从不甚深刻的本质到更深刻的本质的认识发展过程。下面我们对"类"、"故"、"理"这些范畴分别进行考察。首先讲关于"类"的范畴，主要是：同一和差异，个别、特殊和一般，整体和部分，质和量，类和关系。

一、同一和差异

逻辑思维要察类。察类就要辨同异，只有通过辨同异，才能揭示出实在的本质，才能从现象上升到本质、从个别提高到一般。从思维形式来说，任何简单的命题，即使是像"玫瑰花是花"、"树叶是绿的"这样的简单命题都包含着同一和差异的矛盾。先秦时期关于"名实"问题的讨论引起了"坚白同异"之辩，这主要是涉及有关"类"的范畴的争辩。惠施一派主张"合同异"，公孙龙一派主张"离坚白"。正是通过这一场争论，《墨经》才在同和异这个问题上提出了比较正确的看法。《墨经》把"同"分为重同、体同、合同、类同。"重同"指两个名词指的是同一事物；"体同"指各个部分属于同一个整体；"合同"指两个事物处于同一个空间；"类同"指有共同属性的事物属于同一类。与此相应，"异"也有四种："二"、"不体"、"不合"、"不类"。这里，就"同"来说，重要的是"体同"和"类同"；就"异"来说，重要的是"不体"、"不类"。"体同"讲的是整体和部分的关系，"类同"讲的是类和个体（分子）的关系。《墨经》对同异作了比较细致的分析，而荀子则进一步提出了"同则同之，异则异之"（《荀子·正名》）的逻辑命名原则，并且还初步揭示出同异的辩证关系：概念和对象要有"同则同之，异则异之"的对应关系，所以不得偷换概念。同时荀子又指出，一个概念是概括了不同的实物；一个判断是把反映不同实物的概念结合起来，来表达一个思想；而一个推理（辩说）是要在"不异实名"（遵守同一律、不得偷换概念）的情况下说明"动静之道"（即说明现实的动静变化的规律）。所以，荀子已经给我们指出概念、判断、推理都是同中有异，都是包含着矛盾的。这就是说，辩证法是普通逻辑思维所固有的。

形式逻辑讲"类同"，就是指事物有共同的属性，便可以归入一类。例如，把白马、黑马、黄马等等抽去它的相异之点，把握它的共同属性，就可以归入"马"这一类。"马"的概念是马类所有分子的共同点的概括。在形式逻辑看来，一类之中的各个分子是彼此独立的，这些分子的总和就构成了类的总体。所以，类是各个分子的总和，这其实是就相对稳定状态而言的同异关系。

辩证逻辑要求把握现实世界的矛盾运动，而在现实世界中，个体每时每刻都在变化，每一个体都是在自身同一中包含着内在差别。每一个类也是同中有异。物种是变化的，如果认为物种不变，那是形而上学的观点。生物进化论告诉我们，物种在遗传中有变异，这就表明每一类生物都是在同一中有差异。客观现实是这样的，所以概念要把握客观现实的变化和发展也必须同一之中有差异。也就是说，概念在本性上是矛盾的，只有这样，概念才能把握现实的矛盾。

就对象来讲，矛盾是各类事物固有的本质。就思维来说，也不能把同和异割裂开来。思维固然要遵守"同则同之，异则异之"的命名原则，但不能停留于形式逻辑，把同和异并列起来，把同和异的关系只看作是外在的。辩证逻辑要求指出概念、论断内在的差别。古代的辩证论者老子曾说："祸兮福之所倚，福兮祸之所伏。"（《老子·五十八章》）这就表示祸福是差异的，但又是同一的。《易传》说："天地睽而其事同也，男女睽而其志通也，万物睽而其事类也。"[①]这里的"睽"是互相排斥、对立、背离的意思。天地是对立的，但又是同一的；万物互相对立、排斥，但正是互相对立的事

---

① 语出睽卦《象传》。——增订版编者

物具有类的同一性。就客观世界来说,同一中包含着差异,差异展开为对立,互相排斥,但又是统一的。因此,从逻辑思维来说,有老子所说"正言若反"的论断形式,如"生而不有,为而不恃,长而不宰";"曲则全、枉则直"等等(参见《老子》,五十一、二十二章)。在老子看来,要表现客观世界的矛盾,就要用这种形式,这是同中有异的论断形式。当然,单有这个还不够。《易传》讲"正言断辞",如"一阴一阳之谓道"、"一阖一辟之谓变"等,这可以说是异中有同的形式。应当把这两种论断形式结合起来,不能偏废。同时,不论是异中有同或同中有异的论断形式,我们不能把它当作先验的模式,不能把它当作空洞的套子。辩证思维不能离开内容来谈形式,如果你把"正言若反"、"正言断辞"当作一种抽象的套子往思维去套,以为这就是辩证思维,那就大错而特错了。但是,同中有异的、即"正言若反"的形式,异中有同的、即"正言断辞"的形式,可以说就是我们前面讲的概念的对立统一、判断的矛盾运动的形式。关于同和异、同一和差异这对范畴就只讲这些。

二、个别、特殊和一般

从辨同异来把握类与不类,就有个别、特殊和一般的范畴。这也就是中国哲学史上的"共"、"殊"问题。任何一个简单的命题,如"白马是马",都包含着个别与一般的矛盾。如果强调了个别与一般的差异,把它们看成是可以分割的,那就会陷入类似公孙龙"白马非马"那样的诡辩。

《墨经》把名分为"达名"、"类名"和"私名"。"达名"指普遍性最高的类概念,如"物"即达名;"类名"指反映一类对象的概念,如

"牛"、"马"等；"私名"指表示单一的即个体对象的概念。荀子进一步讲共名和别名两者是相对的："推而共之，共则有共，至于无共然后止……推而别之，别则有别，至于无别然后止。"（《荀子·正名》）这就是一般逻辑书上所讲的，概念依据种属包含关系可以进行概括和限定。从这个角度看，我们可以把特殊看作是个别与一般之间的中间环节。一端是一个一个个体，每一个体是单一的，只能用私名来表示；另一端是最一般的概念，或最高类，我们用达名来表示；介乎这两端中间的就是特殊和一般的推移。相对于低一级的特殊来说，高一级的特殊就是一般；相对于高一级的一般来说，低一级的一般就是特殊。形式逻辑讲概念的限定和概括也同时体现了辩证法是普通逻辑思维所固有的。

恩格斯曾说："个别性、特殊性、普遍性（即单一、特殊、一般），这就是全部'概念论'在其中运动的三个规定。"恩格斯还说："从个别到特殊并从特殊到普遍的上升运动，并不是在一种样式中，而是在许多种样式中实现的。"[①]就人类认识运动的总的秩序来说，逻辑思维是一个从个别到特殊，并从特殊到普遍这样一个上升运动。人们都是首先认识许多个别事物的特殊本质，然后进一步概括一般事物的共同本质。举例子来说，我们对于物质运动性质的理论认识是经历了从个别、特殊到一般的上升过程的。先是"摩擦生热"，这是一个个别性的判断；而后是"一切机械运动都能借摩擦转化为热"的判断，这是特殊性的判断；然后提高到"能量

---

① 恩格斯：《自然辩证法》，《马克思恩格斯全集》第 20 卷，人民出版社 1971 年版，第 569 页。这里保留了冯契所引旧版译文。新的译文可参见《马克思恩格斯文集》第 9 卷，第 489—490 页。又，引文中括号内的文字系冯契所加。——增订版编者

转化"定律,这是普遍性的判断。这是恩格斯在《自然辩证法》里面举出的例子。[①]

作为认识史的总结,概念的辩证法从总体来说就表现为个别、特殊到一般的上升。而这一思维的上升运动是通过个别、特殊和一般相结合的多种样式来实现的。个别、特殊和一般三者,用黑格尔的表述方式即 E(个别)、B(特殊)、A(普遍),其中任何一个都可以作中项,因此推理形式可以有多种多样,可以是 E——B——A,可以是 B——A——E,也可以是 A——E——B……,至少可以有六种样式,并进行互相结合。马克思在《政治经济学批判》和《资本论》中就运用了黑格尔的这些表述方式。读过《资本论》的人都知道,《资本论》第一章考察商品交换发展史。马克思分析价值形式的发展有四个阶段:

(a) 简单的、个别的或偶然的价值形式:

$$20\text{ 码麻布} = 1\text{ 件上衣}$$

(b) 总和的或扩大的价值形式,即特殊的价值形式:

$$20\text{ 码麻布}\begin{cases} = 1\text{ 件上衣} \\ = 10\text{ 磅茶叶} \\ = 2\text{ 盎司金} \\ \cdots\cdots \end{cases}$$

(c) 一般的价值形式:

---

① 参见恩格斯:《自然辩证法》,《马克思恩格斯选集》第 4 卷,第 334—335 页。

$$1 件上衣 =$$
$$10 磅茶叶 =$$
$$2 盎司金 =$$
$$…… $$
$$\Big\} 20 码麻布$$

（d）货币形式：

$$20 码麻布 =$$
$$1 件上衣 =$$
$$10 磅茶叶 =$$
$$…… $$
$$\Big\} 2 盎司金$$

以上都是马克思举的例子。从个别的、偶然的价值形式发展到特殊的价值形式，再发展到一般的价值形式，这三个阶段正体现了 E——B——A 的形式。也就是说，逻辑思维的 E——B——A 的推理运动反映着商品交换的发展过程。而当发展到货币形式，即一般等价物由固定的贵金属来担负的时候，一般价值形式就转变为货币形式了。用货币作中介来进行商品交换的公式是 W——G——W'（商品——货币——商品），在 W 和 W' 中间的中项 G 就是货币。这个货币是作为一般商品的货币。在这里，这一交换形式的前一半，即 W——G 的关系，可以看作是特殊商品和作为一般商品的货币发生关系；而后一半，即 G——W' 的关系可以说是作为一般货币的商品同个别的商品两者之间的关系。因为这样的商品交换是为买而卖，所以卖出去的是特殊的，买进来是供自己消费的、个别性的，而中项则是作为一般商品的货币。因此，马克思说，W——G——W'"可以抽象地从逻辑上归结为

B——A——E(特殊———一般——个别)的推理式"①。

客观的现实的逻辑发展、人类的认识的逻辑发展,都是在个别、特殊、一般相结合的多种形式中运动的。上面讲的例子,一个以特殊为中项,一个以一般为中项。我们再举一个以个别作中项的例子:"马克思主义的普遍真理和中国革命实践相结合"。把马克思主义的一般原理应用于中国民主革命这一个别情况,于是就产生了中国的新民主主义革命理论。我们说,这一创造新民主主义理论的过程可以抽象地从逻辑上归结为 A——E——B(一般——个别——特殊)的运动,即以个别为中项的推理式。在科学发展史上,得到一个特殊的概括之后,应用于个别情况,这个别的情况就又使原来的特殊理论提高到一般。这也是以个别为中项,不过是 B——E——A 式。

总之,辩证思维的推理,从个别、特殊和一般的结合来说,可以有多种样式,但多种样式都是客观和认识过程中的类属关系的表现,决不是随意的虚构,不是强加于事物的模式。而总起来看,逻辑思维通过多种样式,实现由个别到特殊,又由特殊到一般这样一个总的前进上升的运动。正是通过这多种样式的反复,使我们能达到具体的一般。例如,《资本论》从商品交换的个别行为开始,把商品交换作为一种简单的价值形式来考察,已包含商品经济、资本主义矛盾的要素的萌芽;通过对商品、货币、资本等等的分析,通过多种样式的推理,揭示出资本主义经济的具体形态、一般规律。所以总的说来,从个别、特殊上升到一般就是达到具体

① 马克思:《政治经济学批判》,《马克思恩格斯全集》第 31 卷,人民出版社 1998 年版,第 489 页。

的一般。《资本论》的逻辑也就是我们研究逻辑思维本身的方法。我们是从最简单的判断、推理中揭示出辩证法一切要素的萌芽，通过个别、特殊与一般相结合的多种样式的推理运动来把握具体的一般。我们提出的这个逻辑范畴体系，基本上也是从个别、特殊到一般的前进上升运动，也要求通过多种样式的推理来把握整个体系。

三、整体和部分[①]

《墨经》说的"体同"和"类同"是有区别的。从"体同"来说，四肢是身体的一部分、点是线的一部分；从"类同"来说，是讲分子包含在类里面。不过，类和分子的关系在形式逻辑里也被看成整体和部分的关系。"整体是各部分的总和、整体大于部分"这个形式逻辑的公理，在类和分子的关系中也适用。"整体是各个部分之和"也是数学从形式逻辑借用来的一个公理，不过这个公理在高等数学的集合论里已经不适用了。如：

(a) 1　2　3……n……

(b) 1　3　5……$2n-1$……

(c) 2　4　6……$2n$……

(d) 1　4　9……n^2……

(e) 10　100　1000……10^n

上面列举的自然数的集合，奇数、偶数、平方数以至 10^n 的集合，全都互相对等，具有相同的势或基数。但很明显，(b)、(c)、(d)、(e)

[①] 在作者生前拟定的对本书稿的修改方案中，曾在此处加上"系统"二字，表明作者认为需在此处增述"系统"范畴。——初版编者

都是(a)的部分,(e)是(c)的部分,所以在这里,"整体大于部分"已不适用。

在有机界中,我们也不能把有机体看成各个部分机械的总和。一个生命不等于许多化学元素的组合,也不等于各个器官、组织的机械组合。一只手如脱离了整体,就失去了它作为手的作用和功能;离开了身体,手就不成其为手。只有当它和身体各部分有机地联系着,才是一只活的手,才有手的性能。胚胎是母体的一部分,但它是一个新的整体的开始。很显然,在有机体中,整体和部分的关系也不能简单地把整体看作部分的总和。

古代有不少哲学家把世界看成是一个有机的整体。如郭象说:"区区之身,乃举天地以奉之。"①华严宗讲:"一即一切,一切即一"②,其中的"一"是指个别、部分,"一切"就是指整体。华严宗还用"总相"(整体)和"别相"(部分)的范畴来说明"理事无碍"③,包含有辩证法因素。不过,这些都是抽象的思辨,不是建立在实证科学的基础之上的,所以缺乏科学的论证。

辩证逻辑要求在现代科学基础之上来考察这对范畴。从辩证逻辑来说,整体就是对立统一体,部分也就是统一物的各个对立面。运用部分、整体的辩证法来观察世界,其实就是分析与综合的方法。列宁说:"分析和综合的结合,——各个部分的分解和所有这些部分的总和、总计。"④毛泽东在《矛盾论》里也说:"我们

① 郭象:《庄子·大宗师》注,《庄子集释》上册,第 225 页。
② 法藏:《华严一乘教义分齐章》卷四,石峻等编:《中国佛教思想资料选编》第 2 卷第 2 册,中华书局 1983 年版,第 194 页。
③ 同上书,第 197—198 页。
④ 列宁:《哲学笔记》,《列宁全集》第 55 卷,第 191 页。

从事中国革命的人，不但要在各个矛盾的总体上，即矛盾的相互联结上，了解其特殊性，而且只有从矛盾的各个方面着手研究，才有可能了解其总体。"①要把握矛盾，就要把握矛盾的总体，把握矛盾的互相联结，因而就需要综合。而综合不能离开分析，为了把握矛盾的总体，必须对矛盾的各个方面进行分别研究，了解矛盾各个方面。所谓"了解矛盾各个方面"是什么意思呢？就是要"了解它们每一方面各占何等特定的地位，各用何种具体形式和对方发生互相依存又互相矛盾的关系，在互相依存又互相矛盾中，以及依存破裂后，又各用何种具体的方法和对方作斗争"②。只有这样具体地分析了矛盾的各个方面，又将其综合起来，才有可能在总体上，也就是在矛盾的相互联结上来揭露事物发展过程的本质、规律。

辩证逻辑首要的要求就是客观地全面地看问题。所谓客观地看问题，就是要求从实际出发；所谓全面地看问题，就是要求有全局观点，首先要分析被考察对象各个对立面的基本要素，并将其综合起来，以把握原始的基本关系。而辩证思维的进展，每一步都是分析与综合的结合，也就是部分与整体的辩证统一。通过这样分析与综合的反复，辩证思维的总过程就表现为由简单到复杂、从抽象到具体的上升运动，以达到在思维中再现多样统一的现实的整体。

下面再讲讲全局和局部的关系。毛泽东在《中国革命战争的战略问题》中说："凡属带有要照顾各方面和各阶段性质的，都是

---

① 毛泽东：《矛盾论》，《毛泽东选集》第 1 卷，第 312 页。
② 同上书，第 312 页。

战争的全局。"①关系到对象的各个方面和过程的各个阶段的问题,就是全局性的问题,这也就是带有战略意义的问题。懂得了这个全局性的东西,就使我们更能正确对待局部性的东西。全局和局部的关系就是我们通常所讲的"纲"和"目"的关系:"纲举目张"。"纲"是全局性的东西,"目"是局部性的东西,"目"从属于"纲"。所以,提倡抓全局性的东西,提倡纲举目张,这是对的。当然为此必须首先从实际出发,要抓住的"纲"应当是真正现实的"纲",是客观的全局而不是主观臆造的。其次,也要看到全局是不能离开局部的,全局寓于局部之中,"纲"不能离"目",特别是不能忽视在一定条件下带全局性的重要环节。所谓关照全局,就是要注意有关全局的那些重要环节,包括那些对全局有决定性意义的步骤、部分和关系。毛泽东同志讲"一着不慎,满盘皆输",这"一着"是指对全局有决定意义的一着,是关系到全局的一着,而不是指对全局没有决定意义的局部。所以,对于构成全局的各个部分不可以同等看待。在某个时候、某种条件下,某个局部的变化对全局有决定作用;而在另一个时候、另一种条件下,另一个局部的变化则可能关系到全局,需要具体对待。这种在一定条件下关系到全局的东西,就是我们通常所说的主要环节。可以把发展过程比作一根链条,链条是整体,它有许多环节,就是由这些环节构成了整体。在科学研究中,要善于通过一些环节来把握发展的基本线索。比如,我们研究哲学史,就要善于把握哲学发展的一些必要环节,并通过它们把整个哲学史的发展线索清理出来。在

———————————

① 毛泽东:《中国革命战争的战略问题》,《毛泽东选集》第 1 卷,第 175 页。

实际工作中,则要善于抓住当前的主要环节,接着又抓下一个环节,这样一个一个依次地抓,就能把整个链条拉出来。离开了"目"去抓"纲",脱离了主要环节来谈全局,是空的,那不是全面地看问题,恰恰是一种形而上学的片面性。

四、质和量

主要讲三点:(一)从认识发展说明质和量的范畴;(二)对矛盾进行质的分析和量的分析;(三)从量把握质和从质把握量。

第一点,从认识发展来说明质和量这对范畴。普通逻辑中谈到判断分类时,按质将判断分为肯定判断和否定判断,按量将判断分为全称判断、特称判断和单称判断。判断的肯定与否定反映了事物具有或不具有某种性质。"这个是白的",那就是说"这个"具有"白"的性质,把"这个"归入了"白"的一类。性质都可以看成是类概念,一个类概念反映了一类事物的质的规定性,它以这一类事物的质的规定性作为内涵。不过,人们对于事物的质的认识有一个逐步深入的过程,感觉到的性质如形、色、声、臭都是直接呈现于感官之前的现象,都是外观。真正要把握事物的质,就不能停留在感觉上面,而要从感性经验中概括出一般来。不过,形式逻辑所说的一般是指一类事物的共同点,是抽象的。真正要把握事物的质,就要把握事物的本质。本质不仅是一般,而且是一类事物内在的、固有的一般,即黑格尔所说的"自然界中的类,……是自然界的本质"①。事物的固有的本质就是事物的根本矛

---

① 转引自列宁:《哲学笔记》,《列宁全集》第 55 卷,第 227 页。参见黑格尔:《哲学史讲演录》第 1 卷,第 343 页。——增订版编者

盾,根本矛盾规定事物发展的总过程;根本矛盾不变,事物的质的规定性也就不会变,所以对质的认识有一个从现象到本质的过程。

性质的概念都可看作类概念,类与其分子之间存在着种属包含关系,数量的概念是否也如此呢? 比如,一堆东西是五个,"五"是一个数。我们用"五"来摹写这一堆,而不是各别地摹写其中的这一个那一个。用数学的术语来说,这是一个"集合",而这个集合为"五"。数目可以看作是集合的特性,也可以理解为集合之集合。如果把集合叫作类,那么每个自然数都是类之类。但这里讲的作为集合的类与具有种属包含关系的类是显然不同的。不过,一切的种属都有它的量的规定,《墨经》说:"异类不比,说在量。"(《经下》)"异:木与夜孰长? 智与粟孰多? 爵、亲、行、贾四者孰贵?……"(《经说下》)意思是说,质规定量,如果不同的类在质上面是不可比的,那么就不能比较它们之间的量。例如,木头的长是空间的长度,夜长是时间的长度,不同质,所以不能比较它们的量(长度)。爵位也讲贵,行为也讲贵,商品价值也讲贵,但因这些东西是不同的类,贵是就不同的质说的,所以不能在量上进行比较。这些都说明质规定量。我们这里讲的是逻辑思维,若就形象思维来说,艺术的比喻却常常突破这种"异类不比"的限制。例如,智慧与粟米不好比多少,行为与商品不好比贵贱,但是在文学的描写中,却可以说:"某个农民的智慧和他收获的粟米一样丰富";"某个商人的货物很贵,而行为却很贱"。

我们对事物的量的认识也有一个逐步深化的过程,首先看到的是外延的量。如一堆苹果是五个,一堆橘子是三个,讲的都是外延的量。进一步看到内涵的量，即内涵于质的量。这是指事物发展的程度、发展的水平，这样的量是事物的质所固有的。内涵的量和外延的量也不能分割，人们往往把内涵的量化为外延的量，以便于计算。如量体温，我们就用温度计的度数（外延的量）来表示身体的热度（内涵的量）。再如评定一个人学习的成绩，通过考试评定考分，也是用外延的量来表示内涵的量。当然严格说来，用分数来表示一个人的文化水平或学习成绩，不见得是精确的，不过为了进行计算，就需要把内涵的量化为外延的量。而真正要把握内涵的量，就要认识事物根本矛盾双方的力量对比及其变化，因为根本矛盾规定着事物的质，而矛盾有不同的方面，正是这些不同方面力量对比的变化规定着事物内涵的量。

从科学认识发展史看，某些科学在特定阶段上侧重于考察事物的质，作定性的研究；某些科学在特定阶段上侧重于考察事物的量，作定量的研究，这都是必要的。不过，如过分强调定性，而且把类看成是固定不变的，那就要导致形而上学；如片面夸大定量，甚至认为万物皆数，数量是第一性的，那也成了形而上学。在中国哲学史上，王夫之批判了那种主观比附的象数之学，提出了"象数相倚（因）"①的观点。就是说，"象"和"数"、定性和定量是互相依赖的、不可分割的。王夫之讲"象生数，数亦生象"②。自然界的各种性质的物体都有它的"象"，这是从类概念的角度来考察它。而对于这些"象"，人可以通过数量关系来把握它们，这就是"象生数"；但另一方面，人也可以依据数量关系来制作器物，获得

---

① 王夫之：《尚书引义·洪范一》，《船山全书》第 2 册，第 338 页。
② 同上注。

成功,这又是"数生象"。王夫之把中国传统的"比类取象"和"比类运数"两种方法统一起来了。取象即按本质属性作科学分类的方法,运数即从数量关系来把握各类事物的方法。王夫之把二者统一起来,作了哲学的概括。当然,王夫之的这种理论也是思辨的,受到当时科学水平的限制,但这个概括无疑是正确的。从质与量的统一来把握类,可说是科学认识史的总结。

第二点,辩证逻辑作为认识史的总结,从质量统一的观点来考察事物,就要求对矛盾进行质的分析和量的分析。马克思主义经典作家就是这样做的。比如,马克思分析商品,从使用价值来说,有意义的是商品中间包含的劳动的质;而就交换价值来说,有意义的是商品中包含的劳动的量。马克思就这样从质和量的范畴考察了商品中使用价值和价值的矛盾,以及体现在商品中间的劳动二重性。在《论持久战》中,毛泽东分析抗日战争各个阶段双方力量的对比变化,也是从质和量的结合进行考察的。如讲战争第一个阶段,我方处于劣势、敌方处于优势。而这时我方有两种不同变化:一种是向下的,即土地、人口、经济力量、军事力量的缩减;另一种是向上的,就是战争中的经验的积累、军队的进步、政治的进步、人民的动员、国际援助的增长,等等。"向下的东西是旧的量和质,主要地表现在量上。向上的东西是新的量和质,主要地表现在质上。"①在第一阶段,敌人也有两种变化,正好相反。到第二个阶段,我们解放区继续着质和量的向上的变化,不仅是新的质,而且新的量也获得很大发展。主要是由于我们解放区的

① 毛泽东:《论持久战》,《毛泽东选集》第2卷,第467页。

不断向上的变化，就逐步使中国脱出劣势，而敌人则逐步失去优势。这样经过了相持阶段，达到了第三阶段，就是战略反攻阶段了。总起来说，就是把抗日战争看成我方新的质和量在斗争中向上发展，旧的质和量在斗争中向下变化的过程。这种变化就使中日双方由旧的不平衡（敌方占优势、我方占劣势）达到平衡（相持阶段），而后又达到新的不平衡（我方占优势、敌方占劣势）。这一个力量对比的变化，毛泽东同志就是从质和量统一的观点来考察的。

总之，要具体地认识新旧力量消长的规律，就必须对矛盾的各个方面、各种因素进行具体的质的和量的分析。从客观辩证法来说，事物由矛盾运动而引起的发展是通过量变和质变的交替来实现的。物质运动形态的互相转化、变化过程的更迭、发展阶段的推移，都是量变质变的交替。同时，各个运动形式、变化过程和发展阶段，其内部矛盾着的各个方面，都有着质和量的变化，表现为新旧力量对比的变化。因此，从概念的辩证法来说，只有对事物内部矛盾着的各个方面进行质的分析和量的分析，才有可能综合起来了解其矛盾的总体，了解其新旧双方斗争力量的消长，从而把握事物由于内部矛盾而引起的量变、质变的全过程。

第三点，辩证逻辑从质量统一的观点来把握事物，还要求既从量来把握质，又从质来把握量，这样就可以使认识逐步深入，概念由抽象上升到具体。

对于质，我们要从量的方面来把握它，考察它。例如，对红、绿等感性的性质，我们就用光波的波长、频率来说明，这就是从量来把握质。刚才讲过的用温度计来量体温（体温是内涵的量），用外延的量来表示内涵的量，就可以使人知道被量体温者是否发烧、是否有某种病，这也是从量来把握质。当我们把色彩归结为光波的长度，把体温归结为温度计上的刻度时，我们就感到，经过度量而获得了更切实可靠的知识，这样就从现象深入到本质的联系了。而在本质的联系这个层次上的数量关系，如果能用数学公式把它表示出来，我们就认为是把握了规律、定理。近代科学所以能迅速发展，原因之一就是成功地运用数学的方法于具体科学。科学家力求在观察和实验中找出现象中可以度量的因素，再用数量关系来进行推算，通过数学推导来提出假设，进行实验。可见，从量来把握质，或者说化质为量，具有十分重要的意义。不过，因此也形成了一种片面的观点，那就是认为宇宙间的运动归根结底只是数量的变化，只是机械的运动。从原子到星球，从无机物到有机物、到人类，运动都被看成是到处一样的，可以用统一的数学公式来刻画，这样世界的质的多样性被忽视了。这是一种机械论的观点。

我们用光波的数量变化来说明色彩的性质，当然说明认识是深入了，获得了更可靠的知识，但是还需要更进一步。物理学家进而从电磁波的性质来考察光波与红外光、紫外光等等的数量关系，这样从质来把握量，就使我们的认识更深入了一个层次。黑格尔在《逻辑学》中说："知道自然的经验数字，如星球彼此间的距离，是一个巨大的功绩；但是，使经验的定量消失，并把它们提高到量的规定的普遍形式，以至成为一个规律或说一个尺度的环节，则更是不朽的功绩；这正是伽利略关于落体，克卜勒关于天体运动所获得的。他们对他们所发现的规律，是这样证明的，即指出规律的全部细节与观察符合。但是，还需对这些规律有更高的证明，而这无非是从相关的质或确定的概念（如时间和空间）去认识它们的量的规定。"[①]伽利略关于落体的定律、克卜勒关于行星运动三定律，都可以用数学公式表示，并用观察到的事实加以证明，但这是从量把握质。黑格尔认为还要进一步由质来把握量，从时空关系来把握量，而当时的科学家还没有作出这样更高的证明。黑格尔的这个观点基本上是对的。物理学的进一步发展，提出引力场概念、相对论原理，那正是从质来把握量，从时空关系来认识这些力学规律的量的规定，但这是属于更深入的层次。门捷列夫研究元素周期律，通过元素的分类，他把元素的性质变化归结为原子量的变化。随着原子量的递增，元素的化合价和其他的化学性质呈周期性变化，这就是从量来把握质。而化学后来的发展对元素的认识达到了更深入的层次，现在我们用原子结构来说明原子量，用核外的电子层结构有规律的改变和核电荷的递增来说明元素性质的周期性的变化，这不仅从量把握质，而且从质考察了量。这样，我们对元素周期律的认识越来越具体了。所以，正是通过这样的从量把握质、从质把握量的反复，科学的理论思维就由一个层次进到另一个更深入更广阔的层次，而理论也就由抽象上升到具体。

五、类和关系

在普通的逻辑教科书中，判断分为性质判断和关系判断。我

[①] 黑格尔：《逻辑学》上卷，第 373 页。克卜勒，现通译为"开普勒"。——增订版编者

们用∅x来表示 x 有∅的性质,能满足∅x的个体就是一类。另外,我们用 R(x,y)来表示 x 与 y 有关系 R,凡是满足 R(x,y)的个体有关系 R。

　　类和关系在形式逻辑中分别作了研究,这是必要的。关系推理"a＞b 而且 b＞c,所以 a＞c",和三段论式的第一格相似,但有区别。我们很难把它化成三段论的第一格,但这个关系推理是正确的,可见关系和性质(类)是有区别的。形式逻辑研究了传递、对称、自反等关系。"相等"是传递的、对称的、自反的关系;而"大于"是传递的,但是反对称、反自反的关系;"蕴涵"是传递的、非对称、非自反的关系。三段论的推理也是建立在一种关系,即类的包含关系的传递性上面。

　　就客观世界来说,类和关系是不可分割地联系着的,关系者都属于一定的类,而类的个体所具有的性质总是在一定的关系之中。人们对于关系的认识也有一个逐步深化的过程。感性直观已经把握了许多现象之间的关系,而理性则要求把握事物之间的本质联系。从时空关系来讲,知觉已经把握了形体大小、时间短长等等关系,但对时空的本质的探讨,则经过了许多哲学家、科学家的共同努力,现在也还有待于进一步去研究。要把握关系的本质,或者说本质的联系,那就首先要从类的观点,也就是说要从一般的观点来考察。从类来把握关系,不能停留在个体的特殊的关系上面,而是要把握类与类之间的普遍联系。另一方面,真正要把握类的本质,也不能离开本质的联系来考察类概念。现在的逻辑教材中,关于空类、虚概念问题的解释有一些分歧。从形式逻辑的对应关系来看,虚概念、空类概念都是一些外延为零的概念,没有相应的对象。形式逻辑要求概念和对象有对应关系，它却没有相应的对象。对于这些概念应怎样解释？有许多科学概念属于空类，数学上的"0"、几何学上的"点"、物理学上的"绝对零度"等等，以及我们日常讲的"过去"、"未来"，这些概念都有确定的内涵，而且其中很多概念都有科学的定义，但它们的外延是零，那么它们的对象是不是就不存在呢？这样的问题需要从辩证逻辑来研究。辩证逻辑认为类和关系是不能分割的，要求从本质的联系来把握类。如果我们从本质联系来把握类，那么这些科学概念的矛盾本性就可以得到说明。数学上的"0"这个数固然是 0，但在数的系列上，不论是自然数的系列或实数的系列，"0"都有它确定的地位。几何学上的"点"没有长、宽、高，没有空间的量度，但它在空间关系上有其确定的位置。通常讲的"过去"，既然过去了，当然已不存在了，但"已然则尝然，不可无也"（《墨经·经说下》），不能说它没有。"未来"当然还没有来，还不是现实，但我们可以依据规律对未来进行预测。这些概念都包含着有和无的矛盾，它们都是思维不可缺少的概念。这些都是说明思维的本性是辩证的。另外一些虚假的概念，如"鬼"、"神"，它们也有一定的内涵，但这些概念都是客观世界虚幻的反映，是虚假概念。这些概念，我们如果从认识论的关系来考察，那也可以得到合理的解释。不仅构成这些概念的内涵的那些材料是来自现实，并且它们所包含的虚幻的迷信观点也有其客观的根据，是社会存在的反映。以这些概念的内涵来说，如神仙会飞、三头六臂、奇形怪状等，其材料都是从现实中吸取来的，这些都容易说明。但是，这类概念毕竟是对现实的虚幻反映。虚幻，岂非是没有根据吗？而这些概念也构成一种体系,它所包含的迷信观点其实也有现实的根据。如生产力水平低,人们在自然的威胁面前无能为力,剥削阶级的残酷压迫和统治,人感到不能掌握自己命运,在这种情况下,就会产生种种迷信。可见,这种迷信的产生有其社会根源和认识论的根源。对于虚幻的概念、谬误的观点,我们从思维和存在的关系、社会意识和社会存在的关系来说明它,就可以对它进行正确的批判,揭示出它是如何歪曲地反映现实,而又有其现实的根源的。只有这样的分析批判,才能真正地克服它们。

在这里,我们实际上已经进入了"故"的范畴的考察。因为要从本质联系来把握类(包括空类),从现实根源来考察这些虚概念,就是在说明这种概念有客观的根据。一切概念、观点都是有根据的,根据就是"故"。一般地说,我们把某个对象归入一类,并从本质联系上来把握它,也就是对它作了论证,说明了它的理由或者根据,就是在"以说出故"。例如因明常举的例子:"声是无常",即把声归入了"无常"这一类;并从声、所作、无常三者之间的本质联系来考察,从三者之间的种属包含关系来为"声是无常"这样一个论断提出了理由和论证。

第四节　关于"故"的主要范畴

关于"类"的范畴是回答"是什么"的问题。知道了是什么,还要进一步问"为什么";知其然(自然),还要知其所以然。关于"为什么"或"所以然"的范畴就是关于"故"的范畴。

关于"类"的范畴都是自然物的一般规定性。而我们掌握了这些自然的规定性以后，认识还需要进一步来考察事物之所以具有这些规定性的根据。用黑格尔的话说，就是把事物看成是"被设定的东西"，于是用"为什么"来说明它"是什么"。所谓"以说出故"，就是说出根据，说出理由。关于根据或者理由的范畴，我们将依次考察：因果关系和相互作用、条件和根据、实体和作用、内容和形式，以及客观根据和人的目的。

一、因果关系和相互作用、条件和根据

形式逻辑已经提出充足理由律。这条规律是说：提出一个命题、作出一个推断必须要说明理由。理由和推断、前提和结论的关系，在形式逻辑中，是以蕴涵关系作为依据的。形式逻辑根据蕴涵关系来进行推理，而蕴涵关系反映了客观事物及其充分条件和必要条件之间的关系，是最广义的因果性联系。蕴涵关系是事物处于相对稳定状态时最常见的、最普通的、互为条件的关系的反映。当然，说蕴涵关系是客观的互为条件的关系的反映，决不是说逻辑推论中的理由就等同于现实中的原因。对于"为什么"这个问题的回答，可以是原因，也可以是结果。例如我们问："为什么这块地高产？"回答说："因为下了肥料。"这是以原因作为理由。但如问："为什么知道下了雨？"回答说："因为地面湿了。"这个回答实际上是以结果为理由。所以，理由和推断的关系是以客观因果关系作为基础，但不等于理由就是原因，推断就是结果。而且形式逻辑的三段论通常并没有提供因果关系的积极的知识。比如，为什么"孔子有死"？回答说：因为"孔子是人"、"而凡人皆有死"。这样的三段论实际上并没有提供积极的因果性知识。

培根不满足于三段论,他提出要用归纳来寻求客观的因果关系。这种归纳法后来发展为穆勒的五法,即现行普通逻辑教科书中讲的求因果关系的方法。这些方法在科学研究中无疑是有用的,而且也很容易看出其中有其固有的辩证法的因素。如求同法和差异法就包含着同和异的矛盾;剩余法体现了归纳法之中有演绎法;共变法通常用函数关系来表达因果关系,说明质和量的统一。所以,尽管这些方法是初步的逻辑方法,中间包含有辩证法因素,就像所有的普通逻辑思维都包含有辩证法的因素一样。但这些方法当然也有其局限性。客观世界是一个由各种现象相互作用、普遍联系构成的图景,事物的运动可以比喻为一条无穷的链条,或者无限丰富多样的有机联系的网。我们把其中的两个事物孤立起来,说甲是乙的原因,乙是甲的结果。例如,下肥料是原因,水稻丰产是结果。把因果关系这样孤立起来加以考察是必要的,但又是片面的。形式逻辑讲充足理由,实际上理由并不充足。我们通常所理解的因果性,只是世界性的普遍联系和相互作用之网的极小部分。

事物之间的联系是多种多样的,我们上面讲过的类和关系、质和量等等都存在于联系之网中。这就是说,联系不只是因果联系,从整体、从联系的观点看,因果关系中的原因和结果是可以互相转化的。在这个场合是原因,在那个场合可以是结果;而且因果关系同其他许多关系又是不可分割的。从这个意义上讲,要全面地把握因果关系,就需要把握现象之间的普遍联系和相互作用;或者倒过来说,只有全面地把握了现象之间的普遍联系和相互作用,才能真正把握因果联系。恩格斯讲"相互作用是事物真正的终极原因"。我们探求事物的因果关系，最后归结到相互作用，即归结到物质运动形式的相互作用，而这种相互作用就是物质运动本身，所以是终极原因。"只有从这个普遍的相互作用出发，我们才能达到现实的因果关系。"①这是问题的一个方面。

另一方面，也不能空洞地讲相互作用。如果只讲原因也是结果，结果也是原因，这样来讲相互作用，那就等于什么也没有讲。因为只说这一个和那一个相互作用，一切事物普遍联系和相互作用，这样抽象地谈，并没有提供积极的知识。所以，不仅要从普遍的相互作用出发，而且需要具体考察相互作用的各个方面、各种因素，并且也不能不分主次地把各种因素同等看待。如果把各种因素同等看待，就是多元论、多因素论。社会学上的多因素论把地理、政治、人口、思想、个别杰出人物、某个偶然事件这些因素同等看待，说历史是多种因素相互作用造成的，这样只能导致诡辩和唯心主义。例如，胡适就是用多元论历史观反对唯物史观。他认为不能说经济是决定因素，而认为许许多多因素都是起作用的；甚至说，一个军阀起个念头就可以引起战争；一个人吐口痰，痰内含有肺痨菌就可以引起一个村子的毁灭。这样来解释历史，无疑等于诡辩。

辩证逻辑要求从相互作用出发来具体地考察事物的各种联系，考察它的各种因素、各种条件，要求从全面地考察各种条件中来把握事物发展的根本原因，亦即根据。

一般说来，矛盾是事物运动的源泉。不论自然或社会现象，

---

① 恩格斯：《自然辩证法》，《马克思恩格斯选集》第 4 卷，第 328 页。

事物内部的本质矛盾是事物赖以存在和发展的根据;其他的原因只是制约着事物存在和发展的条件,其中有的还只是导因(一些小事件)。科学认识最重要的任务就是要从事物的现象和错综复杂的联系中间去认识事物发展的根本原因,从影响事物的各种条件之中去把握事物发展的内在的根据。孤立地把个别的条件作为根据或列举各种因素而不分主次,那是错误的。重要的是要把握根据,而离开了各种条件、各种因素相互之间的联系和相互作用,也就找不到变化的根据。所以,如何通过分析事物的各种条件去把握其根据,乃是科学认识和逻辑思维最重要的问题。

怎样从分析条件中去把握根据呢?首先要全面地考察事物的条件,即考察事物的内部条件和外部条件,考察事物的历史条件和环境条件,考察事物的客观条件和主观条件,考察事物的有利条件和不利条件等等。总之,是从不同的方面、不同的对立因素去把握它。例如,要实现四个现代化,必须研究国情,为此就要考察我国的现状和历史、国内条件和国际环境、自然资源和人的力量等等。这样从内外、纵横、主客、利弊等不同的对立方面来进行分析,就是具体分析具体条件。作了这样的具体分析以后,又要把它们联系起来加以研究,分清其中什么因素是经常起作用的东西,什么因素是暂时起作用的东西;分清什么是本质、主流的东西,什么是非本质、非主流的东西。这样从实际出发,全面地分析了条件,再综合起来,就可以把握事物赖以存在和发生的根据(根本原因)。

辩证逻辑的分析和综合的运动,首先要把握发展根据,也即要求从所考察领域的基本的原始的关系出发揭示出事物发展的基本矛盾。为要做到这一点，就必须对条件作全面分析，把握所考察领域的全部基本要素，并进行科学的综合。我们经常举的例子，不论是《资本论》还是《论持久战》都是这样的。《论持久战》一开始便对中日战争双方从社会性质、历史发展、实力对比、国际援助等条件进行全面分析，也就是分析了战争双方的全部基本要素；再综合起来，这就把握了问题的根据，亦即抓住抗日战争是持久战和最后胜利属于中国这一论断的根据了。《论持久战》整部著作就是这个根据（基本矛盾）的展开。

二、实体和作用

通过对条件的全面分析来把握根据，这就是认识事物自己运动的原因。从客观辩证法讲，在总体上，物质实体自己运动，运动的原因在于物质自身，而不是外力的推动；就物质分化为各种实体来说，各个实体、各种物质运动形态都是既自己运动又相互作用的。这就是斯宾诺莎所说的"实体是自身原因"①的意思。马克思主义和黑格尔都同意斯宾诺莎这一命题。正如恩格斯所说，这个命题"中肯地表现了相互作用"②。

各种物质形态的相互作用就是以自身为原因的实体的运动。实体范畴的提出是人类对自然界和物质认识的发展过程的重要阶段，它使我们对原因的认识更加深入了。当然，最简单的判断已包含有实体的范畴。例如说："太阳是圆的"、"太阳是发光的"、"太阳在天上"，这些简单的命题都是以"太阳"作为主词，太阳就

---

① 转引自恩格斯：《自然辩证法》，《马克思恩格斯选集》第 4 卷，第 327 页。
② 同上书，第 327 页。——增订版编者

是个实体；而"圆的"、"发光的"、"在天上"，这些是偶性；太阳被看成是这些偶性的支撑者。实体和偶性的范畴在哲学史上早已提出了。形而上学把实体理解为躲在现象或偶性之后，或超乎想象之上的超验的东西。而相对主义者则把实体理解为现象或偶性的集合体，以为实体不过是虚构，也就是说世界上只有现象或偶性，并无实体。在中国哲学史上，这个争论就是"或使说"和"莫为说"的争论。认为形而上学的本体是超验的，这是"或使说"的理论；而认为实体是虚构、世界是偶性的集合，则是相对主义的"莫为说"。通过"或使说"和"莫为说"的争论，中国古代哲学达到"体用不二"的结论。这就是说：作用是实体的自己运动；离体别无用，离用别无体。然后更进一步，哲学家们认识到，实体的自己的运动就在于它本身包含矛盾，矛盾是一切实体自己运动的原则。

不过，口头上承认"体用不二"并不等于实际上贯彻了"体用不二"的原则和方法。在中国哲学史上，魏晋以来，"体用不二"的观点几乎是所有哲学家都承认的。从玄学、佛学到宋明理学都讲"体用不二"，但大多数哲学家都遵循王弼提出的"象者，所以存意，得意而忘象"①的方法。以为虽需利用象以得意，但得到了意就把象忘掉；而且"得意在忘象"②，只有把象丢掉，才是真正得意，即得到真理。这实际上是把象和道、用和体割裂开来了。佛学、玄学、理学的许多哲学家把世界的第一原理即本体说成是虚静的，这就是把本体看成是超验的。在中国哲学史上，用来建立这种形而上学本体论的主要逻辑论证是两个：一个论证是庄子提出

---

① 王弼：《周易略例·明象》，楼宇烈校释：《王弼集校释》下册，中华书局 1980 年版，第 609 页。
② 同上注。

来的，主张从绝对运动来看事物，把一切事物都看作是"方生方死"、"交臂失之"的，刚一产生就消灭了，所以世界是虚无的。另一个论证是佛家的说法：事物是由因缘和合而成的，所以是假象，并非实有。如果真正实有的话，它为什么要和合而成呢？所以世界的本体只能是虚寂。这两个论证都是从用（即从变化、从互为因缘）来说明一定要有一实体，它超乎变化、超乎因缘。这实际上是体用割裂的观点。假如你只承认一个变化、互为条件的世界，那么实体就是个虚构；假使你承认有个实体，那么实体应该超乎条件、超乎变化，即超验的。后来，王夫之驳斥了这种论证方法。他说："善言道者，由用以得体；不善言道者，妄立一体而消用以从之。"①唯物主义的"体用不二"的观点，"由用以得体"，从作用来认识实体；而形而上学者"妄立一体消用以从之"，就是设立了一个超验的本体，而把用取消了。王夫之提出了同形而上学（佛学、玄学等）相反的命题。他说："可依者有也，至常者生也，皆无妄而不可谓之妄也。"②就是说，可以依赖的就是有，生生不已的就是恒常的。一切事物都是互为条件、互相依赖的。例如，人要生活，就要依赖土地、空间、水、粮食、饮料等等。天地间的事物都是"相待而有，无待而无"，世界就是一个互相依赖、物物相依的因缘之网，这个网就是客观实在。所以，不能像佛家那样来论证，说因缘合成的就不是实有。恰恰相反，有条件的才是实有，客观实在就是一个"相待而有"的网。当条件具备的时候，事物就运动，就生长发育，并经历若干阶段，推陈出新。这样一个过程是真实的运动过

---

① 王夫之：《周易外传·大有》，《船山全书》第1册，第862页。
② 王夫之：《周易外传·无妄》，同上书，第887页。

程,有它的恒常的规律。恒常的规律就是运动发展过程本身,就是生生不已的过程本身,所以说"至常者生也"。不能像庄子那样论证,说变化无常,不能暂留,有变化就没有了实在,其实正好相反,变化的才是实在,发展变化有恒常的规律。王夫之认为,正确的论证方法就是"由用得体",就是从互相联系的观点、从变化发展的观点来把握物质的体。王夫之所谓"物物相依"、"推故致新",就是主张从联系发展的观点来把握实体,并把实体的作用理解为必然的自己的运动。

这样的一个唯物主义的"体用不二"的观点、物质自己运动的原理,对科学研究、逻辑思维是有非常重要的意义的。一方面,要把握所考察领域的根据,就要从普遍联系、变化发展中来把握实体,这是"由用得体"。另方面,又要从实体来考察运动变化,把变化发展过程理解为实体由内部矛盾引起的必然的自己运动,这可以说是"因体显用"。这样,既要批判把实体看成超验的形而上学,也要批判把实体看成虚构的相对主义。

欧洲 18 世纪的科学家往往用什么"素"、什么"力"来解释现象。例如,用热素、电素等解释物理现象,用化学亲和力解释化学现象,用生命力解释生命现象,认为在现象后面躲着某种形而上学的、超验的力量。这种观点就是形而上学的思维方式的产物,都是"或使说"或外因论。随着科学的发展,这些形而上学的观点被否定了,却又产生了另一种倾向。唯能论根本否定物质实体,把世界上的一切都归结为能量,宣称物质消灭了。逻辑实证论则把原子、电子等各种实物都看成是事素集合成束的方便方式。按照实证论的观点,关于实体的学说都是形而上学,而形而上学命题都是没有意义的。这两种倾向（形而上学和实证论）都应该批判，因为它们都把体和用割裂开来了。

唯物主义的"体用不二"的观点，对我们今天的科学研究来说仍然是很重要的。今天我们对物质实体及其作用的研究，一方面越来越深入，向微观发展，深入到基本粒子和它们的相互作用的领域；另一方面越来越扩大，向宇宙发展，从太阳系、银河系扩大到总星系。不论哪一个方面，坚持"体用不二"的观点都是重要的。当然，科学发展是不平衡的。就某些科学来说，要着重考察作用、功能方面，而另外一些科学则要着重考察实体、结构方面。如生理学着重研究生物的功能，而解剖学着重研究生物体的结构。再如，现代控制论的"黑箱"理论，就是暂且不管实体的内部结构，而是注重从功能、作用上来观察所研究的系统，把具有同样的输入值和输出值的系统看成是同构的系统，以建立模型。但不论是哪种情况，坚持唯物主义的"体用不二"的观点都是重要的。不能把作用看成是可以脱离物质实体的，也不能把物质实体看成是超验的。而且，还要把实体看成是具有矛盾的，作用就是实体的矛盾运动；而在具体考察实体的作用时也不能否认外部的条件，因为外因要通过内因而起作用。

三、内容和形式

辩证逻辑讲根据、实体，就是要把握事物发展的原因——动力因。关于动力因，古代就有质料因和形式因的争论。唯物论者认为质料因是动力因，而唯心论者认为形式因是动力因。辩证唯物主义则坚持在唯物主义前提下讲形式和内容的辩证法。从逻辑思维来说，一个简单的命题就已经包含有质料和形式，即中国古代哲学家所说的"质"与"文"的矛盾。"树叶是绿的"、"花是红的"，红和绿是"文"的不同，而树叶和花是"质"的差异。所以，这么简单的命题都是"文"和"质"、形式和质料的统一。当然，"文"和"质"是相对而言的，树叶和花也可以说是"文"的不同，因为它们都可以说是植物机体的形态。

有一些哲学家陷入了幻觉，把质料和形式割裂开来。他们用对命题进行逻辑分析的方法来分析现实的事物。譬如说，"这是房子"。如果把房子的形式从"这"分析出来，把它抽掉，"这"就是砖瓦木料；再把砖瓦木料的形式抽掉，那就只剩下一堆泥土；再把泥土的形式抽掉，只剩下一堆原子。如果你把原子以及基本粒子的形式全抽掉，最后剩下纯粹质料。这种纯粹质料完全没有形式，那是不可思议、不可言说的。而另一方面，抽象出来的概念、形式，则构成一个形而上的世界，它是超时空的、永恒的，而具体事物（具体的一所房子、一堆泥土）都被认为是形式和质料的结合。上面的这种二元论、唯心论的说法，为柏拉图、亚里士多德、朱熹到近代的新实在论和冯友兰先生等所主张。他们这样那样地割裂形式与质料，当然是错误的。

世界上根本没有纯粹的质料，也没有光溜溜的形式。质料的运动无不表现为形式，而包含在形式之中的质料就是内容。唯物辩证法就是要考察形式和内容的辩证的统一。而在考察形式时，则要把内在的形式和表面的形式区别开来。我们注意一个人的仪表如何、穿什么衣服；一本书装潢怎样，是精装还是平装，这些都是外在的形式。外部标志、表面形式当然也不可忽视，书要装潢得美观一些，衣服要穿得整齐一些，但这毕竟是外在的。更重要的是内在的形式，即事物的内在结构和组织，这是事物本质所固有的形式。

至于内容，从唯物主义观点来看，归根结底是构成事物的物质要素的总和，也就是包含在事物形式之中的质料。不过，形式和内容有互相推移的关系。例如，在认识论范围内，物质是认识的对象和内容，意识是反映客观实在的主观形式；但在一个文艺作品里面，一定的思想成为这一作品的内容，而表达这个思想内容，就取得一定的艺术形式。不过，文艺作品的内容虽然是一定的思想，而组成这个思想内容的材料却是从客观物质世界取得的，而统率这些思想材料的观点则是社会存在的反映。所以，从形式和内容的推移来看，归根结底，内容是物质的要素。

从客观辩证法来说，内容决定形式，形式又反作用于内容。内容和形式的相互作用、事物新陈代谢的过程表现为列宁所说的不断地"抛弃形式、改造内容"的运动①，所以内容和形式是互为因果的。内容决定形式，内容发展了就要抛弃旧形式，取得新形式。形式又转过来反作用于内容，当形式适合内容时，具有促使内容发展的作用；当形式不适合内容时，就起阻碍内容发展的作用。所以，二者互为因果、相互作用，而内容是主要的、决定的一面。

从主观辩证法来说，逻辑思维在把握根据的时候就要考察内容和形式的相互作用，而归根到底要以物质内容为根据，因为内容是主要的、决定的一面。马克思和恩格斯在创立唯物史观的时

---

① 参见列宁：《哲学笔记》，《列宁全集》第 55 卷，第 191 页。——增订版编者

候就运用了这样的观点。马克思说："我们判断一个人不能以他对自己的看法为根据,同样,我们判断这样一个变革时代也不能以它的意识为根据;相反,这个意识必须从物质生活的矛盾中,从社会生产力和生产关系之间的现存冲突中去解释。"①就是说,任何一个历史时代变化发展的根据,都要从物质生活的矛盾中去找,从生产力和生产关系的现存冲突中去找。从意识和存在的关系来说,判断一个时代的意识(形式)要以物质生活(内容)作为根据;而从生产关系和生产力的矛盾来说,判断一种生产关系(形式)是否符合历史的发展,那就要以社会生产力的水平(内容)作为根据。但并不是说社会发展只有经济才是原因,而政治和各种意识形态都是消极的结果。经济是社会发展的根本原因,是根据,而各种意识形态又互相影响,并反过来对经济基础发生重大影响。所以,一方面恩格斯说:"整个伟大的发展过程是在相互作用的形式中进行的(虽然相互作用的力量很不相等:其中经济运动是最有力的、最本原的、最有决定性的)。"②要从内容来解释形式,而不能倒过来以形式作为内容的根据,这是唯物主义的观点。另一方面,也不能忽视形式与内容的相互作用,以及形式的相对独立性,这是辩证法的观点。我们要坚持唯物主义,但不等于形式不重要。我们研究逻辑,就是研究思维形式;政治经济学研究生产关系,就是研究经济形式。语言学要研究语法结构,儿童心理学要研究儿童智力结构,这些都无疑是重要的。不过,在专门

---

① 马克思:《〈政治经济学批判〉序言》,《马克思恩格斯选集》第 2 卷,第 33 页。
② 恩格斯:《恩格斯致康·施米特(1890 年 10 月 27 日)》,《马克思恩格斯选集》第 4 卷,第 705 页。

研究形式的时候，也一定要坚持内容是主要的、决定方面的观点，并且要在形式和内容的相互作用中来考察形式。不能因为形式重要，导致先验论的、唯心论的结论。

总之，辩证的思维既要深入把握物质的内容，并以此作为根据来解释形式的演变，又要考察内容和形式的相互作用。而在考察事物由于矛盾而引起的自己的运动的各个阶段时，都要从内容和形式两方面来进行具体分析。《论持久战》中讨论持久战的三个阶段，既考察了战争内容：在第一、第二阶段应是战略内线、战略持久、战略防御中的战役和战斗上的外线的、速决的进攻战，第三阶段应是战略的反攻战。又考察了战争形式：第一阶段，运动战是主要的，游击战和阵地战是辅助的；第二阶段，则游击战将升到主要地位，而以运动战和阵地战辅助之；第三阶段，运动战再上升为主要形式，而辅之以阵地战和游击战。并且说明了战争内容的发展如何决定战争形式的变化，而在这些战争形式中，战争的领导艺术和人的活跃性如何又能够得到充分发挥的机会。

四、客观根据和人的目的

逻辑上讲根据或理由，可以讲客观根据，也可以讲人的目的。墨子已区别了两种"故"：求所以然之故，可以是问客观的原因，例如问"疾之所自起"，了解生病的原因才好对症下药，这是讲的客观根据；也可以问行动的目的，例如问"何故为室"，为什么要造房子，是为了住家，这里"为什么"讲的是目的。客观根据是既有的、在先的，但人的目的却是将来要达到的目标。根据信息论，一切有目的性的运动都可以看作是信息交换和反馈的过程。自然界特别是生物界也有这种目的性的活动,但不能说自然界有意向的目的。人的目的是意向之所向,这和其他动物的目的性现象是有区别的。这一点,马克思在《资本论》里已经讲得很清楚了。人造房子和蜜蜂造巢不一样,就在于人在进行劳动之前,劳动完成时所要达到的成果已观念地形成于人脑之中。因此,人的劳动"不仅使自然物发生形式变化,同时他还在自然物中实现自己的目的,这个目的是他所知道的,是作为规律决定着他的活动的方式和方法的,他必须使他的意志服从这个目的"①。目的虽然属于未来,却是人意识到了的;目的作为规律决定着人的活动,人用意志的力量在行动中加以贯彻,所以在人的实践活动中目的就是根据。

　　虽然普通的逻辑思维讲"以说出故"可以是客观理由,也可以是人的目的,但形式逻辑并没有研究目的这个范畴,而辩证逻辑则把目的包含在逻辑范畴中。中国古代朴素的辩证逻辑讲"推",具有推理和推行双重意义。而黑格尔把"行动的推理"包含在逻辑学里面。《论持久战》前半部讲战争的自然逻辑,是从客观根据来说明持久的过程;后半部则把客观的自然逻辑和人的自觉的能动性结合起来进行考察,以说明怎样进行持久战的问题。在讲怎样做的时候,首先就要讲人的行动的目的。毛泽东阐明了抗日战争的政治目的在于驱逐日本帝国主义,建立自由平等的新中国;而战争的军事目的就是要在战争中消灭敌人,保存自己。这政治和军事的目的是战争行动的根据。目的作为法则贯彻于整个战争的始终,一切战略的和战术的原理都离不开这个目的。所以,

――――――――

① 马克思:《资本论》,《马克思恩格斯文集》第5卷,第208页。

在指导战争的时候，一方面不能离开战争双方互相对立的基本因素，另一方面也不能离开战争的目的，要把客观的根据和人的目的结合起来。"两国之间各种互相对立的基本因素展开于战争的行动中，就变成互相为了保存自己消灭敌人而斗争。……达到最后驱敌出国，保卫祖国，建设新中国的政治目的。"①就是说，战争双方的基本因素（客观根据）和战争的目的结合起来，规定着整个战争的进程。

一般地说，客观根据和人的目的结合规定着人的活动的进程。辩证逻辑讲根据，就是要求人的主观目的和客观发展方向相一致。客观的发展方向、自然规律提供的可能性，是人的有目的活动的基础，但人的目的同时体现了人的要求、利益。我们进行农业生产，必须要依据生物学、气象学、土壤学的规律，但种粮食、棉花又都是为了满足人的需要。所以，人的目的如果是正当的、好的，它就具有两个因素：一个是人的合理的要求，另一个是客观的现实可能性。如果人的目的是好的、善的，那就必然是这两个要素的统一。当然，从唯物主义看来，人的要求和需要也有物质基础。比如说，人要求温饱，这是生理学上的要求；更重要的是人的社会需要，那是由社会物质生活条件决定的。在阶级社会里，人的社会需要有阶级性。所以归根到底，人的目的是以客观世界的状况、条件为前提的。因此，要批判那种唯意志论。唯意志论以为人可以随心所欲地行动，那是一种主观的幻觉。还要批判目的论。目的论的错误是在于把自然界的变化全部看作是和人一

---

① 毛泽东：《论持久战》，《毛泽东选集》第 2 卷，第 483 页。

样具有意向的目的的。例如,董仲舒讲"天地故生人"①,他说的"故"是有意识的,以为天地间产生人是有意识的活动,这当然不对。自然界有合乎目的性的现象,但只有人这种有意识的生物才能有意向的目的。同时,也要批判机械论。机械论的错误就是忽视人的目的的重要意义,而否认人的目的的重要意义就必然要否认人的主观能动作用。

总起来说,辩证逻辑讲"以说出故",那就是要求从普遍的相互作用出发来考察因果联系,要求客观地全面分析条件,以此把握所考察领域的根据。通过条件分析来把握事物的根据,其实也就是王夫之讲的"由用以得体",即从普遍联系和变化发展来把握实体。把握实体即把握自己运动的原则,就是把变化过程了解为实体由于内部矛盾而引起的必然的自己的运动。以实体为根据,也就是以物质运动的矛盾为内容。逻辑思维要求以物质内容为根据来解释形式的演变,从内容和形式的相互作用来考察发展变化过程。同时,在把握客观根据的基础上,还要把人的要求,当然是进步人类的要求加上去,提出明确的目的。逻辑思维要求把客观根据和人的目的结合起来,以之作为行动的根据,贯彻于过程的始终。关于"故"的范畴就讲这些。

第五节 关于"理"的主要范畴

人们对客观世界的认识不仅要问"为什么",还要问"如何",

---

① "天地故生人"是王充概括的儒者的观点,语出《论衡·物势》。参见黄晖:《论衡校释》第 1 册,中华书局 1990 年版,第 144 页。——增订版编者

即不仅要知其然、知其所以然，还要知其必然。把握了事物的根据，还要看事物由内在根据引起的必然的自己运动的过程是如何的。这个必然运动的过程就是规律。人们依据规律来行动，以求达到人的目的，这就有"如何做"的问题。回答这个"如何做"的问题，就有当然之则。"如何"，即客观矛盾（根据）如何展开为过程，那是指变化发展的必然规律；"如何做"，即人在行动的过程又应如何按规律去做以实现目的，这就是行动应当遵循的准则。我们现在要考察的"理"的范畴，包含"必然"与"当然"。

先谈一下规律的一般概念。通常把规律看成是现象中巩固的、稳定的联系。事物在一定阶段上有它的相对稳定状态，不到这一阶段结束它不会发生根本性质的变化；在这一阶段里面，事物有它存在的根据、肯定的理由，有它的巩固的、稳定的本质联系，这就是规律。因此，科学规律被看作现象的静止的反映。和规律相比，现象比规律丰富，所以说"生命之树常青，而理论是灰色的"。但这只是形式逻辑对规律的看法。如果停留在这样的阶段上，把规律看作是一条一条稳固的联系，是现象的静止的反映，那就要得出科学无法把握现象的生动的整体的结论。也就是说，逻辑思维无法把握具体真理。

自然界的整体当然是不可穷尽的，列宁说："人不能完全地把握＝反映＝描绘整个自然界、它的'直接的总体'，人只能通过创立抽象、概念、规律、科学的世界图画等等永远地接近于这一点。"①正因为自然界整体不可穷尽，所以只能永远接近这一点。

---

① 列宁：《哲学笔记》，《列宁全集》第 55 卷，第 153 页。

那么,我们怎样才能接近这一点,即接近于把握整体、把握具体真理呢? 那就要把规律看成不是一次完成、一成不变的东西,要反对把规律绝对化、形而上学化。辩证逻辑的规律概念认为规律不仅反映现象中肯定的东西,而且也能把握否定的方面;规律不仅是现象中稳固的东西,而且规律是发展的。所以,科学规律的体系、科学的世界图像,能够越来越深刻、越来越全面地把握整体(当然也只能说接近于这一点,永远只是近似地把握整体)。

我在这里讲的规律的概念和现在一般教科书里讲的有差别。一般教科书都说规律是现象的静止的反映,是现象中的稳固的联系、肯定的东西。对不对呢? 也对,也有经典著作的根据。但是,这样来理解关于规律的概念,没有超出形式逻辑的范围。列宁在《哲学笔记》中说:"规律把握住静止的东西——因此,规律、任何规律都是狭隘的、不完全的、近似的"[1],但接着又指出,黑格尔"似乎承认,规律能弥补这个缺陷,既能把握否定的方面,又能把握现象的总体"[2]。可见现在教科书上的说法,没有全面理解经典作家的意思。如果规律只能把握肯定的东西,而不能把握否定的方面;只是静止的反映,而不是发展的,那么就会像我上面所说的,无法把握具体的真理。

关于"理"的范畴,我们主要讲下面几点:现实、可能和必然,必然与偶然,目的、手段和当然,必然和自由。

---

① 列宁:《哲学笔记》,《列宁全集》第 55 卷,第 127 页。
② 同上书,第 128 页。

一、现实、可能和必然

规律是现象间的必然联系，所以考察规律的范畴，主要要考察必然以及和它相关的偶然、可能、现实等范畴。古典的形式逻辑已经提出了判断的模态问题，已经概括出必然、偶然、可能、不可能这些范畴；而康德以为模态的范畴应该谈的是现实、可能、必然。我们也先讲这三个范畴。

从认识论来说，人们总是首先把握现实事物，作出实然判断；进一步依据事物来提出假设，作出概然判断，或者说或然判断；再进行逻辑论证、实践检验，证明这个假设是真理的话，那就成了必然判断。所以，现实、可能、必然作为认识的模态，这些范畴反映了人们认识发展的水平。但从唯物论来看，现实、可能和必然等范畴首先应看作客观存在的模态，把它们作为自在之物固有的形式来考察。模态范畴也跟其他逻辑范畴一样，是存在的一般形式、认识的环节和逻辑思维的基本概念。

对于现实、可能、必然的含义，形式逻辑和辩证逻辑有不同的理解。形式逻辑把现实简单地理解为现存的事物，它认为"可能"的意义就是不存在形式逻辑的矛盾，如说"明天可能晴，可能下雨"，没有什么科学根据也可以作这样的判断。形式逻辑认为演绎推理是必然的，演绎系统里的命题都是可以作为推论形式而具有必然性的。这种形式逻辑的必然性我们已经讲过，它也有客观基础，即反映了事物处于相对稳定状态时整体是部分的总和的客观关系。这是形式逻辑所理解的现实、可能和必然。

辩证逻辑讲现实、可能、必然，则有深刻得多的意义。黑格尔有个著名的命题："凡是现实的都是合乎理性的，凡是合乎理性的都是现实的。"①恩格斯曾对它作了唯物主义的解释。② 在辩证法看来,并不是一切现存的事物都是无条件地现实的,只有那种庸人才把眼前的一切都看成是现实的。辩证逻辑要求区别现象和现实,认为现实的属性仅仅是属于同时是必然的东西,只有合乎规律的才是现实的;而真正合乎规律的东西,哪怕仅仅是处于萌芽状态的东西,也一定会成为现实的东西。这是辩证法的必然和现实的关系。这一关于现实与必然的关系用中国哲学史上的术语来讲,就是"势"和"理"的关系。"势"就是现实的发展趋势,"理"就是必然规律。王夫之比较正确地讲了"理"和"势"的辩证关系。他说:"理势不可以两截沟分";"只在势之必然处见理"③;"势之所趋,岂非理而能然哉?"④就是说,不可以把"理"和"势"截然分割,"势"的必然趋势就表现为"理"。例如,商鞅变法,代表了历史发展的趋向,是合乎规律的。而真正把握了历史发展的必然规律,那就不仅认识了事物作为现实的东西有存在的理由,而且还能看到事物未来发展的趋向,这就是可能性。形式逻辑以不矛盾为可能,这是抽象的可能,当然思维要排除逻辑矛盾,即排除不可能。但是,说"太阳明天可能不从东方升起"或者"傻瓜都有可能成为聪明人"这样的话都没有逻辑矛盾,这样的可能又有什么意义? 辩证逻辑把握现实的可能性,现实的可能性是在现实发展

---

① 参见黑格尔:《小逻辑》,第 43 页。这里引用的是《马克思恩格斯选集》第 4 卷第 215 页的译文。——增订版编者
② 参见恩格斯:《路德维希·费尔巴哈和德国古典哲学的终结》,《马克思恩格斯选集》第 4 卷,第 215—216 页。
③ 王夫之:《读四书大全说·孟子·离娄上篇》,《船山全书》第 6 册,第 994 页。
④ 王夫之:《读通鉴论》卷一,《船山全书》第 10 册,第 67 页。

基础上，依一定的客观条件而产生的可能性。

要区别现实的可能性与虚假的可能性。所谓虚假的可能性，就是指现实中缺乏根据的东西。人们头脑中一些不切实际的幻想或空想，有的是假象引起的；有的是对未来朦胧的憧憬或没有现实根据的猜测；有的是夸大个别条件，以为这就是根据，因而产生了幻想。这些都无逻辑矛盾，但都是虚假的可能性。重要的是要把握现实的可能性。不过，对现实的可能性还要作具体分析。由于事物内部包含着矛盾，也处于变化着的环境之中，所以事物的发展有多种可能。这些可能性的发展前途并不一样，有的是主要的、占优势的可能性，有的是次要的、占劣势的可能性。列宁说："现实的诸环节的全部总和的展开＝辩证认识的本质。"①只有把握了现实各个环节的全部总和的展开，才能正确地区别现实的可能性和虚假的可能性，区别占优势的可能性和占劣势的可能性。而客观根据和人的目的还要结合起来，从人的角度、从先进阶级的立场来看问题。在自然界，就要区别有利于人的可能性和不利于人的可能性；在社会历史领域，就要区别促进历史前进的、革命的可能性和拉历史倒退的、反动的可能性。辩证逻辑要求通过对客观现实的全面分析，指明两种可能的前途——占优势的和占劣势的、有利的和不利的，并指明如何创造条件使有利于人民的可能性变为现实，使不利于人民的可能性受到限制。逻辑思维通过这样对现实的各个环节的全部总和的把握，认识了它的必然发展趋势，指明了什么是有利于人类的现实可能性以及促使这种

---

① 列宁：《哲学笔记》，《列宁全集》第 55 卷，第 132 页。

可能性变为现实的条件是什么,再经过实践检验,就可能真正把握现实发展的规律。这样的规律就是我刚才讲的,它不仅反映现象中肯定的东西,而且也把握了否定的方面;这样的规律不仅是现象中稳固的东西,而且表现为一个发展过程。所以,思维正是通过现实、可能、必然这些范畴来把握辩证规律的。

二、必然与偶然

必然与偶然也都是模态范畴。从形式逻辑来说,我们可以把"S必然是 P"看作相当于"所有 S 是 P","S 偶然是 P"可以把它看作相当于"有 S 是 P,而且有 S 不是 P"。另外,还有"S 不可能是 P",这可以看作相当于"所有 S 不是 P"。这样,在判断的对当关系中,必然性的判断和偶然性的判断便具有反对关系。这两种判断不能同真,但可以是同假的,因为当不可能性的判断是真的时候,必然性判断和偶然性判断同时都是假的。例如,"氢气燃烧必然成水"等于说"氢气燃烧成水决非偶然",可见必然与偶然两种判断不能同真。而我们说"帝国主义放下屠刀立地成佛是不可能的",当这个不可能的判断为真的时候,那么"帝国主义必然放下屠刀"和"帝国主义偶然放下屠刀"都是假的。从形式逻辑来看,必然和偶然是反对的关系,彼此是不相容的。如果把这种形式逻辑的观点绝对化,把必然和偶然看成是绝对不相容的,那就成了形而上学。

中国哲学史上,儒家主张天命论,佛家宣扬因果报应,都是唯心主义的宿命论。宿命论就是把必然绝对化,引导到唯心论。但是,一些唯物主义者在批判了儒家的天命论和佛家的因果报应说以后,在必然和偶然的问题上也还不能得出正确的结论。例如,王充反对了神学目的论,反对了儒教神学,但他赞成"死生有命,富贵在天"。不过,试图对这个命题作出唯物主义的解释。王充承认有两种:一种叫"正命",一种叫"遭命"。"正命"指"强弱寿夭之命"。王充用气禀来解释"正命",一个人禀赋之气有强弱,就决定了人的体质与寿命。他所说的"遭命"指"触值之命"[1],这是指"及遭祸福,有幸有不幸"[2]这一类,也就是通常讲的运气好坏,这是偶然的。拿动植物来说,一个果核就规定了草木的形状,一个蛋就规定了由蛋长出来的鸟是雌还是雄,这就是"正命",来自气禀。但如蚂蚁在地上爬,人跑过去脚踩着了蚂蚁,有的踩死了,有的没有踩死,这就是"遭命",遭遇有幸有不幸。"正命"和"遭命"、必然和偶然,王充以为都是客观的,这是唯物论;但他把必然和偶然割裂开来,这个观点是形而上学的。

后来,郭象把必然和偶然等同起来,说:"物无妄然,皆天地之会。"[3]以为任何遭遇、任何活动都是必然的,人一举手、一投足都是必然的,最有智慧的人也不能违抗他所遭遇的"命行事变"[4]。这实际上就是把必然性降低到偶然性的水平。范缜在反对佛教的因果报应说时,也采取这个看法。他把人的富贵贫贱的命运比作花从树上被风吹下来,有的飘到客厅里落在椅子上面,有的飘到篱笆外面、厕所里面。这都是偶然的。生来有贵有贱,就是这样决定的,这也就是把必然降低到偶然的水平。这些唯物主义者

---

① 王充:《气寿》,《论衡校释》第1册,第28页。
② 王充:《幸偶》,《论衡校释》第1册,第37页。
③ 郭象:《庄子·德充符》注,《庄子集释》上册,第219页。
④ 同上书,第213页。

也没有能够正确解决必然和偶然的关系。

从柳宗元到王夫之,才对必然和偶然问题提出了比较辩证的看法。柳宗元在《封建论》中指出:"秦之所以革之者,其为制,公之大者也,其情私也,私其一己之威也,私其尽臣畜于我也。然而公天下之端自秦始。"①说明秦始皇的改革(变分封为郡县)从其主观愿望说,则只是出于想要树立个人威望和统治所有臣民的私心,然而郡县制代替分封制,却是"势"所必然,所以说"公"。王夫之也说,"秦以私天下之心而罢侯置守",然而"天假其私以行其大公"②。对历史来说,帝王的动机是偶然的东西,但正是在这种偶然的主观动机后面,存在着一种必然性。王夫之还举出另一个例子,就是汉武帝派遣张骞通西域,当初的动机是想要取得天马,这是偶然的;而结果却通了西域,并随后继续开拓了西南边疆,连云贵一带都成了中国的版图。这就是说,正是通过这种偶然事件,把一件必然的事情即中国的版图(在王夫之看来是必然应该属于中国的版图)大致确定了下来。王夫之在评论此事时说:"其气之已动,则以不令之君臣,役难堪之百姓,而即其失也以为得,即其罪也以为功,诚有不可测者矣。"③就是说,客观条件具备,物质运动已达到这样阶段,尽管在位的君主并不见得善良,老百姓因用兵而受苦,但是却产生了非始料所及的后果,失变为得,罪变为功,正说明必然性通过偶然性而开辟道路。

辩证逻辑认为不能把必然和偶然割裂开来,两者都是客观

① 柳宗元著,尹占华、韩文奇校注:《柳宗元集校注》第 1 册,中华书局 2013 年版,第 188 页。
② 王夫之:《读通鉴论》卷一,《船山全书》第 10 册,第 68 页。
③ 王夫之:《读通鉴论》卷三,同上书,第 138 页。

的；必然性通过偶然性为自己开辟道路，偶然性是必然性的表现形式和补充；而且必然和偶然两者在一定条件下互相转化。所以，逻辑思维要批判机械决定论，又要批判非决定论，因为机械决定论和非决定论都把必然性和偶然性割裂开来。17—18 世纪的科学强调必然性，以为宇宙间的一切都遵循必然的规律，任何事物都是由先行的事物严格决定的。Laplace① 甚至说，可以想象有那么一个超级数学家，只要给他所有的粒子在某一个时间的位置和速度，他就能根据力学的规律预言世界的未来。这是一种机械决定论观点。20 世纪出现量子力学、分子生物学等等，有不少科学家就又过分强调了偶然性，提出偶然性宇宙的观念，甚至根本否认因果性，这样就成了非决定论。其实机械决定论和非决定论都是片面的，客观世界并没有光溜溜的必然性，也没有光溜溜的偶然性。辩证思维就是要把必然和偶然联系起来，从必然和偶然的对立统一来把握事物。辩证逻辑要求通过看来是混乱的偶然现象中间去发现必然规律。要做到这一点，就要善于分析纷繁复杂的现象，把握这些现象之间的内部联系，并通过把握现实的可能性，来揭示现实发展的必然趋势和发展方向。

从认识论来说，任何被把握的规律总是对现实运动的比较粗糙的、近似的描绘。现象总有许多偶然的东西为规律无法描述，不能因为我掌握了规律就认为已经把现象描绘得无一遗漏了。不是的。人的手指螺纹的差异，没有两个人是一样的。我们刚才举出的王充所说的例子，蚂蚁被人踩了一脚，有的被踩着，死了；

---

① 拉普拉斯(Pierre Simon Laplace，1749—1827)，法国天文学家、数学家和物理学家。

有的没有被踩着,没有死,这就是通常所谓的巧合。像这样一些偶然的差异和巧合是难以预测的。如果说有一些规律可以把这些现象包罗无遗地描述下来,那是骗人的,那就是要把必然性降低到偶然性的水平。当然,这些难以预测的现象,也还是可以从客观条件中来加以说明的。尽管对它所依赖的条件是什么还讲不清楚,但它的发生总是有条件的、有原因的,包括量子现象,包括遗传基因的突变,这些都应该说是有条件的。而这些偶然事件既经发生,它就总是进入了必然联系。蚂蚁被踩了一脚就丧失生命,这还是必然的,还是在必然联系之中;遗传基因中发生了突变,经过选择,于是形成新的品种,这也还是进入了必然联系之中的变化。正因为如此,所以我们在培育品种的工作中间要善于发现有利于人的偶然的变异,使之定向发展,这样就可以培育新品种。

同时,偶然性的事件是可以发生,也可以不发生的,所以有一个可能性大小的问题。可能性的大小就是它的概率,而这是可以计算的,其数量关系是可以把握的。概率和概率论中讲的随机事件,就个别来说,有偶然性,但从总体来说,则服从统计规律。我们把握了量子现象的统计规律,就可以依据规律来控制它。又如我们要造一个像葛洲坝那样的大坝,就要考虑到特大洪水、地震等等偶然事件,要对这样一些偶然性作出估计。地震爆发的客观根据是什么,我们今天确实还没有很好地掌握,但我们如果查阅历史资料,计算出这一地区发生地震的可能性有多大,从而作好必要的准备,采取相应的预防措施,这是完全可以做到的。

总起来讲,辩证思维就是要求从必然和偶然的对立统一中来把握现实，而不能把必然性和偶然性割裂开来。机械决定论和非决定论之所以产生，都是由于这样一种观念：必然就不是偶然，偶然就不是必然，结果就导致形而上学。我们在认识过程中，确定概率主要是研究偶然性，讲因果关系则主要考察必然性。这样分别地作考察研究是必要的，但这不等于客观世界的必然和偶然是可以割裂开来的。在某些领域，如微观的领域，我们对事物发展的条件及因果决定性暂时还弄不清楚，而侧重于先把握偶然现象间的概率，但这不等于它就只有偶然性而没有决定它的原因了，更不等于偶然事件可以脱离必然的轨道。在另一些领域，如力学等，我们向来侧重于把握因果决定性，却也不要因为讲要把握必然规律，就否定了偶然性。没有一个必然规律可以包罗万象地把现象中的偶然因素都概括进去，这是办不到的。从客观过程来说，必然性总是寓于偶然性之中，不能把这两者割裂开来。从逻辑思维来说，就是要从必然和偶然的对立统一中来把握事物。一方面要善于从偶然现象中发现隐藏着的必然规律，另一方面也要对偶然因素作出正确的估计，把握它的概率，估计到可能发生的最坏情况等。这样就可以具体地把握现实的可能性及其条件，从而有效地创造条件，以促进事物向有利于人的方面发展。

三、目的、手段和当然

对人的实践活动来说，目的就是根据。正当的目的是规律所提供的可能的东西，又合乎人的要求，但客观现实不会自动地满足人的要求，幸福和自由都需要人向自然去争取。为了使世界改变得合乎人的要求，使得有利于人的可能性变为现实，必须利用工具（或者"手段"）。人要在自然中实现人的目的，必须利用工具以改造自然。人的实践——人的劳动和动物的活动不同，不仅在于人的劳动是有意识的、有目的的活动，而且在于人能够制造工具，并且使用工具来改变物质的某些形态，把自然改变成合乎人的目的。

黑格尔把这个目的通过手段作为中介而获得实现的过程叫做"行动的推理"①。人的目的虽然归根到底是在现实运动的基础上产生的，但主观目的和客观现实有矛盾。这是因为从主观方面来讲，人规定目的是以人对客观世界的认识为依据的，但人的认识可能有错误、不符合实际。同时从客观方面来说，世界不会自发地来满足人，现实发展的趋势即现实提供的可能性往往是多样的，有的可能性并不符合人的要求。前面已讲过要把握两种可能性：从人的要求来说，就是要把握有利的可能性和不利的可能性。所以，无论从主观方面来说或者从客观方面来说，目的和现实之间是有矛盾的，这个矛盾只有通过手段这个中间环节才能解决。

工具首先是指物质的手段，它是物质的东西，为自然规律所规定，但又服从于人的目的。人可以拿它作为中间环节，利用工具来改变自然，使正当的目的得以实现，达到主观和客观的一致。这个过程也就是人的观念受到了实践的检验获得了证实的过程。目的的实现要有两个前提：一、目的是合理的；二、手段是有效的。从这两个前提得出目的实现的结论，就是黑格尔所谓"行动的推理"，我们也可以把它叫作行动的法则。这里的法则就是《墨经》讲的"法，所若而然也。"（《经上》）《墨经》所讲的"法"是个重要的逻

①　参见列宁：《哲学笔记》，《列宁全集》第55卷，第186页。

辑范畴，就其一般意义来说就是指法则、公式。《墨经·小取》说"效者，为之法也"，指建立一个公式以便效法。由于一切的演绎推理都是按照一定公式，从一般推到特殊，所以一切演绎推理都是"效者，为之法也"。而现在我们讲的是行动的法则，《墨经》举了一个例子："意、规、员三也俱，可以为法。"（《经说上》）人的有目的活动的法则包含着三个因素：第一，就是要有反映事物规律性的概念，它和人的要求相结合而成为人的目的。例如，《墨经》讲"一中同长"（《经上》）是圆的概念，根据圆的概念要求作一个圆。作圆成了人的目的，是人的行动的意向，这就是"意"。第二，要有工具，要有物质手段。这里讲作圆，那就是要有圆规。第三，目的通过手段而得到实现，作出了一个具体的圆。所以说"意、规、员三也俱，可以为法。"三个要素结合体现了行动的法则，或者用黑格尔的术语说，是"行动的推理"。行动的推理就是合理的意向（目的）通过有效的手段而达到实现的结果。

《墨经》的作圆的"法"是最简单的例子，已包含了一切技术科学最基本的原理。技术科学要以物理、化学这些科学作为基础，就像我们作个圆要有几何学的圆概念为前提一样。作圆要有圆规作工具，运用圆规有一定的操作技术。技术科学都要研究运用工具来改造自然的技术，并制订出技术操作的规则。操作规则是以客观规律和人的目的作根据的，但又是人制订出来的，为行为所应当遵守的，它是当然之则。

我们进行劳动生产不仅是运用手段作用于自然的过程，同时还结成一定的社会关系即生产关系。没有生产过程的社会结合，孤立的人无法进行生产。社会关系的发展也有它的客观必然规律,社会的历史发展也是自然历史过程。从小的行动来说,为了实现人的目的,进行物质生产要有技术操作的规则;而进行社会活动,更要有社会活动的规则。通常说的"当然之则",主要是指社会行为的准则、规范,特别是法权的和道德的规范。社会规范作为行动的准则和操作规程之类有相似之处。

社会理想或理想人格是人们奋斗的目标。这样的目标也要通过中介,这些中介主要是劳动组织、国家以及政党、学校、家族等等社会组织机构和维护这些组织的各种制度。就像没有工具无法使作圆的"意"成为现实一样,没有这些组织机构和制度,人是无法实现社会理想和培养理想人格的。因为社会理想要变成现实一定要通过实践和教育,所以一定要有实践和教育的组织。而法律、道德等社会规范是用来维护这些制度和组织机构的当然之则,规范、规则是人应当遵守的,违反规则是不许可的。例如说,"不许偷盗"、"不许说假话"、"不许言而无信"等等。而介乎应当和不许之间还有许多可以做、可以不做,可以这样、可以不这样。"应当"、"不许"和"可以"也可以看作是模态词。这些有规范意义的判断的模态跟必然、不可能、可能很相似,也可以从形式逻辑的观点来考察这些模态之间的关系,这就是规范逻辑所研究的。

从辩证逻辑来看,主要的是不能把当然与必然割裂开来。所谓合理,既要合乎客观的必然之理,又要符合人们行动的当然之则。一方面把握了客观现实所提供的可能性和它的条件,还要根据这种可能性提出明确的目的,以及如何运用物质的手段和组织力量来促使目的实现,就是说,要根据必然规律提出行动的当然之则。因此,《共产党宣言》既阐明了资本主义必然灭亡、共产主义必然胜利的这种客观必然性,又提出了必须建立无产阶级政党、进行无产阶级革命等必须或应当做的事情。必须或应当做的,是客观必然性的合乎逻辑的推论。我们根据必然规律,提出应当做什么,即从必然中提出当然,这是一方面。另一方面,对于当然的领域,即在历史发展中形成的种种规范、规则,应该从唯物主义观点出发来阐明它们的客观根据,给以科学的解释。社会规范通常是不自觉地形成的,有它的相对独立的发展,并且在当然这个领域里充满着斗争。无产阶级认为"当然"的,资产阶级认为"不许",这就不可避免地要进行斗争。无产阶级要建立自己的社会规范,就要对传统的种种规范进行理论的批判,并且在实践中加以革命的改造。不论是建立新的规范或者批判旧的规范,都一定要以客观必然规律作为依据,当然要建立在必然的基础上。

四、必然和自由

　　人们以合理的目的作为行动的根据,通过手段作中介,达到主观和客观的一致,那就叫作获得了自由。提出合理的目的,采取有效的手段和组织力量,这样来促使目的实现,都必须有规律性的知识。因此,行动的自由是以必然性的知识为依据的。

　　客观必然的规律不以人们的意志为转移,但是却不能把客观必然和意志自由形而上学地割裂开来,不能把必然和自由看成是绝对对立、互不相容的事情。自由和必然是对立统一的。在《反杜林论》中,恩格斯表示赞同黑格尔所说"自由是对必然的认识"。他还进一步指出:"自由不在于幻想中摆脱自然规律而独立,而在于认识这些规律,从而能够有计划地使自然规律为一定的目的服务。"①人们真正认识了客观规律,就能使主观目的和客观根据符合起来,并且依据行动的法则来运用手段、组织力量,这样人在实践中才能处于主动地位。所以,恩格斯又说:"意志自由只是借助于对事物的认识来作出决定的能力。因此,人对一定问题的判断越是自由,这个判断的内容所具有的必然性就越大;而犹豫不决是以不知为基础的,它看来好像是在许多不同的和相互矛盾的可能的决定中任意进行选择,但恰好由此证明它的不自由,证明它被正好应该由它支配的对象所支配。"②

这里所讲的,从逻辑来说,包含着这么一个思想:对于现实生活中的某些问题,如果确实能作出必然性的判断并把握其当然之则,那么判断就是自由的。如果你缺乏规律性的知识,不能根据规律性的知识来作出必然性的判断,而认为可以这样也可以那样,这样的抽象的可能性判断就是不自由的。所以,判断的模态体现了人的意志状态,即体现了人的意志自由或不自由的状态。

人要获得自由,不仅要根据必然性的认识来支配自然界,还要能支配人类自身。这就需要掌握人本身作为物质存在和精神存在的规律,要求人在改造客观世界的同时改造主观世界。所以,除了要把握自然与社会的必然规律以及行动的法则之外,还需要把握思维的规律,要求自觉地运用逻辑规律来作为认识事物和指导行动的方法。我们说自由是对必然的认识,并不否认意志

---

① 恩格斯:《反杜林论》,《马克思恩格斯选集》第 3 卷,第 455 页。
② 同上书,第 455—456 页。

自由的重要性。没有对必然性的认识当然没有自由，但一个人能够解放思想，尽可能地保持精神自由，这对获得必然性的知识将起极大的推动作用。我们应该看到这一点。

要保持精神上的自由，除了要尊重科学、尊重客观必然性之外，还要有修养。戴震说："人之不尽其材，患二：曰私、曰蔽。……去私莫如强恕，解蔽莫如学。"①就是说，人的主要毛病有两个："私"和"蔽"。因此，在戴震看来，一个人主要要有两方面的修养：一条是"解蔽"，那就是要虚心学习，对各种观点能分析批判，精神就可以解除种种束缚，不受蒙蔽。再一条就是"强恕"，要善于推己及人，对人要尊重，爱人如己，便可以去掉种种私心。如果我们把戴震的话引申一下，对它进行马列主义的改造，那么我们不妨把"去私"解释为要有集体主义，不要个人主义；而把"解蔽"解释为用辩证唯物主义的观点去分析批判，使精神不受蒙蔽。如能做到这两条，那就无疑有助于使行动遵守必然之理和当然之则。有这样的修养，思想比较解放，精神比较自由，那当然就有助于人去认识必然，有助于人按必然规律和当然之则去行动。而这也是辩证逻辑的要求。

关于"理"的范畴，总起来讲几句。辩证逻辑认为，规律是发展的，要力求通过科学规律的体系来把握现象的整体。而要做到这一点，就必须把握现实的各个环节的全部总和，从而指出它的必然发展趋势，把握占优势的、有利的可能性以及实现这种可能性的条件。同时，要从必然性和偶然性的统一中

① 戴震：《原善》下，《戴震全集》第1册，第7页。

来把握现实，从偶然现象中找出必然规律来，并且对偶然性作出正确的估计。同时，还要求把握行动的法则，懂得如何运用手段创造条件，使目的得到实现，并根据必然规律来制订当然之则。人们要在改造客观世界的过程中改造主观世界，如果能"解蔽"、"去私"，进行观点的分析批判，端正立场，那就必然能增强自觉性。人们越来越自觉地掌握外部世界的必然规律和行动法则，同时也越来越自觉地掌握思维规律并运用思维规律作为认识事物和指导行动的方法，这样人就将越来越自由。

第六节　逻辑范畴体系的统一性和无限前进运动

我们提出的逻辑范畴体系，其基本观点是：通过"类"、"故"、"理"范畴的辩证运动，逻辑思维能够把握性与天道。逻辑范畴体系是一个有机的整体，它具有内在的统一性。那么，统一于什么？这是个问题。黑格尔在《小逻辑》第 187 节的附释中提到：哲学的三项即逻辑理念、自然界和精神，作为推论来看，每一次的位置既可以在两端，也可以在中间。他实际上是用了一种思辨的语言来说明辩证法、认识论与逻辑是统一的。但是，他在讲到以逻辑理念为中项的时候，说逻辑理念"是精神和自然的绝对实体，是普遍的、贯穿一切的东西"[1]。那就是说，逻辑理念是世界统一原理，范畴体系统一于理念，而自然是理念的外化，精神是理念的复归。这是一种客观唯心论的理论。

---

[1] 黑格尔：《小逻辑》，第 365 页。

　　另外有哲学家，例如康德，他以为主观精神是世界统一原理。康德说："意识的综合统一性是一切知识的客观条件。"①他所说的意识综合统一性就是"统觉"，他以为"统觉的原理，在人类知识整个范围中，乃是最高的原理"②。他说的"统觉"也就是自我意识或"我思"。范畴体系统一于"我"，"我"运用范畴来规范现象，就给自然界颁布了规律。这是一种主观唯心论的理论。

　　唯物主义者则认为世界统一原理是物质，是自然界。王夫之说："言心言性、言天言理，俱必在气上说，若无气处则俱无也。"③就是说，世界统一于气，心和理都依存于气。我们讲逻辑范畴体系的统一性就要坚持唯物主义的观点，不能像黑格尔、朱熹那样把理（逻辑）神化、绝对化，说它是绝对实体；也不能像康德、王阳明那样说心（精神）为世界立法。当然，说范畴体系统一于逻辑、统一于精神、统一于自然界都是有道理的，但归根到底哲学的三项要以自然界为统一原理。人的精神是自然界的最高产物，而概念、范畴、逻辑是自然界在人的认识中的反映形式。自然界是一个统一的体系，反映到人的头脑里，就形成概念、范畴的体系。所以，恩格斯说："世界的真正的统一性在于它的物质性，而这种物质性不是由魔术师的三两句话所证明的，而是由哲学和自然科学的长期的和持续的发展所证明的。"④

---

① 《十八世纪末—十九世纪初德国哲学》，第42页；参见邓晓芒译：《纯粹理性批判》，第92页。
② 《十八世纪末—十九世纪初德国哲学》，第40页；参见邓晓芒译：《纯粹理性批判》，第91页。
③ 王夫之：《读四书大全说·孟子·尽心上篇》，《船山全书》第6册，第1111页。
④ 恩格斯：《反杜林论》，《马克思恩格斯选集》第3卷，第383页。

　　关于世界统一原理的范畴,在古代早就提出了。"气"、"易"、"天道"、"宇宙"等等范畴,中国古代哲学家早就提出来了,并展开了热烈争论。而"天人"之辩、"心物"之辩都包含着自然界和精神的关系问题,"名实"之辩、"理气"之辩都包含有逻辑和客观世界的关系问题。哲学的三项统一于什么,古代哲学已经争论不休。就中国古代哲学史来说,如荀子、王夫之作出了当时条件下比较正确、比较全面的回答,他们都把逻辑范畴安放在唯物主义的基础上。不过,他们的辩证法是朴素的、缺乏实证科学论证的。逻辑只有当它成为科学经验的总结的时候,才能得到自己真正的评价。精神经历了由自发到自觉的过程,逻辑成为精神所把握的真理,才成为各门科学的内在的本质。几千年哲学的发展使我们达到辩证唯物主义的结论,而现代的自然科学则提供了足够的证据,说明我们所面对的自然界是各种物体互相联系的一个体系。从星球到原子、基本粒子,所有的物质实体都互相联系、互相作用,并且正是这些互相作用构成运动。

　　物质世界的长河就是一幅全面联系、相互作用的图景。逻辑范畴就是把握这个联系之网和永恒之流的一些环节,它们是科学的内在的本质,是科学体系的骨干。而有关世界统一原理的一些范畴,如"宇宙"、"物质"、"运动"、"宇宙发展法则"等,则代表这个联系之网、永恒之流的整体。"辩证法"、"逻辑"、"真理"都可用来称呼这个联系之网的整体,而这个联系之网也就是许多概念、范畴互相依赖、互相转化的矛盾的体系。真理是全面的,只有全面地把握范畴的整个体系,也就是把握范畴之间的对立统一,才能把握真理。对立的诸范畴,如内容和形式、必然和偶然以及主观和客观、有限和无限等范畴，彼此都是不能分割的，都有其内在的联系。单讲主观不是真理，单讲客观也不是真理，必须把主观和客观在唯物主义基础上辩证地统一起来，才是真理。其他的范畴也都可说在真理中达到对立的统一。对立统一规律是逻辑范畴体系的核心。

但庄子已对此提出了责难。在他看来，道是大全，是世界的全体，是一，是无限的。"既已为一矣，且得有言乎？""既已谓之一矣，且得无言乎？"（《庄子·齐物论》）如采用"一"之言来表达一（对象），就有名言与对象的对立，于是又需要用"二"来表示这个对立；"一与言为二，二与一为三"，如此下去，无尽递进，说明要用语言来表达道、表达宇宙全体是不可能的。因为，概念、范畴总是有限的、有对待的。"宇宙"这个范畴，也是有限的、有对待的。有限的概念、范畴，怎么能把握无限？所以，有限和无限、绝对和相对的范畴需要着重讲一讲。

宇宙、物质、运动都是无限的、绝对的、无条件的，宇宙就是无限的物质运动，而无限的物质运动又是由相对的、有限的过程来构成的。无限、绝对，内在于有限的、相对的东西之中，而决非超越于有限、相对的东西之外，这是一方面。另外一方面，说某个东西是有限的，那就是说它在特定条件下有它存在的理由，它的存在是有界限的，它将由于自己运动而否定自己，于是超出界限，从而向无限转化。有限转化为无限并不是外力推动的结果，而正是有限本性所使然，因为有限事物有界限，它包含着否定自己的因素，它有着运动、发展的无限性。这就是说，一方面无限内在于有限之中，另方面有限由于它的本性要发展为无限，所以不能把相对和绝对、有限和无限割裂开来。相对主义、绝对主义都是错误的。

不过,关于无限的概念在哲学上有经验论和唯理论的对立。洛克是个经验论者,他认为人不能清晰地把握无限概念,人只能把握以"尺"、"码"、"时"、"日"之类为单位的数量观念。而由几尺、几码、几小时、几天这样一些重复的数目构成的时间、空间的观念,总是达不到清晰的无限的观念的。思维要计量时间、空间,就把这些数目无穷无尽地扩展和推进。打比喻说,这就像一个水手站在船上测量海深,用绳子放一个测锤沉下去,不断地往下沉,却老达不到海底。这是经验论的观点。唯理论者则把无限了解为超乎特殊时空的、不受特殊时空条件限制的。唯理论所说的无限就是绝对,就是无条件的东西。笛卡儿认为无限是上帝的属性,而平常讲的空间的广延无穷、物质的无限分割、天上的星辰数不清等等,是指我们找不到一个界限。这样的观念即"无定限",这是唯理论的观点。

康德的第一个二律背反讨论关于世界是有限还是无限的问题,正题用的是经验论的无限观念,而反题用的是唯理论的无限观点。按照经验论,人类的经验总是有限的,人对时空的计量只能一部分一部分把握,要把握无限的系列,就老是不能完成;按照唯理论,无不能生有是一个自明的公理,所以时空概念本身就包含有无限的意思。

黑格尔反对把有限和无限割裂开来的形而上学的观点,指出了有限和无限的辩证关系。不过,他是个唯心论者,而且他有唯理论倾向。这表现在:他把经验论的无限观念叫做恶无限性(坏无限性)。黑格尔认为恶无限性是这样的一种无限性,它和有限性是分离的,似乎有限是此岸的,无限是彼岸的,即在朦胧的无法

316 冯契文集（增订版）·第二卷 逻辑思维的辩证法

到达的远方，是老达不到的。他在《小逻辑》第 94 节中说："当我们谈到空间和时间的无限性时，我们最初所想到的总是那时间的无限延长，空间的无限扩展。譬如我们说，此时——现在——，于是我们便进而超出此时的限度，不断地向前或向后延长。……人们先立定一个限度，于是超出了这限度。然后人们又立一限度，从而又一次超出这限度，如此递进，以至无穷。"①黑格尔还说"这样的工作太单调无聊了"。他看不起这种恶无限性，认为应该放弃这种无穷尽地前进的思考。他认为，在这种恶的无限观念之中，我们从来没有离开有限事物的范围，而无限永远处于彼岸，有限、无限之间有着一条无法越过的鸿沟。黑格尔认为，真正的无限是有限与恶的无限的扬弃，真正的无限即在有限之中。用形象地比喻来说，恶的无限性，即无限的进展，它的形象是一条直线，无限留在直线的两端的界限上，而且永远是在直线所不在的地方。他说，返回到自身的真正无限，它的形象是一个圆，是一条曲线，是一条达到了自身的线，封闭的、完全呈现的、没有起点和终点的线。②

　　黑格尔关于有限和无限的学说有它的合理因素，但他对恶无限性过分地加以否定，这是不对的。恩格斯在《自然辩证法》中对此作了很好的说明。他说："当我们说，物质和运动既不能创造也不能消灭的时候，我们是说：宇宙是作为无限的进步过程而存在着，即以恶无限性的形式存在着，而且这样一来，我们就理解了这

① 黑格尔：《小逻辑》，第 207 页。
② 参见黑格尔：《逻辑学》上卷，第 149 页。

个过程所必须理解的一切。"①他的意思是说,辩证唯物主义把宇宙——物质运动了解为一个无限前进的运动,不妨说是恶无限性的形式,但这正是黑格尔所不能理解的。恩格斯又说:"无限的进步过程在黑格尔那里是一个空旷的荒野,因为它只表现为同一个东西的永恒的重复:1+1+1……。然而在现实中它并不是重复,而是发展,前进或后退,因而成为必然的运动形式。"②无限前进的运动,不是一个简单的永恒的重复 1+1+1……,而是一个发展过程、一个由前进与后退交织着的螺旋式的前进运动。这种运动展开为时间和空间的无限性,这是物质运动的必然形式。

这里实际上有三个范畴:有限(相对的、有条件的东西)、无限(绝对的、无条件的东西)和无限前进运动(有限与无限对立统一的过程)。从客观辩证法来说,物质运动是绝对的、无限的,而个别物体、个别运动是相对的、有限的;绝对的、无限的东西就内在于相对的、有限的东西之中,有限与无限的矛盾展开为无限前进的发展过程。就认识的辩证法说,那就是恩格斯在《反杜林论》中讲的:"一方面,人的思维的性质必然被看作是绝对的,另一方面,人的思维又是在完全有限地思维着的个人中实现的。这个矛盾只有在无限的前进过程中,在至少对我们来说实际上是无止境的人类世代更迭中才能得到解决。"③就是说,认识论上有限和无限的矛盾表现为人类认识史的无限前进的过程。黑格尔把真的无限比作圆是有道理的,但不是封闭的圆,而是构成螺旋形发展过

① 恩格斯:《自然辩证法》,《马克思恩格斯选集》第 4 卷,第 344 页。
② 同上书,第 345 页。
③ 恩格斯:《反杜林论》,《马克思恩格斯选集》第 3 卷,第 427 页。

程中的一个个的圆。每个圆是有限的，但无限就在有限之中，绝对真理在相对真理之中。人类的认识能够从有限中找到无限，从暂时中找到永恒，从有条件的东西中找到无条件的东西，并且使之确定下来，积累下去。绝对真理是在认识的循环往复中、螺旋形的发展过程中逐步展开的，所以说真理是过程。

逻辑是客观辩证法的反映和人类认识史的总结，哲学和科学都遵循由具体到抽象，再由抽象到具体的螺旋的发展过程。每一个螺旋或圆圈的完成都标志着人的认识在一定领域内达到主观和客观的具体的历史的统一，也就是说，比较正确、比较全面地把握了这个特定领域的规律。所谓一定领域的规律，可以是历史领域的规律，如《资本论》把握了一个社会经济形态的规律，《论持久战》把握了中日战争过程的规律；也可以是一个科学研究领域在一定层次上的原理，如进化论、相对论等。就哲学来说，一个螺旋的完成就是某个哲学论争达到了比较全面、比较正确的解决。如荀子对"天人"、"名实"之辩作了总结，王夫之对"理气"、"心物"之辩作了总结，就是处于这样的阶段，而马克思主义的哲学则达到了更高的总结阶段。当哲学和科学达到主观与客观的具体的历史的统一这样阶段的时候，逻辑思维的范畴就必然是比较辩证的。这种辩证性质就表现在概念、范畴是灵活的、能动的、对立统一的，因而能从有限中揭示无限，从相对中揭示绝对。

所以，只要我们坚持世界统一于物质的原理，坚持从对立统一中来把握范畴体系，那么这样的逻辑范畴体系就能够把握物质运动的过程，能够把握一定领域的具体真理，或一定领域的一定层次的具体真理。人们虽然可以形象地把认识运动比作一系列的圆,但并不是封闭的圆,认识是一个无限发展的前进过程。逻辑当然也是这样,一定阶段上或一定层次上的逻辑范畴体系都不是封闭的体系。随着认识向前发展,新的逻辑范畴将不断地被揭露出来,原有的逻辑范畴的新的侧面也会不断被揭露出来,逻辑范畴本身也是螺旋式地、无止境地向前发展着的。总之,我们在唯物主义的前提下讲逻辑范畴的统一,把对立统一规律看成是逻辑的核心,肯定这样的逻辑范畴体系能够从有限中揭示无限,从而我们也就回答了庄子的责难。但我们肯定人们能从有限中揭示无限,却也要承认人们所把握的无限是沾染了有限的。逻辑范畴体系本身是螺旋式地、无止境地向前发展的,决不能说我们的逻辑范畴体系已经包罗无遗,再不能发展了,否则那又是违背了辩证法。

第九章
方法论基本原理

第一节　辩证方法的基本环节

唯物辩证法是客观辩证法、认识论和逻辑的统一，也是世界观和方法论的统一。一方面，客观事物的辩证法在认识的辩证运动中越来越增多地、越来越深刻地反映到人们的头脑中，取得了越来越完善的逻辑形态，这样就产生了马克思主义的世界观，所以马克思主义世界观是客观辩证法、认识论和逻辑的统一。另一方面，马克思主义者自觉地遵循思维的辩证规律，用它来研究问题，指导实践，这就是即以客观现实之道，还治客观现实之身，自觉地按照事物本来的辩证法来对待事物，这样世界观就转化成了方法论。所以说世界观和方法论是统一的。

我们已经讲过，一切概念、范畴都有摹写现实和规范现实的双重作用，当我们用摹写现实的概念来规范现实的时候，概念就具有了方法论的意义。从这个意义上说，一切科学的规律、范畴、概念都具有方法论的意义。

每一门科学的基本概念在它各自的领域内都有方法论意义。

例如,元素周期律既经发现,就可根据它来预测未知的新元素,可见它在物理学、化学领域中就具有方法论的意义。进化论在生物学领域中,唯物史观在社会科学领域中,都具有方法论的意义。而唯物辩证法是关于自然、社会和人类思维的最一般的规律,而当我们即以客观现实之道,还治客观现实之身的时候,唯物辩证法就成了最一般的方法论。

人们在探索未知的领域的时候,要解决主观和客观的矛盾,使无知转化为有知。为了达到这样的目的,需要运用物质的手段,也需要有正确的方法,所以在探索的认识中,方法也是工具,也是一种手段,它起着主观和客观之间的中介作用。我们就是靠物质的手段和科学的方法作为工具,化无知为有知,达到主观和客观的统一的。而真正达到了主观和客观、知和行、理论和实践具体的历史的统一,我们就掌握了具体真理。这时我们就会认识到,作为主客观之间中介的方法实际上就是客观对象内在的原则,就是说,方法不仅是主观方面的工具,不仅是主观思维中的范畴、概念,而且它就是客观现实固有的本质。方法之所以能成为解决主观和客观之间的矛盾的工具或手段,正是由于方法本身就是客观对象内在的原则,方法无非就是即以客观现实之道,还治客观现实之身。

客观现实最一般的规律是对立统一规律,所以方法论的核心就是分析和综合的结合。分析与综合的结合就是对立统一规律的运用。不过,主观和客观的统一,作为一个认识过程,本身也是客观的,人类认识世界的过程也是一个自然历史的过程。基于实践基础上的认识的辩证运动也是一种客观辩证法。人们掌握了认识过程的辩证法，即以认识过程之道，还治认识过程之身，认识的辩证法也就成为方法，所以认识的辩证规律和科学的认识方法是统一的。科学认识的方法作为认识规律的运用，基本的一条就是理论和实践的统一。总起来说，方法就是即以客观现实和认识过程之道，还治客观现实和认识过程之身。所以，最主要是两条：一条是分析与综合的结合，一条是理论与实践的统一。

荀子早已经指出："凡论者，贵其有辨合，有符验。故坐而言之，起而可设，张而可施行。"（《荀子·性恶》）他所说的"辨合"就是分析与综合相结合，他所讲的"符验"就是理论要受实验的检验。这就说明，古代的哲学家已经认识到要达到主观与客观、知和行的统一，最基本的方法就是"辨合"和"符验"。而"辨合"和"符验"也是不能分割的，"辨合"和"符验"的统一就是唯物主义的辩证逻辑的全部方法论。

如何进行"辨合"和"符验"？就要运用逻辑范畴。荀子已经讲到这一点，他说："辨异而不过，推类而不悖；听则合文，辨（辩）则尽故；以正道而辨奸，犹引绳以持曲直。"（《荀子·正名》）这就是说，要进行"辨合"、"符验"，就要运用"类"、"故"、"理"这些范畴。方法无非就是逻辑范畴和规律的运用，而逻辑范畴和规律又是客观现实的反映和认识史的总结。所谓即以客观现实和认识过程之道，还治客观现实和认识过程之身，不是别的，就是逻辑思维的范畴和规律的运用。对立统一规律的运用就是分析与综合，"类"、"故"、"理"这些范畴的运用就是全部逻辑方法。从这个意义上说，我们前面所讲的思维规律和逻辑范畴都是讲的方法论。

方法虽然就是逻辑范畴的运用，可是方法论的环节和逻辑范畴却并不是机械地一一对应的。辩证方法的环节，可以看作是若干范畴的联结。比如,关于归纳和演绎相结合的方法(辩证逻辑方法的一个重要环节)固然体现了个别和一般的辩证法,可以说主要是个别与一般的范畴的运用。但主要的并不等于全部,因为归纳不仅是从个别到一般,也是从现象到本质、从作用到实体;演绎不仅是从一般到个别,也是从本质到现象、从实体到作用,等等。所以,在归纳和演绎之中,虽然主要是个别和一般范畴的运用,但同时也有若干其他逻辑范畴互相联结着。反过来说,一般和个别的辩证法也并不仅仅体现在归纳和演绎之中,它也体现在其他的逻辑方法之中。例如,假设和论证的方法,可以说主要是现实、可能和必然范畴的运用;但根据假设来设计实验,用实验来检验理论,这样一个过程当然也包含着个别和一般的辩证运动(根据假设来设计实验是从一般到个别,用实验来验证理论就是从个别到一般)。所以,不能简单地把范畴和方法看作是一一对应的,方法论的环节还有其自身的特点。这就是我们这一章所要讲的。

　　这里再说明一下各门具体科学的方法问题。每一门科学都要以概念、范畴的形式来掌握自己的对象,当然都要运用逻辑方法。一切科学都应用逻辑,但在各门科学中,逻辑方法的运用又各有其特殊性,它必须和该具体科学的范畴和特殊方法相结合。而且,具体科学往往还有一些物质工具,如科学仪器等等。同样运用观察的方法,用仪器的观察和不用仪器的观察当然有着区别。各门科学所处理的材料是不同的,也会影响到方法。同样运用分析的方法,化学分析和社会领域的阶级分析差别就很大。这就有一个逻辑方法和各门科学的具体方法的关系问题。一方面,各门科学都要运用逻辑,所以唯物辩证法对各门科学都有指导意义。但是，辩证法并不能代替各门具体科学的方法，各门科学都有它特殊的矛盾、特殊的方法。如果忽视了科学的特殊性，把逻辑方法作为模式去套，作为一种空洞的教条和公式去套，那就只能破坏科学研究。但另一方面，哲学也不能脱离各门具体科学，它应当善于从科学史、从现代科学中进行哲学的概括，来丰富和发展逻辑方法。当然，哲学同样也不能直接把具体科学方法搬用为自己的方法。欧洲近代有些哲学家试图用数学方法作为哲学方法，或把力学方法作为哲学方法，结果都导致了形而上学。用具体科学方法来取代哲学方法或逻辑方法，就是用特殊取代一般，结果必然陷入形而上学的错误。

　　一般的辩证方法是人类整个认识运动的内在原则或固有本质，是内在于一切科学的普遍适用的方法，而科学的认识运动的内在本性，并不是脱离现实的、先验的模式，而是客观现实在人脑中的反映形式。一般的辩证方法作为逻辑思维的一般形式的范畴的运用，无非是即以客观现实和认识过程之道，还治客观现实和认识过程之身，所以它是"辨合"和"符验"的统一。这些是我们关于方法论的基本观点。那么，一般的辩证方法或逻辑方法包括哪些环节呢？已经说过，分析和综合相结合的方法，主要包含三个环节：开始、进展、目的。毛泽东在《中国革命战争的战略问题》一文里讲到，一个指挥员要做一个智勇双全的将军必须学会一种方法，"什么方法呢？那就是熟识敌我双方各方面的情况，找出其行动的规律，并且应用这些规律于自己的行动。"①这就是讲的理

---

① 毛泽东：《中国革命战争的战略问题》，《毛泽东选集》第1卷，第178页。

论与实践统一的方法,也包含三个环节:第一,进行周到的和必要的观察,详细占有事实材料,并着手对事实材料进行分析研究;第二,通过研究,找出对象内在的规律性,作出正确的判断;第三,正确的判断转化为行动的决心,依据规律来订出行动的目的,作出行动的计划,这样理论转过来指导实践了。所以,很明显,我们讲的分析和综合相结合的三个环节和理论与实践相联系的环节基本上是一致的。

列宁在《哲学笔记》里讲了《资本论》的逻辑。列宁说:在《资本论》中,"开始是最简单的、最普通的、最常见的、最直接的'存在':个别的商品(政治经济学中的'存在')。把它作为社会关系来加以分析。两重分析:演绎的和归纳的,——逻辑的和历史的(价值形式)。在这里,在每一步分析中,都用事实即用实践来检验。"[1]列宁把分析与综合结合同理论与实践联系的三个环节展开了,变成了五个环节。以下我们就大体上根据列宁的观点来讲方法论的基本环节。

首先,就是从实际出发,这是唯物论者的根本前提,即要有观察的客观性。方法要求首先进行周到的、必要的观察,详细地占有事实材料,这是第一条。

其次,就是分析和综合的结合,这是辩证方法的核心。我们在讲对立统一规律时已经讲过,这里打算再从分析与综合相结合的角度来讲一下抽象和具体。掌握了资料就要进行分析与综合以进行科学的抽象,再由抽象上升到具体。

---

[1] 列宁:《哲学笔记》,《列宁全集》第 55 卷,第 291 页。

然后，就是列宁指出的两种分析：归纳的与演绎的、逻辑的与历史的。所以，我们接着讲：第三，演绎法与归纳法；第四，逻辑的方法与历史的方法。这都是具体地分析矛盾的方法的组成部分。

最后，关于理论和实践的统一，这一环节贯彻于整个过程之中。在这里，我们将结合讲述假设和验证的问题，即把理论和实践的联系看作是提出假设，进行逻辑论证和实践检验的过程。

从逻辑方法就是逻辑思维规律和逻辑范畴的运用这样的观点来说，分析与综合的结合就是对立统一规律的运用，归纳与演绎主要是"类"范畴的运用，逻辑的方法和历史的方法主要是"故"范畴的运用，假设和验证、理论和实践的统一主要是"理"范畴的运用。虽然不能把方法和范畴看作机械地对应的，但是方法论体系与范畴体系基本上是一致的。下面，我们分五点来讲述方法论的基本原理。

第二节　观察的客观性（从实际出发）

列宁在《哲学笔记》中，提出了十六条"辩证法的要素"，其中第一条就是："观察的客观性（不是实例，不是枝节之论，而是自在之物本身）。"①从实际出发、从事实出发，这是唯物主义者观察和研究问题的基本出发点。列宁在这里所讲的"观察"，比通常所讲的观察的意义更深刻一些，它要求把握自在之物本身，而不是只观察到一些表面的现象。观察是在思维指导下进行的，是有目的

---

① 参见列宁：《哲学笔记》，《列宁全集》第 55 卷，第 191 页。这里保留了冯契所引 1959 年版《列宁全集》第 38 卷第 238 页的译文。新版将"观察"改译为"考察"。——增订版编者

地进行的知觉活动,所以观察体现了人的自觉能动性。但观察一定要以外界的对象为前提,自在之物离开人们的意识而独立存在,不以人的意识和意志为转移,所以观察作为人的知觉活动又总有其被动性的一面。总起来说,观察具有被动和能动的两重性,它同知觉一样有被动的、不由自己作主的一面,但又是有目的、有意识地进行的,所以又是有自觉能动性的。同样观察一样东西,有正确的世界观的指导和具备较多的理论知识的人能观察到比较多的东西。医生对一个病人的观察,能见到的现象比我们一般人多得多——没有医学知识的人看到一个病人,只感到他在发烧或脸色憔悴,而医生可以通过望、闻、问、切以及其他检查,发现一般人所看不到的许多现象,这是因为医生具备了比较多的医学知识。

　　一个人如果在观察时缺乏唯物主义态度,就容易产生一种主观性,只注意与其预想结果相一致的材料,而忽视那些与其预期结果不相符合的事实。观察易受主观的影响,可以在心理学的实验中得到证明。对社会现象的观察,特别受到阶级立场和世界观的制约。我们主张要用辩证唯物主义的世界观来观察一切,这并不是把辩证法作为先验的模式去到处硬套,或作为先验的逻辑结构去推论一切。唯物辩证法要求按照世界的本来面目了解世界,不附加任何主观的成分,要求只就对象本身来考察对象,即列宁所说的就"自在之物本身"来考察"自在之物",排除一切先入之见。一个人如果有先入之见,就很容易凭主观意图来观察事物,凭过去的经验来考察事物,那就很容易造成错误的印象,产生错觉或幻觉。因为观察是有意识、有目的的活动,因而人们很容易只注意预期的事实，而忽视意料之外的现象，致使观察的结果背离客观事实的本来面目。因此，要坚持唯物主义态度，就要坚决地尊重事实，只就对象本身来考察对象，这是进行科学的观察的必要前提。

所谓观察的客观性，我们可以用列宁在《统计学和社会学》这篇文章里的论述来加以解释。列宁说："在社会现象领域，没有哪种方法比胡乱抽出一些个别事实和玩弄实例更普遍、更站不住脚的了。挑选任何例子是毫不费劲的，但这没有任何意义，或者有纯粹消极的意义，因为问题完全在于，每一个别情况都有其具体的历史环境。如果从事实的整体上、从它们的联系中去掌握事实，那么，事实不仅是'顽强的东西'，而且是绝对确凿的证据。如果不是从整体上、不是从联系中去掌握事实，如果事实是零碎的和随意挑出来的，那么它们就只能是一种儿戏，或者连儿戏也不如。"①列宁的意思是说，科学必须建立在不容争辩的事实基础之上，而基础要真正成为基础，就必须掌握所研究对象的全部事实的总和，仅仅抽出一些个别事实作为例子，不能就认为是掌握了事实。也就是说，观察的客观性不是仅仅掌握一些例子，而是要掌握全部事实的总和。实用主义者也讲要尊重事实，也说要拿证据来，但他们不过是挑选出某些个别的例子，来为他们的实用主义理论作辩护罢了。

在社会科学领域中，挑选个别事实，用主观臆造的联系来代替客观现实的真实的联系，那可以成为为任何主观目的甚至卑鄙

---

① 列宁：《统计学和社会学》，《列宁全集》第 28 卷，人民出版社 1990 年版，第 364 页。

勾当作辩护的工具。比如，"四人帮"搞阴谋文艺、影射史学就是用的这种方法。所以，一定要作周密的、系统的调查以掌握事实的全部总和，从联系、发展中来把握事实。当然，在宣传马列主义原理时，举某些例子来说明问题，那是为了通俗化，也是需要的；但不能把辩证方法降低为实例的总和，掌握事实的全部总和不等于实例的总和。为要从事实的全部总和，从事物的联系、发展中来把握事实，观察必须是全面的、系统的。古代的科学家就已经提出要全面地、系统地观察。贾思勰的《齐民要术》中讲"相马之法"，就是讲的怎样观察马的方法。他说，要相马，首先把马群分成两部分，把瘦马和发育不良的马撇开，而把好马、健康的马放在一起一一加以考察。而在考察每一匹马的时候，应进行系统的观察，从马头开始，一部分一部分地考察下去，最后直到马蹄。在系统观察中，又要抓住重点——头、眼、脊背、胸腹等主要部分，看它们是否符合要求。还要依据生物表里相关的原理，从耳、鼻等去推断马的内脏的情况，等等。这就是系统的、周密的观察方法。

近代自然科学因为有许多仪器可以用来帮助观察，使得观察更加精确化了，并扩大了观察的范围。人的感官有它的局限性，不仅在一定条件下容易产生错觉、幻觉，而且耳闻目睹都很有限，用仪器观察就能打破这种局限。比如，现在我们有了射电望远镜、电子显微镜、电子计算器等等仪器，有了空间技术、遥感技术，就可以取得大量的、仅凭人的感官无法取得的信息。有些现象，如天气的变化，过去难以进行系统的、周密的观察，现在有了许多仪器和通信工具的帮助，通过协作，可以比较系统、比较周密地取得事实资料了。

　　通过系统周密的观察来掌握事实的全部总和，不等于事实的全部列举，重要的是要全面把握那些基本要素，如《论持久战》中所讲到的中日双方矛盾的基本要素。这些要素不是可有可无的、残缺不全的，而是贯彻于一切问题、一切阶段的。要做到这一点，固然要有数量上的相当丰富的事实材料，而尤其需要质量上比较典型的事实材料。穆勒在《逻辑体系》里提出过一个问题：为什么在有些情况之下，从一个单独的事例就足以作出一个完善的归纳；而在另一些情况下，无数的没有例外地一致的事例，对建立一个普遍命题却仅具有极小的作用呢？在穆勒看来，谁能回答这个问题，谁就比古代最有智慧的人对逻辑、哲学知道得更多，同时他也就解决了归纳法的问题。

　　的确，仅仅是同类事例的累积并不能使概括的正确性得到增加。一个人看到若干只天鹅是白的，因此他作出归纳："天鹅是白的。"那么，是否由于他又继续看到成千上万只天鹅是白的，因此这个概括的正确性就成倍地增加了呢？很难说。恩格斯曾经说过，十万部蒸汽机并不比一万部蒸汽机能更多地证明热能转化为机械能的原理。[①] 但有时我们解剖一个麻雀，却可以作出比较正确的概括，因为这个麻雀是一个典型。所以，重要的是要抓典型。典型就是具有代表性的事物，是比较能够代表一类事物的本质的个别对象，是比较充分地体现了一般的个别。也就是说，典型事物虽是个别的，但我们可以通过它来认识一类事物的本质，因为典型事物总是比较集中地体现了一类事物的内部矛盾，以及这类

———————————

① 参见恩格斯：《自然辩证法》，《马克思恩格斯选集》第4卷，第336页。

事物和其他事物的本质联系。文学艺术要通过典型形象来反映生活的本质。在社会科学领域里，进行典型调查、典型试验也是很重要的方法。在唯物辩证法的指导下，对所研究领域里的对象进行大略的分类，并根据这个分类，有计划地抓住各类典型来进行周密的调查，这是我们了解社会情况的基本方法。

自然科学如地理学、生物学等也要进行调查，也要抓典型。不过，自然科学有它的有利条件，它可以广泛地使用仪器来进行观察，而且还可以在实验室里来考察对象，以掌握精确的数据。社会领域中虽然也可以作一点实验，但是到今天为止，实验的方法主要还只是运用于自然科学。单纯的观察，没有对现象的过程进行控制。而实验则是用技术的手段来控制条件，这样就可以对现象进行人工的改变或人工的控制，可以排除不相干的因素，可以在特定条件下来观察对象如何演变的进程，即在实验室的条件下观察，可以保证自然过程以典型的形态进行。这种条件是人所控制的、确定的，所以实验的结果可以重复；而单纯的观察、调查就不可能使客观过程按我们需要的那样加以重复。在实验过程中，我们通过技术的中介改变自然物。正如培根所说："自然的奥秘也是在技术的干扰之下比在其自然活动时容易表露出来。"[1]实验通过技术的干扰，使自在之物转化为为我之物，因而使人们能更清楚地观察自在之物本身，提供精确的数量和高质量的典型材料。

总起来说，实验比单纯的观察优越得多：第一，用以实验的事

---

[1]《十六—十八世纪西欧各国哲学》，第42页。

物是典型的；第二，实验的结果是可以重复的；第三，实验使自在之物变为为我之物，通过技术手段把自然过程的秘密揭露出来。当然这并不是说，所有的事物都是可以进行实验的，有的只能通过调查，有的主要是文字资料。关于实验，我们这里只讲了在实验中观察的问题，实验的另外一个作用，即检验理论的作用，在下面我们还将谈到。

第三节　从分析与综合的结合谈抽象与具体

分析与综合的结合是辩证方法的核心。在这一节里，我们把分析与综合同抽象与具体联系起来加以说明。

通过观察、调查占有事实材料以后，还要从事实材料中抽象概括出科学概念。而要进行科学抽象，就必须进行分析和综合。形式逻辑已经提出了分析与综合，把它们看作是两个对立的方法。在哲学史上，有些哲学家强调分析，以为抽象就是分析；而另外一些哲学家强调综合，认为抽象概念的作用就在于综合。从科学发展史来说，某一些科学主要用分析的方法，另一些科学主要用综合的方法；一门科学在某一阶段主要用分析方法，另一阶段主要用综合方法。这种不平衡的状况是存在的，但这不是说，分析和综合可以割裂开来。而且，主要运用分析的方法还是运用综合的方法也不能是随意的，而是由对象本身决定的，因为方法无非是以对象本身的形式来规范对象。

西方近代哲学史上，洛克偏重分析。他从经验论出发，以为人的理智能够把来源于经验的观念进行分析、比较，"寻出它们底契合或相违以及各种关系和习性来"①。在他看来,除了这样的分析比较以外,理智不能再有更大的作为了。可见,他强调的是分析,以为方法就在于从现存的具体的对象中,分析出各个方面和每种属性,并赋予它们以抽象的形式,即抽象名词。但正如黑格尔所批评的,经过化学分析,告诉人们这块肉是由氮、碳等元素所构成,而这些抽象的元素已经不再是这一块肉了。② 恩格斯讲:"以分析为主要研究形式的化学,如果没有分析的对立的极,即综合,就什么也不是了。"③

另外一些哲学家则强调综合。如斯宾诺莎,他从唯理论出发,认为正确的方法在于真观念的确认。一旦确认了真观念,就可以这种真观念为规范来认识未知的事物。④ 就是说,方法在于以概念为工具去规范事物,从一个综合的统一体系来把握多样性、差别性。这种方法不是要把握经验的具体的整体,而是把经验的事物看成是一个例子从属于一般概念。其实,用来综合经验的概念本身必须以分析为前提,片面强调综合也是不对的。

形式逻辑用定义和划分的方法来揭示概念的意义,而概念的定义、划分就是综合的,可以用它来概括经验。但通过属加种差来下定义,把属概念划分为种概念,这又是分析、比较的结果。所以,即使在形式逻辑中,分析与综合也是不可分割的,片面强调分析或片面强调综合都会导致形而上学。

---

① 洛克:《人类理解论》下册,第 639—640 页。
② 参见黑格尔:《小逻辑》,第 413 页。
③ 恩格斯著,于光远等译编:《自然辩证法》,人民出版社 1984 年版,第 121 页。
④ 参见斯宾诺莎著,贺麟译:《知性改进论》,商务印书馆 1986 年版,第 31 页。

形而上学的抽象不是科学的抽象。形而上学抽象的特点是把分析和综合割裂开来：在讲分析的时候，片面地挑选经验给以抽象的形式，把它绝对化；而在讲综合的时候，则只是把经验作为例证，使之从属于预定的理论，甚至是先验的、臆造的理论。形而上学抽象的这种特点，就必然导致抽象和具体相分离，而作为理论基础的具体就被蒙蔽了，因为经验的具体本来是理论的基础。如果把抽象和具体割裂开来，抽象成了形而上学的抽象，那么具体的整体当然也就被蒙蔽了。

例如，朱熹是很强调分析的，应该说他在分析方法上是有所建树的。但是，他把分析和综合割裂开来，他要求在博学的基础上进行分析、抽象，把封建道德、万事万物都归结为五行、阴阳、天理等一些抽象概念，并加以绝对化，说天理或太极是形而上学的。而转过来，他又从天理、太极去推演出万事万物，把世间的万事万物都看成是天理的例证。这种形而上学的抽象方法，把抽象和具体分割开来，导致了道和器、形而上和形而下两个世界的对立。冯友兰先生讲的抽象继承法也是片面挑选一些经验，给以抽象形式，加以绝对化；又用抽象形式作为一个套子，用它们来解释哲学史上的现象。这同样是把分析与综合、抽象与具体割裂开来。

真正科学的抽象是分析与综合的结合、具体和抽象的统一。所谓抽象，就是要对事实材料进行去粗取精、去伪存真、由此及彼、由表及里的改造制作。为此，就要撇开事物的非本质的东西而把本质的东西抽取出来，形成概念，并用概念来概括一类事物的全体。但真正要把握事物的全体、经验和整体，却又不能停留在抽象,而必须使"抽象的规定在思维行程中导致具体的再现"①。科学的认识是由具体到抽象,再由抽象上升到具体的一个发展过程,即以认识过程之道,还治认识过程之身(用摹写认识过程的规律来规范认识过程),这就是科学的方法。科学的认识方法不仅要求从具体事实出发,进行科学的抽象,更需要由抽象上升到具体。这就要求批判形而上学的抽象,把思维的规定——范畴联系起来,构成科学的理论体系,从而使抽象的规定在思维的行程中导致具体的再现。

科学和哲学都是处在不断进化中的理论体系,但在一定阶段上是可以达到一定层次上的具体真理的。这样的具体真理,能描绘出一定领域的现实的具体图像。但是,用什么方法来把握这种具体真理呢? 这就是辩证逻辑的方法论要研究的主要问题。

首先,要客观地全面地审查已有的理论,进行观点的分析批判。在每一个研究领域里,前人都已经做了许多工作,已经提出了种种学说,因此必须从实际出发,实事求是地对这些已有的学说进行审查,批判形而上学观点,吸取其合理的因素。例如,马克思在写《政治经济学批判》时,就对古希腊以来,特别是重农学派以来的各派经济学说都作了分析批判,进行了全面的审查,克服了那些学说中的形而上学的抽象,把合理的因素吸取进来。

第二,要把已经获得的思想规定、科学范畴联系起来进行研究,揭示出所要研究领域里的基本范畴,即这个领域中具有最大统一性的范畴。因为只有这样的范畴,才足以把其他的范畴和所

---

① 马克思:《〈政治经济学批判〉导言》,《马克思恩格斯选集》第2卷,第18页。

研究领域的主要过程、主要方面都贯穿起来，这是最关键的一步。对于一个领域来说，如果能够掌握它的基本范畴，那就会给人一种豁然贯通的感觉，这里就包含着飞跃。例如，马克思在政治经济学中提出了"剩余价值"这个基本范畴，就把资本主义经济这个领域的抽象思维规定都贯穿起来，使这个领域的主要过程、主要方面都得到了合理解释。达尔文提出的"自然选择"这个范畴，是生物进化领域里的基本概念，由于有了这个概念，物种进化的一切主要方面和主要过程才得以贯穿起来得到解释。当然，有些领域的基本范畴需要科学家几代人的努力才获得逐步加深的认识。例如"基因"作为遗传学的基本范畴，可追溯到孟德尔的"遗传因子"，但经过许多科学家的努力，现在对基因的认识比起孟德尔来是深刻多了。

第三，基本范畴发现之后，还要用适当方式在思维行程中再现具体。或者用演绎和归纳相结合的方式，从基本范畴推导出理论体系，同时又让这个理论体系与感觉经验保持足够的联系，如爱因斯坦在《物理学和实在》这篇论文中就提出这样的要求。[①] 或者用逻辑的方法和历史的方法相结合的方式，从基本的、原始的关系出发，通过矛盾分析，再现具体的历史过程，这样基本范畴就得到系统的阐明。马克思的《资本论》就是这样做的。

大致说来，按照上述三点去做，就可以再现具体。这种从抽象到具体的方法无非是分析与综合的结合。不过，从具体到抽象，人们从一个混沌的整体抽象出一个个范畴，可以说是以分析

---

① 参见爱因斯坦：《物理学和实在》，《爱因斯坦文集（增补本）》第 1 卷，第 477—483 页。

为主;而从抽象到具体,把许多抽象的思维规定综合起来成为多样统一的整体,就可以说是以综合为主。但这是比较而言的,以分析为主也还有综合的因素,因为从具体到抽象,获得的每个抽象范畴都综合了经验;而以综合为主也还包含着分析因素,因为从抽象到具体,是通过矛盾分析、观点的批判而联系成为理论体系的。这样的理论体系就是具体。在这样的理论体系中,概念就是具体概念,但是具体概念也是抽象的。再现的具体不是混沌的表象,而是具体的一般,是具有理想形态的概念。

科学研究中的理想化方法,是科学抽象的一种方法,但同时也应该说,理想化就是概念取得理想形态。通常大家认为理想化的方法是抽象的,注意它的抽象性,其实这样的抽象也是具体的、具有理想形态的。如几何学中的点、面、线,物理学上讲的理想气体、理想晶体等等,这些都不是经验中的存在,而是抽象思维的产物。但是,这些理想模型反映了客观事物的本质联系,它是科学理论体系的环节,在科学家头脑里是具体的、形象化的,所以说它取得了理想形态。

理想实验更显然是具体的。爱因斯坦设计的理想实验有好几个。如关于同时性的相对性的理想实验:东西两个闪电同时向东西方向的铁路下击,对于站在正中间的铁路边的人来说,两个闪电是同时的。但设想一列由东向西高速行进的火车正好经过,那车上的观察者正好面对铁道旁的观察者,对车上的观察者说,两道闪电却不是同时下击的,因为他高速向西行进,西面的闪电达到他眼里比东面的要早一些;如果火车以光速行进,那么这位乘客就只能看到西方的闪电,东方的闪电则永远赶不上他。这是狭义相对论的一个理想实验，这不是在实验室里做的，而是在思维中进行的。也就是说，这些理想实验是逻辑推理的过程，它是抽象的，但又是具体的。科学概念借助于想象力被形象化地构思出来，理论取得了理想的形式，和经验有了紧密联系。当然，这不能算是验证，但确实已取得了理想的形式。通常人们只注意理想化方法的抽象性，所以这里特别说明，它不仅是抽象的，也是具体的。

第四节　归纳、演绎与类比

归纳和演绎的问题在哲学和科学发展史上早已提出来了。古代已经提出了归纳法与演绎法；到了欧洲的近代，实验科学兴起以后，归纳法和演绎法都有了新的发展。培根不满足于三段论和简单枚举的归纳法，他写了《新工具》一书，认为真正的科学方法不是像蚂蚁那样只是收集材料，也不能像蜘蛛那样只是吐丝结网。他用蚂蚁比喻经验主义者，用蜘蛛比喻经院哲学家。他认为真正的科学家应该像蜜蜂那样，在花丛里采集材料，并且用自己的一种力量来改变和消化这些材料，酿成蜂蜜。[①] 怎样才能把收集的材料改造、消化呢？他以为要用一种真正的归纳法。真正的归纳法不是对感觉材料进行急遽的概括，不是从感觉材料一下子就飞到最一般的原理上去，而应该逐步上升，先从特殊事例上升到比较低的公理，再上升到较高的、中间的公理，然后再上升到最

---

① 参见培根著，许宝骙译：《新工具》，商务印书馆 1984 年版，第 75 页。

一般的公理。① 而为了要进行这种真正的归纳，首先的工作是要尽可能完备地掌握事实材料，归纳就是要从事实材料中酿出蜜来。为此，培根提出了"三表法"，即把事实材料排成三个例证表：一个叫作本质和具有表，第二个叫差异表，第三个叫程度表或比较表。这实际上就是后来讲归纳的人所讲的契合法、差异法和共变法。

　　比培根稍后一点，笛卡尔写了《方法谈》一书。他不满足于三段论，他认为三段论及其大部分逻辑规则都只能够用来向人说明已经知道的事物，并不能增进人的知识。他要求一种能增进知识、发现新的真理的演绎。笛卡尔认为我们的理智主要靠直觉和演绎来把握真理。他所谓的直觉，就是指十分清楚明白地呈现在理智之前的观念，也就是他所谓从理性的自然光辉产生的无可怀疑的观念。这当然是一种唯心主义的天赋观念论。他所谓的演绎，就是有次序地引导自己的思想，以便从最简单、最容易认识的对象开始，一步步上升到对复杂对象的认识。演绎法是必然性的推论，它所依据的前提是真的和已知的，而推论则是理智的连续不断的活动过程，其中每一步都是为理智所清楚明白地把握了的。笛卡尔相信从一些无可怀疑的、确定的原理出发，用类似于数学的方法进行演绎论证，是可以把自然界的一切的显著特征推演出来的。

　　可见，培根和笛卡尔他们各有所侧重。培根不了解数学方法在科学研究中对推理的重要性，而笛卡尔则忽视了从实验进行归

---

① 参见培根：《新工具》，第 81 页。

纳的重要性，所以两者都不免有片面的地方。事实上，在科学研究中间，归纳和演绎必然是互相联系着的。当然，某些科学主要用演绎法，如几何学；某些科学主要用归纳法，如动植物分类学。某些科学在一定阶段上主要用归纳，在另外一些阶段上主要用演绎。这种情况是可以有所不同的，但不论是哪种情况，总是归纳与演绎的统一，即主要用演绎法时总离不了归纳，主要用归纳法时也一定要用演绎。就是从形式逻辑来说，进行归纳的时候，总有一般的原理作为指导；进行演绎的时候，前提总是归纳出来的。所以，在形式逻辑中，归纳与演绎实际上也是不能分割的。不过，一般形式逻辑读物中总是把归纳和演绎说成是两种截然不同的推理：归纳是由个别到一般，是一种或然性的推理；演绎是由一般到个别，是必然性的推理，这样就很容易产生片面夸大演绎的观点，同时也会产生归纳的有效性问题和演绎能否推出新知识的问题。

　　我们先就归纳方面来考察一下这种片面性以及归纳的有效性问题。归纳派或归纳主义者认为归纳是万能的，归纳是不会出错的方法，这显然是不对的。恩格斯在《自然辩证法》中指出：动植物的分类学本来是归纳法的结果，每一个种、类都是归纳所得的，但是越来越多的新的发现，如肺鱼、文昌鱼等等，却很难归在哪一个种，它们往往是一种中间环节的生物。发现了这许多中间环节的生物，就使得归纳所得的种、属、纲、目等概念变成流动的了，这就给进化论提供了有力的论据。然而，类概念成为流动的，正好说明归纳只有相对的意义，所以决不能把归纳看成是唯一的方法，不能把它绝对化。

于是,由此又产生了另一个问题,就是归纳的有效性问题。休谟早已提出:即使两种现象千百次地结合在一起,也不能保证这两者之间有必然联系,就是说,归纳不能得出必然的结论。罗素也提出:普遍真理不能仅仅从特殊真理推出来,一切经验的证据都是特殊真理的证据,从特殊推不出普遍来。而归纳就是要从特殊事实得出普遍真理来,这个归纳原则本身不是从归纳得来的。

归纳所得是否有客观有效性的问题曾经引起过许多争论,并且带来一种怀疑论的论调:科学真理都是从经验归纳得来的,而经验总是未完成的,从而归纳所得都是或然的,那么科学的大厦怎么能保证不崩溃呢? 从下述归纳公式来看:

$$a_1 \text{——} b_1$$
$$a_2 \text{——} b_2$$
$$\cdots\cdots$$
$$a_n \text{——} b_n$$
$$\therefore A\text{——}B$$

A 和 B 这两种现象我们已经经验到它们有几次是联系在一起的,于是我们用归纳法得出"A 和 B 总是联系在一起的"这样一个普遍命题。这里的问题是:我们的经验只有几次,怎么能根据这有限的几次经验,保证 A 和 B 有普遍的、必然的联系呢? 怎么能保证 a_x 和 b_x 一定联系在一起呢? 如果它们中出现了一次不相联系,即 $a_x\text{——}b_x$ 是否定的,那么 A——B 那个普遍的命题立刻就不能成立了,即就被推翻了。人不可能经验到无限系列,在有限时间内人所能经历到的只能是有限的。因此，无论把 a——b 的系列增加到多么大，但仍如休谟所说，虽然过去的太阳都从东方升起，你怎么就能因此而保证明天的太阳一定会从东方升起呢？"太阳明天不从东方升起"这个命题在逻辑上没有矛盾，因此这种可能性总是存在的，是没有办法保证它不可能出现的。而且，如果认为宇宙是无限的，任何种类的现象联系都可能包括无限的项目，而人的认识却永远达不到无限，怎么能说经验到的事例越多，归纳出来的结论便越可靠呢？所以有人便提出，要使归纳有效，那就得假定宇宙是有限的。如果宇宙是有限的，那么经验事例就不会是无限的系列，那就可以说 n＋m 个事例比之 n 个事例有更多的经验内容，更接近于经验系列的完成，从而归纳所得的结论的有效性便会逐渐增加。这一种从归纳来论证宇宙是有限的说法，当然又会带来新的理论上的困难。而归纳原则本身（如上面的公式所表示的），只要你进行归纳，你就得承认这个归纳原则是普遍有效的。如果从特殊事例概括不出普遍有效的东西，那么归纳原则是哪里来的？这样，归纳原则就成了问题，正好像有的哲学家所说的那样，归纳原则本身是先验的。总之，关于归纳的有效性问题，曾在很多哲学家、逻辑学家的脑子里引起了混乱。直到今天，这样的问题也还需要继续探讨。

　　从唯物辩证法看来，正如恩格斯所说的："我们用世界上的一切归纳法都永远做不到把归纳过程弄清楚。只有对这个过程的分析才能做到这一点。"[①]事实上，我们在归纳过程中间必须进行

---

① 恩格斯：《自然辩证法》，《马克思恩格斯选集》第 4 卷，第 335 页。

具体分析。归纳也是一个分析与综合的过程,并且归纳总是和演绎相联系的。以歌德的一个有名的发现——人类有颚间骨为例:海克尔以为歌德发现人有颚间骨是先作了归纳,断定一切哺乳动物都有颚间骨,然后再演绎出人有颚间骨这一结论的,后来这一结论为实验的材料所证实。一般成人没有颚间骨,但人在胚胎里有过一个有颚间骨的阶段,而且某些有返祖现象的人也有颚间骨,这正好是一个进化论的证据。当然从普通逻辑教科书的观点来看,既然成人在通常情况下是没有颚间骨的,所以从归纳法得出一切哺乳动物都有颚间骨的命题是错误的。但为什么歌德能得出正确的结论来呢? 这是因为他作了分析,从现象深入到了本质,看到哺乳动物与颚间骨之间本质的联系。这个过程既是归纳与演绎的结合,也是一个从现象深入到本质的分析与综合相结合的过程。这一例子说明了归纳和演绎确实是联系着的,而且归纳本身就是分析与综合的过程。

如前所述,经验总是未完成的,但为什么归纳能得到普遍有效的命题呢? 这就是因为归纳是通过分析和综合后深入到本质的过程,并且归纳所得的结论又是经过实践反复检验的。比如,我们大家都熟悉的物理学上的这样一个例子:牛顿根据光的直线传播、反射、折射等实验的结果,归纳出光是微粒的结论,提出光的微粒说。但后来的实验又发现了光的干涉、衍射现象,这不是微粒说所能解释的。于是科学家又归纳出光是波动的,提出了光的波动说。但后来又发现光电效应,又不是波动说所能解释的,最后才达到光有波粒二象性的结论。这样一个过程是不断地归纳实验所提供的经验材料的过程,也是通过分析与综合而达到对立统一的认识的运动。正是通过分析与综合反复，才深入把握了光的矛盾本性，达到了比较全面、比较正确的结论。

总起来说，人类的知觉经验经过分析、综合可以从中归纳出一般性原理或普遍命题。如果这种普遍命题真正反映了事物类的本质，那么在这类事物的范畴内就不会出现相反的事例，由此也就可以根据普遍命题来预测尚未经验的情况，提出科学的预见；如果这种预测得到证实的话，那么归纳的结论又一次得到肯定。当然，这种经过证实的普遍命题仍然是相对的，不过相对中有绝对，有限之中有无限，科学能够达到一定条件下、一定层次上的普遍有效性。我们只能满足于这一点。

接着，我们再来分析一下演绎方面的问题。归纳不是万能的，演绎也不是万能的，片面强调演绎不可避免地会导致先验论。数学主要是运用演绎的，但数学的发展也不能只靠演绎法，还必须从现实中间吸取许多真实的关系和元素，这种真实的关系和元素是从归纳得来的。如近代数学中所讲的变量、集合、群等等，都是从现实中归纳得来的范畴，如果没有这些数学范畴，数学新的分支就不可能出现。罗素曾经认为全部数学可以归结为逻辑（形式逻辑、演绎逻辑），而逻辑并不反映任何实在的联系，它只不过是一些符号的结合的规则。这是数学中的逻辑主义观点，不能认为是正确的。要把全部数学归结为逻辑是不可能的，单靠演绎不可能有全部的数学，数学中有许多关系和元素是从归纳得来的。而且，哥德尔定理已经证明：只有极简单的公理系统是完全的，所有复杂到一定程度的公理系统都是不完全的（公理系统的完全性，是指一个公理系统中的任一命题及其否定，二者之中至少有一个是可证的,否则称作不完全的)。这也就是意味着,单靠公理和演绎法不可能获得完全的、比较复杂的公理系统。这一点也说明演绎不是万能的。

还有一个问题是,演绎能不能推出新的知识? 有人认为不能,因为在他们看来,演绎所得出的结论已经包括在前提里面了。这是一种较流行的看法,但这种看法并不能认为是正确的。因为虽然演绎所得的结论已经蕴涵在前提之中,但是经过演绎论证,这些结论才被清楚明白地认识,而且往往得出出乎意料的结果。而这种认识与结果对于思维的主体来说,是有新鲜之感的。比如我们学几何学,根据已有的那些公设,一步一步地推导,就可以获得许许多多新的定理。这许许多多新的定理,在我们最初看到那几个公设时是决不会想到的。例如,三角形三垂线交于一点,三中线交于一点,三分角线交于一点,这三点同在一直线即西姆生线上。[①] 对学平面几何的学生来说,对西姆生线作出论证,总感到很新鲜,觉得是获得了新知识。而且,数学史上所说的三次大的危机:无理数的发现、关于无穷小的争论以及集合论悖论的出现,都是由于演绎推理陷入了矛盾而引起的,于是产生了各派学说,互相争辩,促进了数学的大发展。而演绎导致矛盾、导致悖论,这其实就是进入了一个未知的新领域。这个数学史的事实证明,演绎可以推出新东西,发现新问题。

演绎的过程,我们也应该把它看成是一个分析与综合相结合的过程,即演绎也不能离开分析和综合。笛卡尔所要求的演绎法

---

① 西姆生线,即 Simson line,现通译为"西摩松线"。参见谷超豪主编:《数学词典》,上海辞书出版社 1992 年版,第 149 页。——增订版编者

就是一个从简单上升到复杂的分析综合的过程。中国古代朴素的辩证论者讲"顺时"、"通变"，就是说把一般原则应用到具体情况的时候，要进行具体分析，要因时因地制宜。沈括在谈采药不能"拘以定月"时指出，生物的生长发育有它的一般规律，但要视各种条件为转移。比如桃树开花，平地三月即开，但到深山就要四月才开。纬度不同、海拔高低不同，同样的植物在生长发育方面就有差别。而且同一物种还有不同的品种，如水稻有早稻、中稻、晚稻，它们的生长发育也有差异。人力的因素也会影响到这些作物，如施了肥料，种子就早出芽；下种下得晚了，发芽也会较晚，等等。所以，同样一种植物由于这些条件的不同，其生长成熟的过程就会有所不同，可见从一般到个别，必须作具体分析。马克思在《〈政治经济学批判〉导言》中曾经指出：一切时代的生产有某些共同的规定。我们经过比较，抽出它们的共同之点来，就可以获得"生产一般"这样的抽象，这当然是一个合理的抽象。但"生产一般"作为一个范畴，本身就包含有许多组成部分，这些部分分别有不同的规定，所以不能够因为看到了统一而忘记了本质的差别。政治经济学就不能只讲生产一般，而要对各个时代的生产进行具体分析，了解各个时代生产在本质上的差别，这样我们才能把握资本主义生产的规律、社会主义生产的规律。①

　　总起来说，辩证逻辑认为演绎和归纳必然是互相联系着的，而且归纳与演绎相结合乃是对事物进行矛盾分析的方法的组成部分。辩证方法要求我们从普遍和特殊的互相联结上来把握事

---

① 参见马克思：《〈政治经济学批判〉导言》，《马克思恩格斯选集》第 2 卷，第 3 页。

物的内部矛盾及其外部联系，这就要求我们从演绎和归纳相结合上来分析事物的矛盾运动。所以，毛泽东同志在《关于领导方法的若干问题》一文中所提出的领导方法是正确的。他说："从群众中集中起来又到群众中坚持下去，以形成正确的领导意见，这是基本的领导方法。在集中和坚持过程中，必须采取一般号召和个别指导相结合的方法，这是前一个方法的组成部分。"①基本的方法就是"从群众中来，到群众中去。这就是说，将群众的意见（分散的无系统的意见）集中起来（经过研究，化为集中的系统的意见），又到群众中去作宣传解释，化为群众的意见，使群众坚持下去，见之于行动，并在群众行动中考验这些意见是否正确。"②这样一个从群众中来到群众中去，集中起来，坚持下去的过程，就是一个分析与综合相结合的过程。而一般与个别相结合的方法则是这个方法的组成部分，所以这一过程同时也是一个一般与个别、归纳与演绎相结合的过程。从若干个别指导中归纳出一般意见（一般号召），又将这种一般意见拿到许多个别单位去考验；然后再集中新的经验，形成新的一般意见，再拿到各具体单位去考验、去进行新的概括等等。可见，这一个分析和综合相结合的过程，同时也是一般和个别、归纳和演绎相结合的过程。

　　以下讲类比。在普通逻辑教科书中，类比是作为归纳法的一种来考察的，而且通常是把由一般到个别的推理叫作演绎，由个别到一般的推理叫作归纳，而把由个别到个别的推理叫作类比。从辩证逻辑来看，无论演绎、归纳，还是类比都主要是根据类的范

① 毛泽东：《关于领导方法的若干问题》，《毛泽东选集》第 3 卷，第 900 页。
② 同上书，第 899 页。

畴来进行推理的，因而都可以说主要是类范畴的应用（这里说的是"主要"，不是"全部"）。如果说类比是由个别到个别的推理，那么这种推理正是要求以类作为基础，以类所具有的一般本质作为中介。如果离开类，我们就无法类比。类比可以是肤浅的，也可能很深刻。如果只是表面现象上的比附，那就可能流于诡辩。如果真正根据事物内在的本性或类的本质来进行类比，那就是以科学的类概念作为中介，从一个过程推到另一个过程，这样的类比就可能是深刻的。而且，这样的类比可以说包含着归纳与演绎的统一，因为以类概念为中介，从一个过程推到另一个过程，其实就是从个别到一般，再从一般到个别的过程。

　　类比在科学研究中是经常使用的。例如，关于月亮光怎么来的，古代的人就运用类比来回答这个问题。当时人没有办法到月球上去，于是人们根据直接经验，看见地面上的光有的是物自身发光（如火光），有的是反射的光或借来的光（如镜子反射的光），类推到月亮，月光也可能是自发的光，也可能是从太阳借来的光。后来经过观察、分析，得出了月亮光是反射太阳的光这样一个正确的论断。又如，在科学史上，有不少科学家曾认为宇宙中有所谓"以太"，这也是运用类比而提出的。因为既然声波要有空气、水等作为媒质才能传播，那么以此类推，光作为一种波也要有一种媒质才能传播，这种媒质就是"以太"。当然，这个关于"以太"的假说后来被否定了，可见类比可能正确，也可能错误。

　　辩证逻辑讲类比比之形式逻辑具有深刻得多的意义。恩格斯在《自然辩证法》中说："恰好辩证法对今天的自然科学来说是最重要的思维形式，因为只有它才能为自然界中所发生的发展过程，为自然界中的普遍联系，为从一个研究领域到另一个研究领域的过渡提供类比，并从而提供说明方法。"①恩格斯这段话的意思是说：第一，要在自然界的各种运动形态、各个发展过程之间进行类比；第二，要对自然界中普遍存在的各种本质联系进行类比；第三，要对各个科学研究领域之间的过渡转化进行类比。而为要提供这样的类比以及说明方法，就必须辩证地思维。辩证法的类比不是举两个事例作比较，而是要从类的本质来把握所考察对象的矛盾运动。比如，在比较解剖学中，我们对动物的器官进行比较研究，发现昆虫和鸟类翅膀的功能相似，它们都用来飞行，但其结构和起源却很不相同。我们把这种功能的相似叫作"同功"。另外，鸟的翅膀即鸟的前肢，是飞行器官；狗、马的前肢是行走的器官；而鲸鱼的前肢形状像桨，是游泳器官。这几种情况从功能来说很不相同，形态差别也很大，但从构造来说却基本相似。从它们的起源来说，我们可以说它们是"同源"。这样，比较解剖学就比较系统地考察了器官发展的一切阶段，为进化论提供了有力的证据。

　　这种科学的类比法，包括有两个方面的比较：一方面是就各类生物本质上的同和异进行比较或类比；另一方面，又对生物器官本身的矛盾（结构与功能、遗传和变异）进行分析比较，或者说对生物器官的矛盾的方面进行对比。这种比较就是矛盾分析。正是这种矛盾分析法为各个发展过程之间提供了类比。现代控制论科学把生命机体和机器类比，如把由雷达、高炮控制仪和高

---

① 这里保留了冯契所引 1972 年版《马克思恩格斯选集》第 3 卷第 466 页的译文。1995 年版《马克思恩格斯选集》第 4 卷第 284 页的译文有所调整，其中"提供类比"被改译为"提供了模式"。——增订版编者

炮等部分所组成的火炮自动控制系统同一个猎人打猎的行为进行类比，看到它们之间有相似之处。控制论就把动物的合目的性的行为赋予机器，把动物的行为和机器的运动进行类比，于是就抓住了一切通信和控制系统的共同的本质特征，建立了控制论的科学。这样的类比包含着两方面的内容：一是对生命机体和机器的行为进行类比，比较它们本质上的同和异；二是对通信和控制系统中间信息的流动和反馈、系统的整体和部分之间的联系进行分析，即对控制本身进行矛盾分析（信息的流动和反馈是一对矛盾，系统的整体和部分也是一对矛盾）。所以，控制论所说的类比，我认为确实是辩证逻辑所讲的类比。

　　根据同样的道理，我们研究中国哲学史也要进行两方面的比较分析。一方面可以拿中国哲学史和西方哲学史比较，进行类比，发现它们的共同规律是什么？中国哲学史又有什么不同于西方哲学史的特点？这就是从本质上来比较不同过程之间的同和异。同时，另一方面，还要对中国哲学史本身的矛盾进行分析，要研究中国哲学史本身所包含的唯物论与唯心论、辩证法与形而上学的矛盾运动是如何进行的。这样的比较就是矛盾分析。所以，我们可以说辩证法的类比也就是分析和综合相结合，它是对矛盾进行具体分析的方法的一个组成部分。这样的类比也可以看作其中包含着归纳与演绎的统一。

第五节　逻辑的方法和历史的方法

　　逻辑的方法和历史的方法相结合也是对矛盾进行具体分析

的组成部分。矛盾作为类的本质,在方法论上就有归纳和演绎的统一;矛盾作为事物发展的根据,在方法论上就有逻辑的和历史的统一。当然,这都是就其主要方面而言的。

所谓历史的方法,就是要把握所考察领域的基本的历史线索,看它在历史上是怎样产生的,根据是什么,是怎样发展的,经历了哪些主要的阶段,演变到今天它的发展趋势如何。历史的方法,就是遵循历史的顺序来把握历史现象的基本线索,把握它的因果联系。而真正要把握因果联系就要把握对象的本质的矛盾,即要把握对象发展的根据。为此,就需要把历史当作矛盾运动的过程来考察,也就是把历史看作是由于矛盾而引起的必然发展的过程,即由矛盾而引起的逻辑发展。所以,历史的方法就是要把握历史的逻辑。

但是,历史与逻辑也有矛盾。历史比逻辑更丰富、更生动,历史往往是曲折的,历史上有许多无关紧要的,甚至起扰乱作用的偶然因素。历史的方法有它的优点,在于它比较地明确,因为思维是跟着历史的顺序、跟着现实历史的发展而进行。历史的方法也有困难之处。因为历史既然是曲折前进的,有许多偶然因素,所以如果思维处处跟着历史,就要把许多精力化到无关紧要的材料上去,而且常常会中断思想的进程。所以,真正要把握历史发展的逻辑,还需要运用逻辑的方法。

什么是逻辑的方法呢?《资本论》、《政治经济学批判》就是典范。逻辑思维从最基本的、原始的关系出发,就《资本论》来讲就是从商品出发,把它作为一种人和人的社会关系来考察,从中揭示出资本主义社会的一切矛盾的萌芽,这样就把握了发展的根据。然后进一步通过多方面的越来越深入的分析和综合，来把握这个社会经济形态由简单到复杂、由开始到终结的逻辑发展的全过程。但是，正如恩格斯所说，这个逻辑研究的方法实际上也是历史研究的方法，不过是摆脱了历史的形式，摆脱了起扰乱作用的偶然性而已。历史从哪里开始，思维进程就应当从那里开始，而思维进程的进一步发展也不过是历史过程在抽象的理论上前后一贯的形式上的反映。不过，这种反映经过了修正，即是按照现实的历史过程本身的规律修正了的。在用逻辑方法的时候，每一个要素可以在它完全成熟而具有典型形式的发展上来加以考察。①《资本论》从商品开始，也就是从产品由个别人的或原始社会中的交换现象开始。这正体现了历史从哪里开始，思维进程也就从那里开始。而一当交换开始，商品就体现了人和人之间的关系，而充分发达了的商品则表现出使用价值和价值统一的交换过程。然后再进一步考察商品的矛盾运动：商品如何转化为货币，货币又进而如何转化为资本，等等。但这种考察实际上就是历史的过程在理论上前后一贯的形式上的反映，因此逻辑的方法和历史的方法基本上是统一的，只不过逻辑方法摆脱了历史的偶然因素，摆脱了那些起干扰作用的因素，力求对矛盾的运动从其典型的形式上来进行考察。从这个意义上来讲，逻辑的方法有它的优越性，但如果脱离现实的历史来运用逻辑方法，那就会导致唯心论。现实是前提，必须让现实经常浮现在我们头脑之前，每一步分析都需要历史事实的验证，或者历史文献的参证。这就是说，

---

① 参见恩格斯：《卡尔·马克思〈政治经济学批判〉》，《马克思恩格斯选集》第 2 卷，第 43 页。

要把逻辑联系看作是对现实的历史的概括和对现实过程的认识史的总结。在经济学中,就既要把经济范畴看作是经济关系发展史上的各种规定,又要指出它们在经济学说发展史上的演变,并对其中所包含的谬误观点进行批判,亦即把经济范畴既作为客观辩证法(经济关系发展过程的辩证法)的反映,又要作为认识史(经济学说史)的总结来加以把握。总之,要坚持历史的方法和逻辑的方法的统一。

当然,这两种方法在运用时可以有所侧重。比如,马克思写《政治经济学批判》和《资本论》前三卷时,主要运用的是逻辑的方法,而《资本论》第四卷即《剩余价值学说史》主要运用的是历史的方法。一般说来,研究历史——自然史、社会史、认识史要求阐明历史的基本线索,总是以历史的方法为主。我们讲哲学史,要把握哲学的历史发展的逻辑,把握它的基本线索,这时是以历史的方法为主。而我们讲认识论和辩证逻辑,则侧重用逻辑的方法来把握理论体系,当然是把理论体系作为认识史的总结来把握的。归根结底,逻辑的方法与历史的方法是不能分割的。两种方法都要求考察发展的根据,揭示矛盾发展的过程(基本线索和基本逻辑),两种方法不能偏废。达尔文研究进化论,主要用的是历史的方法。他从解剖学、胚胎学、比较自然地理学、古生物学、分类学等等方面列举了丰富的事实,证明生物是由共同祖先进化而来,彼此有亲缘关系,提出自然选择的学说来说明生物进化的原因和过程,即主要从历史顺序考察了物种的起源及演变。但这里也当然包含有逻辑的方法的运用。比如,他把每一个纲内的生物依据世系进行排列,这世系的传递正体现物种的亲缘关系,可以从遗传和变异的矛盾来说明物种的分化、演进，这当然用的是逻辑的方法。现代天文学考察天体起源与演化，用吸引和排斥这对矛盾的发展来解释赫罗图上的星序的排列，提出了近代恒星演化理论，这主要用的是逻辑的方法。人的历史很短，在天文学研究中从头至尾用历史的方法是不可能办到的，但是在某些环节上仍然可以运用历史的方法。即使在天文学研究中，也并不是一点历史方法也没有运用的。

我们讲历史方法和逻辑方法的统一，研究的对象是历史过程和历史演变的总结。虽然一切对象都有历史，但有的科学不是以史为对象，有的科学在一定阶段上还无法进行历史的考察，无法把握其逻辑的发展。只有达到一定的阶段才能用逻辑的方法和历史的方法相结合的方法。如进化论，在达尔文时已掌握了那么多材料，当然可以用历史的方法，但更早一些时候就不可能作历史的系统的考察。再如，天体演化的理论，近代的天文学已掌握了很丰富的材料，所以有可能用逻辑的方法来解释赫罗图，而在这以前则不可能。马克思在《〈政治经济学批判〉导言》中已经说明了这个道理。虽然历史的最后阶段总是把过去的形态看成是向自己发展的一些阶段，但只有达到一定的发展阶段，具备了一定条件，才能对以前的阶段进行批判的总结。如只有到马克思的时代，才能对资本主义政治经济学进行批判总结。这是因为从客观对象来说，资本主义这时已经达到了自我批判阶段，但还没有达到完全崩溃的阶段；只有这个时候，才能克服对过去历史形态的片面理解，达到比较客观、比较全面的认识。而从经济学说来说，当时已经经历了由具体到抽象的长期发展，达到了由抽象上升到具体的阶段。在这样的条件下，无产阶级的学者马克思，就能对资本主义政治经济学进行全面的批判总结，发现剩余价值的规律，达到逻辑的和历史的统一。所以，不能要求科学的所有阶段都运用逻辑的方法和历史的方法。

当然，批判的总结也是相对的。以哲学史来说，可以把哲学思想的发展看作是无限的接近于一串圆圈的前进运动，其中每个圆圈或每个螺旋完成的时候，总是对前面的阶段作了批判的总结。荀子、王夫之、黑格尔、马克思都对以前的哲学进行了批判总结，然而是处在不同阶段上的总结，从理论的广度和深度说是处于不同的层次。所以，他们的总结，虽有相似之处，但也有其不同的形式和内容，不能混为一谈。

第六节 假设和证明、理论和实践的统一

这里主要讲"理"范畴的运用，特别是现实、可能和必然这样的范畴的运用。

恩格斯指出："只要自然科学运用思维，它的发展形式就是假说。"[①]科学理论上的重大突破，通常就是由于发现了新的事实而使原有的说明方式、原有的观念成了问题，旧概念和新事实有矛盾，于是就需要提出新的理论。这种新的理论最初总是以假设的形式，即可能性判断的形式提出的。如在经典物理学中，流行着绝对时间和绝对空间的观念，"两个事件是同时的"这句话被认为

---

① 恩格斯：《自然辩证法》，《马克思恩格斯选集》第 4 卷，第 336 页。

有精确的含义。但是，关于光传播的精密实验，使得人们不能不感到要放弃上述观念，于是爱因斯坦就提出了狭义相对论。狭义相对论最初也是个假设。任何假设的提出，首先总要根据确实的事实材料，那是观察和实验所提供的；其次，也要根据已经为实践所证明了的科学原理。虽然不能解释新事物的旧观念可能要被抛弃、被修正，但为实践所反复证明了的科学原理仍然是根据，仍然是前提。如狭义相对论的时空观念是个新假设，它代替了牛顿的绝对时空观念，绝对时空观念应当被抛弃，但牛顿力学关于物质运动的引力理论并没有被抛弃，而是得到了新的解释。爱因斯坦在说明他自己提出的理论时说："这理论并不是起源于思辨；它的创建完全由于想要使物理理论尽可能适应于观察到的事实。我们在这里并没有革命行动，而不过是一条可回溯几世纪的路线的自然继续。"①这就是说，他之所以提出相对论，只是物理理论和实验事实矛盾发展的结果。相对论把场物理学扩充到包括引力在内的一切现象，这样就"比较精确地解决普遍概念同经验事实之间的关系"②，解决了新事实和原有观念之间的矛盾，使理论和事实达到统一。

我们的认识过程总是充满着飞跃的现象，但是再没有比科学假设的提出更使人感到突然的了。通常所说的创造性思维，主要表现在：一旦豁然贯通，就形成一个科学假设，找到了解决理论和事实间矛盾的途径。这种创造性思维的机制如何？对之现在我们还缺乏研究，但它总不是神秘的东西。一般地说，这是由于理

---

① 爱因斯坦：《关于相对论》，《爱因斯坦文集（增补本）》第 1 卷，第 248 页。
② 同上书，第 249 页。

论和事实的矛盾所引起的问题，在头脑中已经盘旋很久了，一旦出现某种机遇、某种偶然的因素，那就会像触媒一样，使人豁然开朗，思想的纽结得以解开，解决问题的关键就被抓住。这就是通常所谓灵感，或叫理性的直觉。有人因此而认为科学发现、发明是出于偶然，这不能认为是正确的。如19世纪法国著名科学家、微生物学的奠基人巴斯德说："在观察的领域中，机遇只偏爱那种有准备的头脑。"①除了反复思考、头脑有准备之外，善于抓住机遇的人总是比较敏感、富于想象力。理性的直觉不仅要有理性的思维作准备，还要有想象力帮助它。不能认为科学的思维只是抽象思维，有很多科学家善于使概念形象化，把抽象思维统一起来，这样就有助于把握事物之间的本质联系，获得创造性的见解。这种创造性可以说确实体现了精神的自由、思想的解放。这种自由之感就在于：一方面批判了旧观念，摆脱了旧观念的束缚；另一方面，新观念把握了事物的整体，解决了矛盾，达到了主观和客观的具体统一。

假设的提出确实显得突然，但一经提出就要求进行逻辑的论证，把它和事实材料、原有的理论联系起来，以论证它如何比旧观念更优越，论证它如何解决了理论和事实的矛盾。科学的假设必须经过逻辑论证，不然就只能叫做猜想。根据事实和原有的理论提出假设，经过严密的逻辑的论证，包括对旧观念的批判，这样的假设就可以称之为学说了。

在进行逻辑论证时，形式逻辑的论证和反驳都是必要的。但辩证逻辑则要求运用矛盾分析的方法（包括归纳和演绎相结合、

① 转引自贝弗里奇著，陈捷译：《科学研究的艺术》，科学出版社1979年版，第35页。

逻辑的方法和历史的方法的统一）来对假设作全面的论证，而且每一步都要进行观点的分析批判，每一步要有事实进行验证。对同一个问题，往往可以提出互相对立、互相排斥的假设。所以，从认识论的角度说，要允许百家争鸣，要让各派学说、假设展开争论；从方法论的角度说，要用辩证逻辑来进行观点的分析批判，对自己认为正确的观点进行论证，对谬误的观点进行驳斥、批判。而归根结底，实践是检验理论正确与否的唯一标准。在获得实践的证实之前，任何学说都是一种假设；只有得到实践的证实之后，假设才转化为科学真理。

在自然科学中经常的情况是：根据科学假设进行逻辑推导，作出某种科学的预测，然后据此设计实验，用实验的结果来作出证实。科学史上这种例子很多。如门捷列夫的元素周期律，最初提出时当然是个假设，他对这一假设进行了逻辑论证，并根据这一假设预言了三种新的元素的存在。后来的实验发现了这些元素（镓、钪、锗），这就使得元素周期律获得证实。爱因斯坦相对论刚提出时也是一个假设，他进行了逻辑推导，对水星近日点运动作出了科学的预测，设计了实验，后来果然得到了证实。如果一个假设，一方面从其推导出来的科学预见得到实验的证实，另一方面又没有发现任何新的事实能够否证它，那么这个假设就转化为科学定理。它和已经反复证明了的其他科学定理总是相一致的、有联系的。

当然，实际情况要复杂得多。一个假设可能在出现一个新事物后就被否证；也可以是大部分被否证；或者是新的实验事实基本上证实了它，但又对它作了某些修正，或补充了一些新的东西，使它获得了发展。如哥白尼的日心说基本上获得了证实，可是其中若干点得到了修正。近代科学采取实验方法与数学方法相结合，提出的假设中往往有数量关系式，或者采取数学模型、物理模型这样的形式，因此就便于进行数学的推导来设计实验，这是自然科学的一个优点。而在社会科学领域中我们还没有达到这样的地步，虽然有的情况下也可能这样做。不过，社会科学和自然科学同样都是遵循着提出假设、通过逻辑论证和实验证实而转化为定理的这样一个过程的。马克思主义也经历了从假设转化为定理的这样一个过程。列宁就曾说过：在19世纪40年代，马克思、恩格斯提出历史唯物主义的时候，当时还暂时只是一个假设，当然是第一次使人们有可能极科学地来对待历史问题和社会问题的假设。后来马克思着手实际地研究材料，化了不下25年的工夫，研究资本主义社会的规律，对于这个社会经济形态作了极详细的分析，用大量的事实证明了唯物史观的正确性。《资本论》问世以来，唯物史观就由假设变为科学地证明了的原理。唯物史观的基本原理是由一个具体的社会经济形态的非常丰富的事实来验证的，而这个验证的过程，同时也是剩余价值规律的发现，并进一步丰富了唯物史观的内容。马克思主义普遍真理和中国革命实践相结合，也是对马克思主义的验证，但同时又产生了中国的新民主主义革命和社会主义革命的理论，大大丰富了马克思主义的革命理论。所以，对假设进行验证的一个过程，是使假设转化为科学真理的过程，同时也往往使理论获得新的发展。这就是理论和实践统一的运动。理论和实践的统一是唯物主义的方法论。从实际出发，详细占有材料，从中引出科学的理论，最初以假设的形式出现，然后在实践中得到验证，并用以指导行动，这就达到了理论与实践的统一。

从实际出发，详细占有材料，从中找出规律用以指导行动，达到理论与实践统一，这就是唯物主义的方法论。而分析与综合的结合，作为对立统一规律的运用，则是辩证方法的核心。逻辑思维从开始、进展到目的的实现都是理论和实践的统一，同时也就是分析和综合的结合。我们讲抽象和具体、归纳和演绎、逻辑的方法和历史的方法、假设和证明，其中每一步都是分析和综合的结合。所以总起来说，在唯物主义前提下进行如荀子所说的"辨合"和"符验"，就是全部的方法论。

从实际出发，经过"辨合"、"符验"，达到思维和存在的辩证统一，这本来是辩证唯物主义的认识运动，即以认识过程之道，还治认识过程之身，它就转化为方法。理论和实践的统一、分析和综合的结合，这不仅是逻辑思维的方法，也是形象思维、道德实践的方法，也是化理想为现实的根本途径。真、善、美是统一的，科学、道德、艺术互相联系，科学思维的方法、形象思维的方法、德性培养的方法也是互相联系着的。我们这里只讲了逻辑思维方法，而且也只讲了一些基本环节。实际上，在唯物主义前提下的"辨合"、"符验"的方法论原理还有更深、更广的意义，它们对其他领域也是适用的，不过我们没有必要去一一提及了。

本卷征引文献要目

（先秦诸子典籍的点校通行本较为普及，这里不再列出）

《马克思恩格斯选集》，北京：人民出版社，1995 年。

《马克思恩格斯文集》，北京：人民出版社，2009 年。

《马克思恩格斯全集》第 3 卷，北京：人民出版社，1960 年。

《马克思恩格斯全集》第 20 卷，北京：人民出版社，1971 年。

《马克思恩格斯全集》第 23 卷，北京：人民出版社，1972 年。

《马克思恩格斯全集》第 31 卷，北京：人民出版社，1998 年。

恩格斯著，于光远等译编：《自然辩证法》，北京：人民出版社，1984 年。

《列宁选集》，北京：人民出版社，1995 年。

《列宁全集》第 38 卷，北京：人民出版社，1959 年。

《列宁全集》第 18 卷，北京：人民出版社，1988 年。

《列宁全集》第 28 卷，北京：人民出版社，1990 年。

《列宁全集》第 55 卷，北京：人民出版社，1990 年。

《毛泽东选集》，北京：人民出版社，1991 年。

《毛泽东文集》，北京：人民出版社，1999 年。

《周恩来选集》，北京：人民出版社，1980 年。

董仲舒著，钟肇鹏主编：《春秋繁露校释》，石家庄：河北人民出版社,2005 年。

王充著,黄晖校释:《论衡校释》,北京:中华书局,1990 年。

班固:《汉书》,北京:中华书局,1962 年。

王弼著,楼宇烈校释:《王弼集校释》,北京:中华书局,1980 年。

郭象:《庄子注》,郭庆藩著,王孝鱼点校:《庄子集释》,北京:中华书局,2004 年。

僧肇著,张春波校释:《肇论校释》,北京:中华书局,2010 年。

沈约撰:《宋书》,北京:中华书局,1974 年。

惠能著,丁福保笺注:《六祖坛经笺注》,上海:华东师范大学出版社,2013 年。

法藏:《华严一乘教义分齐章》,石峻等编:《中国佛教思想资料选编》第 2 卷第 2 册,北京:中华书局,1983 年。

柳宗元著,尹占华、韩文奇校注:《柳宗元集校注》,北京:中华书局,2013 年。

脱脱等撰:《宋史》,北京:中华书局,1977 年。

黄宗羲著,吴光执行主编:《黄宗羲全集》,杭州:浙江古籍出版社,2012 年。

王夫之著,《船山全书》编辑委员会编:《船山全书》,长沙:岳麓书社,2011 年。

颜元著,王星贤等点校:《颜元集》,北京:中华书局,1987 年。

戴震著,戴震研究会等编纂:《戴震全集》,北京:清华大学出版社,1991—1999 年。

胡适著,季羡林主编:《胡适全集》,合肥:安徽教育出版社,2003 年。

朱光潜著，《朱光潜全集》编辑委员会编：《朱光潜全集》，合肥：安徽教育出版社，1989 年。

北京大学哲学系外国哲学教研室编译：《十六—十八世纪西欧各国哲学》，北京：商务印书馆，1975 年。

培根著，许宝骙译：《新工具》，北京：商务印书馆，1984 年。

洛克著，关文运译：《人类理解论》，北京：商务印书馆，1983 年。

斯宾诺莎著，贺麟译：《知性改进论》，北京：商务印书馆，1986 年。

贝克莱著，关文运译：《人类知识原理》，北京：商务印书馆，1973 年。

休谟著，关文运译：《人类理解研究》，北京：商务印书馆，1981 年。

北京大学哲学系外国哲学教研室编译：《十八世纪末—十九世纪初德国哲学》，北京：商务印书馆，1960 年。

康德著，邓晓芒译，杨祖陶校：《纯粹理性批判》，北京：人民出版社，2004 年。

黑格尔著，杨一之译：《逻辑学》，北京：商务印书馆，1982 年。

黑格尔著，贺麟译：《小逻辑》，北京：商务印书馆，1980 年。

黑格尔著，贺麟、王太庆译：《哲学史讲演录》，北京：商务印书馆，1983 年。

巴甫洛夫著，吴生林等译：《巴甫洛夫选集》，北京：科学出版社，1955 年。

爱因斯坦著，许良英等编译：《爱因斯坦文集（增补本）》第 1 卷，北京：商务印书馆，2009 年。

李约瑟著，《中国科学技术史》翻译小组译：《中国科学技术史》第 3 卷，北京：科学出版社，1978 年。

波普著，查汝强、邱仁宗译：《科学发现的逻辑》，北京：科学出版社，1986 年。

贝弗里奇著，陈捷译：《科学研究的艺术》，北京：科学出版社，1979 年。

斯蒂芬·F·梅森著，周煦良等译：《自然科学史》，上海：上海译文出版社，1980 年。

索　引

（按汉语拼音顺序排列，外国人名按中译名）

初版整理后记

　　《逻辑思维的辩证法》是《智慧说三篇》的第二篇，这里刊印的是作者 1980 年 9 月 3 日—1981 年 6 月 24 日给华东师范大学哲学系（原政治教育系哲学专业）和上海社会科学院哲学研究所的研究生讲课的记录整理稿。这部稿子虽未正式出版，但作为研究生教材曾在校内油印过三次，随着历届研究生毕业走上工作岗位，它也就在相当的范围内流传开了。

　　作者在《〈智慧说三篇〉导论》（以下简称《导论》）中说，《逻辑思维的辩证法》的"主旨在讲化理论为方法，说明认识的辩证法如何通过逻辑思维的范畴，转化为方法论的一般原理"①。现在刊印的这部记录整理稿，不仅系统地论述了这一主旨，而且围绕逻辑是"对世界的认识的历史的总计、总和、结论"（列宁语）这一中心论题，较详细地论述了基于实践的认识过程的辩证法，并把认识的辩证法贯彻于价值领域，提出了理想与现实、人格等问题，因而既体现了客观辩证法、认识论和逻辑的统一，又体现了真、善、美的统一。就是说，这部稿子的内容比《导论》中指出的《逻辑思维的辩证法》篇的主旨要丰富，也可以说这是整个《智慧说三篇》主

---

① 冯契：《智慧的探索》，华东师范大学出版社 1994 年版，第 644 页。

题思想的初次系统论述。

这里刊印的稿子同《导论》的说明之所以有这样的差别，是同作者的研究和写作的进程相联系的。1981年夏，作者在讲完这门课程并亲自整理完记录稿后，便按"哲学是哲学史的总结，哲学史是哲学的历史展开"的思想，转而系统讲授和整理从先秦到中华人民共和国建国为止的两千多年中国哲学史的研究成果。用了近十年的时间，先后出版了《中国古代哲学的逻辑发展》和《中国近代哲学的革命进程》。直到80年代末，史的研究才告一段落，重又回到"论"的题目上来，先完成了《人的自由和真善美》，后又在1995年2月初完成了《智慧说三篇》的主干《认识世界和认识自己》。这两部著作把初次在《逻辑思维的辩证法》中表述的基于实践的认识的辩证法和把认识论的辩证法贯彻于价值论领域的思想系统化了，加强了分析论证，充实了历史资料。《智慧说三篇》的整体轮廓也在《导论》中清晰地勾画了出来。这样，《逻辑思维的辩证法》将集中论述"化理论为方法"这一主旨，十多年前的旧稿需要进行删改和修订。作者本想再花一年的时间来完成这项工作。不想冯契教授整理完《认识世界和认识自己》的记录稿仅20余天，在他自己和大家都毫无思想准备的情况下突然病逝。作者不幸仙逝后，调整、修改《逻辑思维的辩证法》原稿的任务，旁人无法代为完成，只得把80年代初的旧稿作些文字技术上的处理后付梓。

这里需要说明的是，作者生前已重新审读了这部旧稿，拟就了调整、修改计划。在旧稿不少段落划了着重线，在好几处加了简略的提示性短语或小标题，并在油印本的目录页上用铅笔写了修改后的章节目录。其具体情况是：

　　第一章绪论拟改名为"思想、语言和逻辑"。在第一节标题前写了"名实之辩"四字,第二、三两节标题前划了"√"。

　　第二章的前三节和第三章的第一、三、四节标题前都划了"×",估计因其内容已在《认识世界和认识自己》中展开论述,故拟删去。第二章仅保留了第四节,即"辩证法是普通逻辑思维所固有的"。第三章仅保留了第二节即"意见(以及观点)的矛盾运动与辩证逻辑的开始"。在准备删去的第三、四节标题前写了"思想自由、言意之辩"八个字。

　　第四章标题前划了"√",估计准备保留,并把第五章第五节"辩证思维由自发到自觉"用箭头划到第四章第三节之后,估计将作为第四节。原第四章第四节的标题改为"辩证法将取得新的面貌",将作为第五节。

　　第五章第一至第四节标题前划了一直线,并写了"删"字。估计由于这些内容已在《人的自由和真善美》中展开,故拟删去。

　　第六章第五节之后写了"上册(二.4)(三.2)"。估计拟将第二章保留下来的第四节和第三章保留下来的第二节移到这里作为第六、第七节。第六章原来的第六、七两节前用弧线连在一起,写了"五)另为一章"。

　　第七章的标题改为"对立统一原理(原为规律——编者)是辩证思维的根本规律"。

　　第八章第二、第三两节标题前加了"系统论"三字。

　　第九章未动,仅在各节前划了一直线。

　　经这样调整后,作者又重新排列了各章的次序,并作了增补:

　　一)绪论

二）形式逻辑和辩证逻辑

三）哲学、科学和逻辑的历史联系

四）关于概念、判断、推理的辩证法

五）对立统一原理

六）逻辑范畴

七）方法论基本原理

八）尊德性与道问学

在各章次序的左上方，又写了"九）另一章中国古代的科学方法，中国近代的方法论革命"。

在各章次序的右上方，又写了"十）尊德性与道问学列专章，德性和方法"。估计准备把本篇讲的"化理论为方法"同第三篇《人的自由和真善美》所讲的"化理论为德性"联结统一起来。

以上便是作者生前对《逻辑思维的辩证法》原稿准备作调整、修改和补充的计划概况。从中可以看出，本篇九章的标题是明确的，存疑的仅是第八、九两章的次序以及为什么在"尊德性与道问学"之前加了第十章的符号。从整个理论框架看，"中国古代的科学方法，中国近代的方法论革命"应为第八章，"尊德性与道问学"应为最后一章，这一章标题前所加的"十）"，也许是在中国的科学方法一章前写了"九"，随即写了第十章，而没有顾及各章排列仅列出八章。当然，也不能排除作者准备本篇共写十章的可能，写作时各章次序再作调整。

参加本卷整理工作的有张天飞、彭漪涟和童世骏。

冯契先生遗著编辑整理工作小组
1995 年 9 月

增订版整理后记

　　《冯契文集》(10卷)出版于1996—1998年。近20年来,冯契的哲学思想越来越受到国内外学术界的关注。为了给学术界研究冯契哲学思想提供更好、更完备的文本,华东师范大学哲学系发起并承担了《冯契文集》增订版的编辑整理工作。这项工作得到了华东师范大学出版社的大力支持。

　　此次增订工作主要有以下几项:1. 搜集、整理了原先没有编入文集的有关作品,编为《冯契文集》第十一卷;2. 订正了原书字句上的一些错漏;3. 对于先秦以后的典籍引文,尽可能参照近些年出版的整理点校本,加注了页码、出版社、出版年份(详见"本卷征引文献要目");4. 重新编制了人名、名词索引。

　　负责、参与各卷增订的教师,分别是:第一卷,郁振华;第二卷,晋荣东;第三卷,杨国荣;第四、五、六、七卷,陈卫平;第八卷,刘梁剑;第九卷,贡华南;第十卷,方旭东;第十一卷,刘晓虹。协助上列教师的研究生有:安谧、韩菲、胡建萍、胡若飞、黄家光、黄兆慧、蒋军志、刘翔、王海、王泽春、张靖杰、张瑞元、张腾宇、张盈盈、周量航。

　　刘晓虹负责第十一卷的文献搜集以及整理,相对其他各卷,工作更为繁重。这卷同时是他承担的上海市哲社项目"冯契文献整理"的部分成果。同时,本增订版是国家社科基金重大项目"冯契哲学文献整理及思想研究"的阶段性成果。本文集的项目编辑朱华华尽心尽责,对于确保增订版的质量起到了重要作用。

出版《冯契文集》增订版,是纪念冯契百年诞辰系列学术活动的重要内容。整个纪念冯契百年诞辰的学术活动,得到上海社会科学界联合会和上海社会科学院的资助,我们在此致以衷心的感谢!

冯契先生遗著编辑整理工作小组
2015 年 12 月

图书在版编目(CIP)数据

逻辑思维的辩证法/冯契著. —增订本. —上海:华东师范
大学出版社,2015.4
(冯契文集;2)
ISBN 978 - 7 - 5675 - 3438 - 4

Ⅰ.①逻⋯　Ⅱ.①冯⋯　Ⅲ.①逻辑思维　Ⅳ.①B804.1

中国版本图书馆 CIP 数据核字(2015)第 083698 号

本书由上海文化发展基金会图书出版专项基金资助出版

冯契文集(增订版)·第二卷
逻辑思维的辩证法

著　　者　冯　契
策划编辑　王　焰
项目编辑　朱华华
特约审读　朱　茜
责任校对　王丽平
装帧设计　卢晓红　高　山

出版发行　华东师范大学出版社
社　　址　上海市中山北路 3663 号　邮编 200062
网　　址　www.ecnupress.com.cn
电　　话　021 - 60821666　行政传真 021 - 62572105
客服电话　021 - 62865537　门市(邮购)电话 021 - 62869887
地　　址　上海市中山北路 3663 号华东师范大学校内先锋路口
网　　店　http://hdsdcbs.tmall.com

印 刷 者　上海中华商务联合印刷有限公司
开　　本　890×1240　32 开
印　　张　12.875
插　　页　6
字　　数　271 千字
版　　次　2016 年 1 月第 1 版
印　　次　2022 年 1 月第 4 次
书　　号　ISBN 978 - 7 - 5675 - 3438 - 4/B·936
定　　价　58.00 元

出 版 人　王　焰